通信工程专业导论

主 编　王　威　梁涤青

副主编　王　新

西南交通大学出版社

·成　都·

图书在版编目（ＣＩＰ）数据

通信工程专业导论 / 王威，梁涤青主编. —成都：
西南交通大学出版社，2022.7（2024.8 重印）
ISBN 978-7-5643-8771-6

Ⅰ．①通… Ⅱ．①王… ②梁… Ⅲ．①通信工程－高
等学校－教材 Ⅳ．①TN91

中国版本图书馆 CIP 数据核字（2022）第 117867 号

Tongxin Gongcheng Zhuanye Daolun

通信工程专业导论

主编　王　威　梁涤青

责任编辑　梁志敏
封面设计　GT 工作室

出版发行　西南交通大学出版社
　　　　　（四川省成都市金牛区二环路北一段 111 号
　　　　　　西南交通大学创新大厦 21 楼）
邮政编码　610031
发行部电话　028-87600564　028-87600533
网址　　　http://www.xnjdcbs.com
印刷　　　成都中永印务有限责任公司

成品尺寸　185 mm × 260 mm
印张　　　12.5
字数　　　311 千
版次　　　2022 年 7 月第 1 版
印次　　　2024 年 8 月第 2 次
定价　　　39.00 元
书号　　　ISBN 978-7-5643-8771-6

前言 PREFACE

随着"新工科"建设的推进和通信技术的蓬勃发展，通信相关行业对人才的需求也更加明确。这就要求该专业的学生既要具有创新意识和解决复杂工程问题能力，同时也要具有家国情怀、行业责任感和职业素养。因此，针对刚入校的通信工程等电子信息类专业的大一学生，如何快速地了解本专业的历史、基本技术、课程体系、培养目标和职业发展规划等显得尤为重要。

本书编写组根据大一新生的特点，按照 OBE（成果导向教育）理念确定了编写内容和编写模式。在教材编写前期准备工作中，充分征求了通信运营商和相关企业的意见，经过师生多次讨论，最后决定尽量淡化专业复杂理论的描写，着重培养学生对专业历史的了解、对基本概念的理解和对本专业的热爱。在今后的学习过程中，同学们能够根据培养目标和毕业要求，选择适合自己的学习规划和就业方向。

本书由王威和梁涤青担任主编，王新担任副主编，具体分工如下：王威负责全书内容规划和最后的定稿；梁涤青负责全书具体内容的组织；王新对全书的理论内容进行了筛选并对全书进行修改。其他参与编写人员与分工为：熊英参与了第二章和第三章的编写；黄文迪参与了第一、六、八章的编写；许玉燕参与了第二、三、五章的编写和修改；王珑润参与了第三、四、七章内容的修改；文晓维和颜丹参与了第一稿的编写。

本书编写过程中得到了长沙理工大学计算机与通信工程学院的大力支持，曹敦老师对全书进行了审阅并提出了很好的修改建议。书中的很多素材来自不同学者发表或公开的资料，我们已在参考文献中列出，在此一并表示感谢。如果引用有不当之处，请联系作者进行更正。

由于作者水平有限，书中难免有不妥之处，敬请读者批评指正。

编 者

2022 年 4 月

目录 CONTENTS

第1章 通信发展史 ·· 1

   1.1 概述 ·· 1

   1.2 通信大事记 ·· 15

   1.3 通信行业中的标准与法规 ·· 21

   1.4 我国通信行业现状 ·· 26

第2章 通信主要技术 ·· 29

   2.1 基本概念 ·· 29

   2.2 收发技术 ·· 32

   2.3 传输系统 ·· 35

   2.4 交换系统 ·· 41

   2.5 通信安全 ·· 46

第3章 当代通信系统 ·· 48

   3.1 移动通信系统 ·· 48

   3.2 光纤通信系统 ·· 61

   3.3 卫星通信系统 ·· 63

   3.4 微波通信系统 ·· 66

第4章 通信技术应用 ·· 69

   4.1 智能家居 ·· 69

   4.2 无人系统 ·· 74

   4.3 远程医疗 ·· 88

   4.4 智能物联 ·· 98

   4.5 北斗卫星导航系统 ·· 109

第5章 未来通信技术 ·· 120

   5.1 6G无线通信 ·· 120

   5.2 光通信 ·· 128

   5.3 中微子通信 ·· 133

5.4　量子通信 ……………………………………………………………… 137

5.5　人体通信 ……………………………………………………………… 145

第 6 章　通信工程专业课程体系 …………………………………………… 150

6.1　概述 …………………………………………………………………… 150

6.2　毕业要求及其实现途径 ……………………………………………… 151

6.3　课程体系 ……………………………………………………………… 156

第 7 章　通信工程专业就业方向 …………………………………………… 170

7.1　相关通信行业 ………………………………………………………… 170

7.2　就业形势分析 ………………………………………………………… 176

7.3　继续深造 ……………………………………………………………… 179

第 8 章　通信学生职业养成 ………………………………………………… 182

8.1　把握黄金四年 ………………………………………………………… 182

8.2　正确审视自己 ………………………………………………………… 184

8.3　培养良好素质 ………………………………………………………… 186

参考文献 ……………………………………………………………………… 190

附录　通信工程专业课程体系示例 ………………………………………… 193

第1章 通信发展史

1.1 概述

通信技术与计算机技术的飞速发展是人类进入信息社会的重要标志。通信就是人与人沟通的方法。无论是电话还是网络，解决的最基本的问题都是人与人的信息交互。远古时期，人们利用烽火传递战事情况，利用快马与驿站传送文件；到了现代，人们通过电视收看节目，利用传真机传送文件，使用移动电话进行通话等，都属于通信的范畴。20世纪80年代以来，通信技术始终是发展最快的技术领域之一。现代通信技术不断采用最新技术优化通信的各种实现方式，让人的交流变得更便捷、有效，突破时空限制。

1.1.1 通信技术发展历程

1831年，法拉第（Michael Faraday）（见图1-1）通过实验发现了电磁感应现象：闭合电路的一部分导体在磁场中做切割磁感应线运动时，导体中会产生电流，由此总结出法拉第电磁感应定律。电磁感应现象的发现奠定了电磁学的发展基础。

图 1-1　法拉第

1837年，美国人莫尔斯（Samuel Finley Breese Morse）发明了有线电报机（见图1-2）。第一台电报机的发报机由电键和一组电池组成，按下电键，电流信号就会通过线路传给收报机。按下电键的时间短，表示点符号，这时电流信号持续时间也短；按下电键的时间长，表示横线符号，这时电流信号持续时间长。收报机结构较复杂，由一只电磁铁和一些附件组成。电磁铁接收电流信号，再将电流信号转换为声音，收报员根据声音的长短进行记录，短音记录为点，长音记录为线，然后根据点和线的组合翻译成电报文字。电磁铁也可以控制一些附件完成电信号的接收，可以在纸上将点和线记录下来，收报员根据点和线的组合再翻译成电报文字。第一台电报机的有效作用距离为 500 m，经过持续优化，6 年后实现了 64 km 的电报信号传输。

图 1-2　莫尔斯和有线电报机

　　1864 年，英国人麦克斯韦（James Clerk Maxwell）在电磁现象基本规律的基础上，提出了"位移电流"假说。法拉第电磁感应定律说明变化的磁场产生电场，位移电流假说揭示出变化的电场也会产生磁场，从而预言了电磁波的存在。麦克斯韦进而提出了麦克斯韦方程组，该方程组给出了电和磁的统一描述，全新的电磁场理论从此诞生。

　　1875 年，苏格兰人贝尔（Alexander Graham Bell）发明了电话（见图 1-3）。后来贝尔在 1878 年建立了贝尔电话公司，这是美国电报电话公司（AT&T）的前身。

图 1-3　贝尔和电话

　　1878 年出现了人工电话交换机，电话交换过程中接线、拆线等操作都需要由话务员完成。1892 年，美国出现了步进制自动电话交换机，实现了电话交换自动化。1919 年，瑞典成功研制出纵横制接线器，7 年后又成功研制出世界上第一台大型纵横制交换机。在程控交换机出现之前，纵横制交换机获得了广泛应用。

1887 年，德国科学家赫兹（Heinrich Rudolf Hertz）通过实验证明了电磁波的存在，用实验证实了麦克斯韦的电磁理论。

1896 年，意大利人马可尼（Guglielmo Marconi）发明了无线电报（见图 1-4），并于 1897 年 5 月 18 日成功进行了横跨布里斯托尔海峡的无线电报传输试验。马可尼在英国建立了世界上第一家无线电器材公司。

图 1-4　马可尼和无线电报

1903 年，丹麦人波尔森（Valdemar Poulsen）发明了电弧式无线电话机。1906 年，美国人费森登（Reginald Aubrey Fessenden）发明了无线电调幅广播发射机（见图 1-5）。1920 年，美国的 KDKA 电台首次开始商业无线电广播，从此无线电广播成为一种重要的信息传播媒体。到了 20 世纪 20 年代，美国警察开始使用 2 MHz、30~40 MHz 的车载无线电话系统。1931 年，在美国首次实现电视广播。

图 1-5　费森登和无线电调幅广播发射

1937 年，法国工程师提出脉冲编码调制（Pulse-Code Modulation，PCM）的概念。1946 年，贝尔实验室实现了第一台采用 PCM 技术的数字电话终端机。1962 年，晶体管 PCM 终端机大量应用于市话网，使市话网电缆传输电话路数扩大了 24 ~ 30 倍。到了 20 世纪 90 年代末，超大规模集成电路开始应用于 PCM 编解码器，PCM 技术在光纤通信、数字微波中继通信和卫星通信中获得广泛应用。

1940 年，美国人古马尔研制出机电式彩色电视系统，第一家商业电视台 1941 年在美国出现。

1946 年，美国人艾克特（John Presper Eckert）和莫奇利（John William Mauchly）发明了第一台计算机。计算机技术在通信系统广泛应用，成为影响通信技术发展的一项基础性技术。如图 1-6 所示为世界上第一台计算机。

图 1-6　世界上第一台计算机

1946 年，美国电报电话公司（AT&T）建立了世界上第一个公用汽车电话网"城市系统"，开始提供移动电话服务。

1947 年，贝尔实验室提出了蜂窝移动通信的概念，这是无线通信发展的重大突破。应用蜂窝概念可以设计任意大用户容量的无线通信系统，从而解决无线通信技术向公众应用推广问题。1973 年，摩托罗拉公司的库帕发明了第一部无线电话机，首次实现了民用移动通信，这标志着无线通信向民用推广。1978 年，贝尔实验室试验成功了第一个蜂窝移动通信系统。1983 年，采用蜂窝技术的先进移动电话系统（Advanced Mobile Phone System，AMPS）在美国芝加哥正式投入商用。此后建立的公众移动通信网络都以蜂窝概念为基础。

1957 年，第一颗人造卫星斯普特尼克（Sputnik）在苏联发射成功，如图 1-7 所示为斯普特尼克一号模型。

图 1-7　斯普特尼克一号模型

1958 年，美国宇航局发射了第一颗通信卫星"SCORE"，并通过卫星广播了美国总统的圣诞祝词，这是人类首次通过卫星实现语音通信。1962 年，美国电报电话公司（AT&T）发射了电星"TELSAT"一号通信卫星，实现了电话、电视、传真和数据传输。1964 年，美国发射了第一颗地球同步轨道卫星"辛康姆 3 号（SYNCOM-3）"，可完成电话、电视和传真的传输。国际电信卫星组织（International Telecommunication Satellite Organization，INTELSAT）于 1964 年成立以后，于 1965 年组织发射了地球同步卫星"晨鸟（Early Bird）"，首先在大西洋地区开展国际商用通信卫星业务。1970 年，我国成功发射第一颗卫星"东方红一号"。1976年，美国发射了第一代移动通信卫星，由 3 颗地球同步轨道卫星基本实现全球覆盖，并建立第一个海事卫星通信站，从此开始了卫星移动通信业务。图 1-8（a）给出了 3 颗同步轨道卫星实现全球覆盖通信的示意图，图 1-8（b）为部分人造卫星示意图。

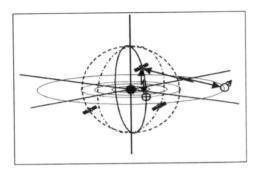 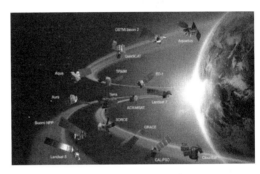

（a）3 颗同步轨道卫星实现全球通信覆盖示意图　　　　　（b）部分人造卫星示意图

图 1-8

1959 年，美国人基尔比（Jack Kilby）和诺伊斯（Robert Norton Noyce）分别发明了集成电路，他们的发明为计算机硬件技术的发展和各类电子设备的小型化开辟了道路。基尔比成功研制出世界上第一块集成电路，被誉为"第一块集成电路的发明者"。诺伊斯提出可以用平面处理技术来实现集成电路的大批量生产，被誉为"提出了适合于工业生产的集成电路理论"的人。

1965 年，美国生产出世界上第一台程控交换机，标志着电话交换机进入电子交换时代，早期的程控交换机话路连接均采用机械接点。

1966 年，被誉为"光纤之父"的英籍华人高锟（见图 1-9）提出了以石英材料制作的玻璃纤维进行远距离激光通信的设想，由此开启了光纤通信的发展之路。

图 1-9　"光纤之父"高锟

1969 年，第一个计算机网络 ARPANET（Advanced Research Projects Agency Network，阿

帕网）在美国出现，该网络采用分组交换技术。如今的互联网就是在 ARPANET 的基础上建立的。

1970 年，世界上第一部数字程控交换机在法国开通使用，这标志着数字通信新时代的到来。数字程控交换机采用电路交换和时分复用技术，在两个用户之间建立起一条通信电路，实现用户之间的语音通信；贝尔实验室研制出在室温下连续工作的半导体激光器，为光纤通信找到了可使用的光源器件；美国生产出石英光纤，首次验证了高锟教授的设想。1970 年，美国成功研制全球定位系统（Global Positioning System，GPS），1994 年完成 24 颗卫星星座布设，全球覆盖率达到 98%。

1974 年，贝尔实验室研制出损耗为 1 dB/km 的低损耗光纤。1977 年，美国开通第一个商用光纤通信系统，光纤直径约为 0.1 mm，数据传输速率为 44.736 Mb/s，能同时传输 8 000 路电话信号。20 世纪 90 年代初，对光纤通信系统发展具有重要意义的掺铒光纤放大器研制成功，改变了光中继器只有在光电转换后才能放大信号的约束，为光纤通信系统带来了革命性的变化。

随着光纤技术不断发展，到 1990 年，光纤损耗已降低到 0.14 dB/km，这为光纤作为长途干线传输的主要手段奠定了基础。20 世纪 90 年代末出现的密集波分复用技术，使光纤通信的传输容量进一步大幅度提升。目前，光纤传输已成为通信网络传输的主要手段，光纤传输网在传输网络中的占比已超过 90%。

1974 年，美国提出了传输控制协议/互联网协议（Transmission Control Protocol/Internet Protocol，TCP/IP）。最初，该协议只是应用于单个分组网，20 世纪 70 年代开始研究多种网络之间的互联，大约 10 年后研制出应用于异构网络互联的 TCP/IP 协议。1977 年，基于冲突检测的载波侦听多路访问（Carrier Sense Multiple Access/Collision Detection，CSMA/CD）技术的以太网诞生，后来成为最常用的局域网技术。

1978 年，国际标准化组织制定开放系统互联参考模型，即 OSI-RM（Open System Interconnection Reference Model），简称为 OSI。

1979 年，第一代模拟蜂窝系统在日本投入商用，第一代模拟蜂窝系统在美国和欧洲的商用时间分别是 1983 年和 1985 年。第一代蜂窝系统均采用模拟信号传输技术和频率调制，只能向用户提供模拟语音通信服务。

1982 年 11 月 27 日，中国第一部程控电话交换机 F150 在福州电信局启用，该交换机自日本富士通株式会社引进。

1983 年，TCP/IP 协议成为 ARPANET 的标准协议，ARPANET 也就成为后来互联网的雏形和基础。

1985 年，国际电信联盟提出第三代（3G）移动通信的概念，1996 年将第三代移动通信系统正式命名为 IMT-2000（International Mobile Telecom System-2000，国际移动电话系统-2000）。3G 主流标准有 3 个，即 WCDMA（Wideband Code Division Multiple Access，宽带码分多址）、CDMA2000（Code Division Multiple Access 2000）以及 TD-SCDMA（Time Division-Synchronous Code Division Multiple Access，时分同步码分多址），其中 TD-SCDMA 是中国提出的标准，这也是中国第一次在通信领域提出系统性的国际标准，标志着中国移动通信技术的发展获得了重大进步。

20 世纪 90 年代 Internet（因特网）进入商业化时代，至 1995 年基本全面实现商业化，网上商业应用从此获得高速发展。同年，采用数字传输技术的第二代蜂窝系统 GSM（Global

System for Mobile Communications，全球移动通信系统）在欧洲投入商用，可以提供语音通信业务和短数据业务。同属于第二代技术的另一个蜂窝系统是 IS-95，其商用的时间稍晚，因此没有像 GSM 那样普及。

1994 年，中国接入 Internet，成为拥有全功能 Internet 的国家。同年，多输入多输出（Multiple Input Multiple Output，MIMO）系统被提出，在无线通信的发送端和接收端可同时使用多副天线收发信号来增加无线信道的容量。

1997 年，贝尔实验室提出了软交换的概念，并制造了第一台软交换原型机，推动了电路交换网络与 IP（Internet Protocol，网际互联协议）交换网络融合技术的快速发展。

2002 年，3GPP（3rd Generation Partnership Project，第三代合作伙伴计划）标准化组织在其 3G 标准 R5 版本中提出了 IP 多媒体子系统（IP Multimedia Subsystem，IMS）的概念。软交换和 IMS 都是基于通信网络的分布式处理技术，实现了业务与控制的分离，它们成为下一代网络（Next Generation Network，NGN）的核心技术。其中，软交换是下一代网络发展初期的技术，侧重于公共电话交换网（Public Switched Telephone Network，PSTN）的 IP 化；而 IMS 则继承了软交换的技术基础，并制定了固定网和移动网融合通信的框架，是 NGN（下一代网络）发展的更高级阶段。2002 年 10 月，世界上第一颗使用 MIMO 系统的 BLAST 芯片在朗讯公司贝尔实验室问世，这一芯片支持最高 4×4 的天线布局，可处理的最高数据速率达 19.2 Mb/s。4G 和 5G 都采用了多信道并行传输的 MIMO 技术。使用传统技术的蜂窝系统可以达到的频带利用率是（1～5）b/（s·Hz），而室内传播环境下 MIMO 系统的频带利用率可以达到（20～40）b/（s·Hz），频谱效率大大提升。

2008 年，第一部基于 Android 操作系统的智能手机问世，手机终端实现智能化。功能手机只具有通信的功能，智能手机除了实现通信和移动互联网访问功能外，还可以完成个人数字助理的多项功能，这时，手机实际上已经成为一台个人专用计算机。

2017 年 12 月 21 日，中国电信最后一个 TDM（Time Division Multiplexing，时分复用）程控交换端局下线退网，中国电信告别程控交换，完成了从电路交换向全 IP 交换的大跨越，成为全球最大的全光网络、全 IP 组网的运营商。

从第三代蜂窝系统开始，移动通信业务开始以面向数据和多媒体业务为主，语音业务占用的带宽比例已经很小。目前，蜂窝系统已经发展到第四代（4G），TD-LTE（Time Division Long Term Evolution，时分长期演进）就属于第四代蜂窝系统技术，4G 已经推广商用，第五代（5G）蜂窝技术已在部署中，部分地区已在应用。4G 的下载数据速率可以达到 100 Mb/s，上传速率可以达到 50 Mb/s，理论上 5G 的下载率可以到 10 Gb/s，比 4G 快 100 倍。5G 时代是万物互联的时代，5G 主要面向移动互联网和物联网应用。

5G 网络广域覆盖、高密度、大容量、大带宽，因此网络规模大，对网络设备需求量大，这就要求网络设备低成本、低功耗、易维护，以最大限度地降低网络总成本。典型的蜂窝系统如图 1-10 所示。

我国通信事业历经了数十年发展取得巨大成就，走出了一条从无到有、从跟随到引领的康庄大道。自改革开放以来，中国通信业基础设施建设完成了质的飞跃。中国通信业投资规模逐年加大，通信网络规模容量成倍扩张，已建成包括光纤、数字微波、卫星、程控交换、移动通信、数据通信等覆盖全国、通达世界的公用电信网。

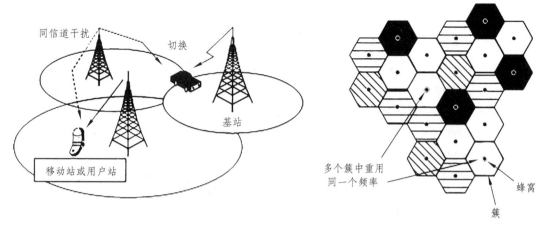

图 1-10 典型蜂窝系统

随着数字经济时代全面开启，以 5G 为代表的新一代信息通信技术已经成为助力经济社会高质量发展的重要引擎。尤其是近年来，社会加速迈向数字化、网络化、智能化，作为新基建"领头羊"的 5G，在助推各行各业数字化转型中发挥了强大赋能作用。

我国非常重视 5G 的发展，同时也深刻认识到 5G 的战略意义，政府出台了一系列的政策、规划文件。"十四五"规划纲要明确提出，加快 5G 网络规模化部署，用户普及率提高到 56%。工业和信息化部深入贯彻落实党中央、国务院决策部署，积极推动 5G 网络高质量发展，先后发布了《"双千兆"网络协同发展行动计划（2021—2023 年）》《5G 应用"扬帆"行动计划（2021—2023 年）》等政策文件，为我国 5G 网络建设以及 5G 和千兆光网的协同发展指明了方向。

自 2019 年 5G 正式商用以来，在党和国家的大力支持下，在全行业的协同努力下，5G 网成绩斐然。《中国互联网发展报告（2021）》指出，截至 2020 年底，我国 5G 网络用户数超过 1.6 亿，约占全球 5G 总用户数的 89%，网民规模达 9.89 亿，互联网普及率达到 70.4%。报告称，下一步我国将加强对 5G、大数据、基础软件、工业软件、人工智能等基础核心技术的支持和投入力度，推进产业基础高级化和产业链现代化，进一步夯实产业发展基础。在中国国际信息通信展览会期间举办的第五届 5G 创新发展高峰论坛上，工业和信息化部给出了一组惊人的数据：截至 2021 年 8 月，我国累计开通的 5G 基站超过 100 万个，覆盖全国所有地级以上城市。

在我国通信的飞速发展中涌现出一批优秀通信企业，如华为、中兴通讯等。华为技术有限公司于 1987 年成立于深圳，是我国通信制造业里的龙头企业，也是目前排名世界前列的通信制造业企业。华为为我国乃至世界的 5G 发展做出了巨大的贡献。中兴通讯致力成为国内通信行业终端领先品牌，是目前国内仅次于华为的通信企业。从终端产品的角度来说，中兴通讯在底层协议、通信能力、天线技术等方面，具备其他独立终端品牌不可比拟的优势。2021 年 3 月，国际知名专利数据公司 IPLytics 发布《5G 专利竞赛的领跑者》报告，该报告公布了各大机构向 ETSI（European Telecommunications Standards Institute，欧洲电信标准化协会）披露的 5G 标准必要专利数量，其中，华为以 15.39% 的占比位居第一，高通以 11.24% 的占比位居第二，中兴通讯以 9.81% 的占比位居第三。

1.1.2　通信技术先驱代表

从远古时代起，人类最早的所谓"无线"通信是指基于在视线距离内的烟、火、信号灯等原始工具传递信号，这些信号的发送站或接收站通常建在山顶上或者道路旁，信号以视距传递的方式传递到远方。

德国物理学家赫兹（Heinrich Rudolf Hertz）从物理学的角度证明了电磁波的存在。虽然在实验中赫兹设计了巧妙的电磁波产生和检测装置，但实验的本意在于验证麦克斯韦的理论以及电磁波的存在，并非以电磁波作为通信的工具。在赫兹实验之后，一些科学家开始思考如何利用电磁波来传输人类社会中的信息。于是，对电磁波的研究从物理学家的手中传到了工程师和发明家的手中。究竟谁是第一个发明无线电通信的人，是一个颇有争议的话题。通常认为，俄罗斯人波波夫（Alexander Stepanovich Popov）、美国人特斯拉（Nikola Tesla）和意大利人马可尼（Guglielmo Marconi）都是早期无线电通信的先驱。他们在不同的地点相对独立地做了大量实验工作。其中，马可尼做出的贡献最大，取得的商业成功最显著，影响也最为深远。

马可尼（Guglielmo Marconi）于1874年出生在意大利博洛尼亚一个富裕的家庭。由于家境富裕，少年马可尼没有去学校接受正规教育，父母专门请了一位大学教授指导马可尼自学各种科学知识。少年马可尼非常勤奋好学，他对物理学尤其是电学有着非常浓厚的兴趣，经常跑到大学的图书馆里阅读电磁学的各种书籍，其中自然也包括赫兹、法拉第、麦克斯韦等人的著作。他还在自己家阁楼的小实验室里动手做了很多电磁学方面的实验。

1894年，马可尼听说了赫兹电磁波试验。赫兹实验清楚地表明了电磁波的存在，并且可以光速在空中传播到远方。当时人们构想，也许人类可以利用这种波向远方发送信息。马可尼对此也非常感兴趣，基于赫兹实验，他自己设计并制作了发射机和接收检测装置，开始了利用电磁波传输信息的实验。

经过反复实验，马可尼取得了很大进展。他找了一块大铁板，作为电磁波的发射天线，把另一块铁板作为接收机的天线高挂在远处的一棵大树上，以增加接收电磁波的能力。他还自己动手改进了当时的金属粉末检波器，在玻璃管中加入少量的银粉，与镍粉混合，再把玻璃管中的空气排除掉。这样使接收侧的电磁波检测灵敏度获得了很大的提高。

1895年，马可尼在自己家的庄园里成功地进行了第一次无线电通信的实验。当远处的助手把发射端电路开关合上时，电路产生振荡进而发送无线电波，他守候着的接收机成功地接收到了信号，电路中的电流驱动了相连的电铃发出铃声。这次实验成功地把无线电信号发送了1.5 mile（约2.4 km）的距离。

1896年，马可尼携带着他的无线电装置来到英国，申请并取得了世界上第一个无线电报系统的专利。接下来，他在英国各地成功地演示了他的无线通信装置。1897年7月，马可尼注册并成立了"无线电报及电信有限公司"，即后来著名的"马可尼无线电报有限公司"。

此后，马可尼领导他的公司不断地改进无线电路和天线的设计，以增加通信的距离。到1899年，马可尼的公司成功地实现了跨越英吉利海峡的无线电通信，连接了英、法两个国家。

1901年12月，马可尼成功地使用无线电波实现了英格兰康沃尔郡的波特休到加拿大纽芬兰省的圣约翰斯之间的通信，此次通信跨越了整个大西洋，距离达到2 100 mile（约3 381 km）。这次实验还首次证明了无线电波可以超越视距传输，并能克服地球表面弯曲的影响，也就是无线电波在长波波段的绕射现象。

1910 年，马可尼因其在无线电通信方面的贡献而获得诺贝尔物理学奖。

马可尼去世于 1937 年 7 月。他为无线电通信做出了十分重要的开创性贡献，他的马可尼无线电报有限公司也取得了非常大的商业成功。

当然，在无线电通信的早期发展中，还有其他一些先驱者也做出过贡献，其中值得一提的是俄罗斯人波波夫和美国人特斯拉。

俄国物理学家波波夫（Alexander Stepanovich Popov）（见图 1-11）是俄国海军鱼雷学校的电子学教师和实验室主任，他研究了赫兹的实验，并改进了检测器的设计，以增加检测电磁波的灵敏度，从而增加电磁波的传送距离。1895 年 5 月 7 日，波波夫在俄罗斯物理化学学会展示了他的无线电发明，这一天后来在俄国成为无线电日并予以庆祝。此后，他设计的通信装置发送信号的距离达到了 10 km 远。他还发明了一个装置，用于检测闪电的发生，这个装置被证明可以检测 30 km 范围内的雷电，可供森林防火之用。后来，波波夫成为圣彼得堡电子工程学院的教授。虽然名气远不如马可尼，但是他确实独立于马可尼做了不少成功的早期无线电通信的实验。

图 1-11　亚历山大·斯捷潘诺维奇·波波夫

特斯拉（Nikola Tesla）是塞尔维亚裔美国科学家，以发明交流发电机和三相电力传输系统而闻名。在赫兹实验后不久，特斯拉就产生了设计无线电通信装置的想法。1891 年，特斯拉发明了可用于发射和接收电磁波的特斯拉线，并申请了美国专利。但是在 1895 年，正当他准备在纽约州的西点进行一次实验时，一场意外的大火烧毁了特斯拉的实验室，破坏了他的实验计划。1898 年，特斯拉还发明了一种无线电遥控装置，可以用来遥控一艘船，他希望能卖给海军用来遥控鱼雷的运动轨迹。在 1960 年巴黎召开的国际计量大会上，为了纪念特斯拉在电磁学领域做出的重要贡献，用他的名字命名了磁通量密度的国际单位。美国人马斯克所创立的电动汽车品牌也是以特斯拉命名的。图 1-12 所示是特斯拉和他发明的巨型电磁发射装置。

有学者认为，特斯拉才是真正的无线电通信的发明人。马可尼在商业上取得了很大的成功，但是他的贡献更多的是在于工程上的改进和商业上的推广。而特斯拉提出了很多原创的构想，并且很多时候都会通过数学和物理方法从原理上进行分析证明。

在美国，特斯拉和马可尼因为无线电通信的专利进行了旷日持久的争夺战。直到两人过世后，美国最高法院才最终判决把无线电通信的发明权授予特斯拉。

图 1-12 尼古拉·特斯拉和他发明的巨型电磁发射装置

时至今日，无线电通信的发明权究竟属于谁似乎已不那么重要，因为它其实是很多人共同努力的结果，不论是马可尼、特斯拉，还是波波夫，都既有他们自己原创的想法，也有很多基于别人成果之上所做的改进。用牛顿的话说，他们都是"站在巨人的肩膀上"的人。除了他们三位，还有一些其他的无线电先驱者做了较大贡献。例如，法国人布兰利发明了电磁波检测器，这是世界上第一个真正实用的无线电波检测器。如果没有该检测器，在当时的条件下，较远距离的无线电通信根本无法实现。

正是在这些先驱者们所做工作的基础上，人类在 20 世纪初正式进入通信大发展的时代。

1948 年，美国数学家香农（Claude Elwood Shannon）发表了一篇划时代的论文《通信的数学原理》，奠定了现代信息论的基础。现代信息论将信息的传递作为一种统计现象来考虑，给出了估算信道容量的方法。信息传输和信息压缩是信息论研究中的两大领域。这两个方面又由信息传输定理、信源-信道隔离定理相互联系。

早期的无线电通信只是简单地把少量信息通过莫尔斯电码从一个地点传送到另一个地点。人们并不特别关注信息的度量以及通信媒介（信道）的容量等问题。人们一般认为，在给定频谱带宽和发射功率的前提下，为了在有噪声的信道中实现可靠的通信，唯一的办法是降低数据的传输速率，速率越低则通信越可靠。但是，香农的信息论改变了这一观点。信息论指出，通信信道存在一个容量极限，在这个极限之下，有可能实现无错误的数据传输。

香农提出的信息论是现代通信理论的基础，他定义了信息的度量，并开启了信源编码和信道编码两个重要的学术和工程领域，一个通过消除冗余以提高信息表达的效率，另一个通过巧妙地增加冗余以实现可靠的通信。

香农所定义的信道容量是一个路标，在他之前人们并不知道通信系统能够达到的极限。信息论指明了通信系统所能达到的目标和所能实现的极限。所以，香农被称为现代通信理论的开山鼻祖。

如果说电磁波及其空间传播特性的发现是无线通信的前提条件，那么信息论的出现则为现代通信的发展提供了完整的理论基础。

1.1.3 通信技术发展趋势

移动通信的每一代演进都超越并解决了上一代通信系统的一些问题，除了社会经济发展的需求驱动外，通信理论与技术、元器件的发展在这中间则起到了使能者的关键作用。1G 建立了首个可用于通话的模拟制式的蜂窝网通信系统。2G 实现了从模拟向数字通信的革命性转变，提高了通信的容量、质量和安全性。3G 实现了向数据传输的迈进。4G 提供了移动宽带业务，使得通信进入了移动互联网的时代，并促进了电子商务的发展。到了 5G 时代，移动通信将在大幅提升以人为中心的移动互联网业务使用体验的同时，全面支持以物为中心的物联网业务，实现一个万物互联智能化的社会。

展望未来，有一种观点认为，移动通信发展至今已非常成熟，如果 5G 网络能合理地设计部署，我们将不再需要 6G、7G、8G……，而只需要一些小的改动即可满足未来社会的需要，因此，未来几十年我们所面对的很可能是 5.1G、5.2G……。或者至少无线通信的演进速度会大大地降低，没有必要继续以十年一代的速度更新迭代。

无线通信的发展每十年更新一代，即所谓的"使用一代，研究一代，储备一代"。欧洲、中国、美国、日本、韩国等一些国家和地区的研究机构已经开始布局 6G 技术的研究，有人认为使用大于 275 GHz 的太赫兹频段实现增强型移动宽带（高达 1 Tb/s 的单用户数据传输率）是 6G 的关键；有人认为应该把卫星通信和地面通信有效地整合起来，实现空地一体化，以实现人类通信更大的自由度；也有人认为把人工智能和 5G 有效地整合起来才是关键；更有人认为，目前人类通信的瓶颈恰恰是人类的感官本身，6G 应该把人的大脑通过植入芯片以近距离通信的方式联结起来。

未来的 6G 又是怎么样的呢？根据以往的经验，我们可以预想，6G 将利用新出现或已经成熟的技术元素解决 5G 中没有解决的问题。因此，上面提到的所有这些，如太赫兹通信、卫星通信、水下通信，甚至是基于人脑外部接口的近距离通信，都很可能是未来无线通信系统构成的技术元素。

2014 年，SpaceX 和 PayPal 的创始人马斯克发起了卫星互联网 StarLink 计划。根据这一计划，SpaceX 将在 2025 年建成一个完整的 StarLink（星链）系统，这个系统将由环绕地球的 1.2 万颗低轨道（Low Earth Orbit，LEO）通信卫星构成，这些卫星将覆盖全球所有的角落，通过 Ka 和 Ku 频段为消费者提供宽带互联网接入服务。截止到 2019 年 11 月，SpaceX 已通过其 Falcon 9 可回收飞船发射并部署了 122 颗 StarLink 卫星，并于 2020 年上半年起在美国和加拿大开通服务。由于使用了低轨道卫星（而不是同步卫星），其信号传输的时间延迟大大地降低了。据估计，完成所有卫星的发射并为全球提供服务可能需要 5 年甚至更长的时间。StarLink 第一阶段轨道图如图 1-13 所示。

与此同时，位于美国弗吉尼亚州的 OneWeb 也启动了包含 648 颗低轨道卫星的卫星互联网计划，卫星由空中客车公司（Airbus）承建，利用 Ka/Ku 频段为全球提供互联网服务。到 2019 年，OneWeb 已部署了其中的 6 颗卫星。据报道，完整的 OneWeb 系统部署将在 2027 年左右完成。

加拿大的 Telesat 卫星通信公司准备启动包含 117 颗低轨道卫星，利用 Ka 频段为全球提供互联网服务的计划，于 2021 年开始部署，2022 年起提供互联网服务。

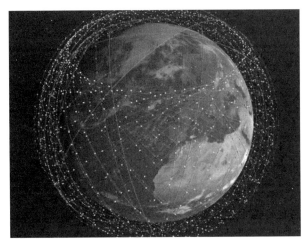

图 1-13　StarLink 轨道图

SpaceX、OneWeb 和 Telesat 三大提供互联网通信的卫星系统对比如表 1-1 所示。

表 1-1　Spacex、OneWeb 和 Telesat 三大提供互联网通信的卫星系统对比

对比指标	Telesat	OneWeb	SpaceX
卫星数	117	720	4425
地面站数	42	71	123
单卫星最大数据率/（Gb/s）	38.68	9.97	21.36

在我国，航天科技集团和航天科工集团分别启动了"鸿雁"和"虹云"低轨卫星通信星座计划。

这些低轨道卫星通信计划将可能成为现有蜂窝移动通信系统的有力竞争对手。当然，它们也有可能互为补充，并一起构成空地一体的通信系统，以实现人类通信的更大自由度。因此，低轨道卫星系统很可能会成为未来无线通信系统的重要组成部分。

2019 年 3 月，世界第一届 6G 峰会（6G Wireless Summit）在芬兰召开。Oulu 大学的 6G 旗舰项目根据来自诺基亚、爱立信、中国电信、三星、NTT 等几十家公司的专家的预测，发布了一份 6G 白皮书《6G 无线智能无处不在的关键驱动与研究挑战》。白皮书认为，联合国的人类发展远景才是未来无线技术发展所应追求的目标。以此为基础，白皮书将 6G 定义为 Ubiquitous Wireless Intelligence，即无所不在的无线智能。

5G 和 6G 可能使用频段的特性如表 1-2 所示。

表 1-2　频段特性

频段	0.3~3 GHz	3~30 GHz	30~300 GHz	0.3~3 THz	3~30 THz
波长	10~100 cm	1~10 cm	1~10 mm	100~1 000 μm	10~100 μm
主要衰减因素	自由空间	自由空间，即高频段对于穿越物体的损耗大	自由空间/分子吸收 O_2 和 H_2O	自由空间/分子吸收 H_2O	自由空间/分子吸收 H_2O
支持传输距离	10 km	1 000 m	100 m	<10 m	<1 m
系统带宽	100 MHz	400 MHz（或 800 MHz）	高达 30 GHz	高达 300 GHz	>100 GHz

6G 无线通信系统示意如图 1-14 所示。

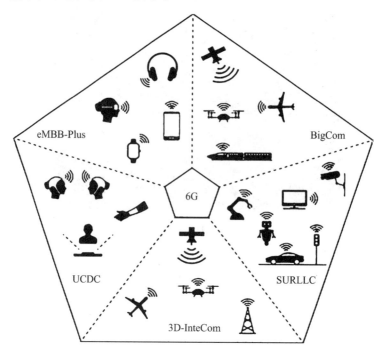

图 1-14　6G 无线通信系统示意图

白皮书的主要观点如下：

（1）根据以往无线通信每十年一代的规律，6G 通信系统将大约在 2030 年出现。

（2）未来的人类社会将是由大数据驱动的，而基于 5G 和 6G 的无所不在的无线通信则是其最关键的使能者。6G 所要达到的基本目标是实现 5G 所遗漏的相关技术与由人工智能发展而产生的各种新的应用。6G 的关键技术指标（Key Performance Indicator，KPI）将远超 5G，比如，用户的峰值速率将达到 100 Gb/s ~ 1 Tb/s，网络的延迟将降低至 0.1 ms，终端设备的电池寿命将长达 20 年，每立方米空间内将容纳上百个无线（终端）设备，提供相当于 5G 上万倍的流量，以及百万分之一的超高可靠性，能耗效率是 5G 的十倍以上，提供超高的定位精度（室内 10 cm 和室外 1 m 以内）。

（3）6G 时代的生态系统和主要参与者也将和现在完全不同，1G 至 5G 时代以网络运营商为主体的生态系统将彻底改变。

（4）XR（Extended Reality，扩展现实）将取代智能手机。VR（Virtual Reality，虚拟现实）、AR（Augmented Reality，增强现实）和 MR（Mixed Reality，混合现实）技术将通过可穿戴设备（如超轻型眼镜）、各种传感设备、移动通信网络和人类感官无缝集成，它们将取代智能手机，成为人们日常生活和工作中的重要工具。

（5）无线频谱将向更高的频段发展，甚至达到太赫兹的频段范围（即 100 GHz ~ 10 THz 的频段，无线通信的频段越高，所能提供的信号带宽越宽，能支持传输的数据量也就越大，而传输距离和覆盖范围则会减小），室内近距离通信将扮演更重要的角色。

（6）频率向太赫兹的发展将催生很多新的应用，比如三维成像和立体感知，这将在半导体器件、射频电路、光学器件等领域产生很多新的挑战和机会。

（7）人工智能/机器学习和数据块技术将和无线通信相结合，并在社会经济中扮演极其重要的角色。

（8）将出现新的无线通信物理层调制和多址技术，甚至有可能采用模拟的调制方式。

（9）各种传感器、图像处理技术、高精度定位技术的结合将催生很多新的应用。

（10）网络内在的信任和隐私保护是提供 6G 服务的前提。

2019 年 11 月，中国移动研究院联合业界同行发布了中国首个 6G 愿景报告《2030+愿景与需求报告》，报告认为可持续发展是社会经济发展的长期目标，必须秉承"创新，协调，绿色，开放，和谐"的发展理念。报告基于马斯洛的人类需求层次理论，并把它拓展到人类对于无线通信的需要，以此为依据，确定了人类社会对于 6G 的愿景和一些主要技术指标。

当然，这还仅是一个开头。毫无疑问的是，这些想法、愿景和技术指标对于 6G 概念的最终形成会起到启发作用。目前来讲，准确预测未来的无线通信和 6G 还很困难。可以确定的是，6G 将会完成 5G 中所没有实现的通信需求，中低轨道卫星、太赫兹和其他新的无线通信手段可能都会成为构成 6G 的重要技术元素，它们将和人工智能、大数据进一步结合，实现比 5G 更加完整的智能社会和人类更大的自由度。

1.2 通信大事记

1.2.1 电报的出现

20 世纪 30 年代，由于铁路的快速发展，迫切需要一种不受天气影响、没有时间限制、比火车跑得更快的通信工具。这时，发明电报的基本技术条件（电池、铜线、电磁传感器）已经具备。1837 年，英国的库克和惠斯通设计制造了第一台电缆电报，经过不断改进，传输速度得到不断提高。这种电报很快被用于铁路通信。该电报系统的特点是信息直接指向字母。

这期间，美国人莫尔斯（Samuel Finley Breese Morse）也迷上了电报。莫尔斯是一位著名的画家，在 1826—1842 年任美国艺术家协会主席。凭借丰富的想象力和不屈不挠的奋斗精神，他实现了许多人梦想的目标。他 4 岁时在法国学习绘画然后回到美国。杰克逊博士向他介绍了奇怪的电磁世界。在船上，杰克逊向他展示了"电磁铁"，一种通过电能吸取铁的装置，当电源切断时，铁就会脱落，博士还说"无论导线多长，电流都能快速通过"。这个小玩意给了莫尔斯一个遐想：既然电流可以瞬间通过导线，那它能用来传输信息吗？为此，他在自己的绘本上写下了"电报"二字，并决心完成用电传递信息的发明。

回到美国后，他致力于开发电报的工作。他崇拜著名的电磁科学家亨利，从零开始研究电磁学。他买了各种实验仪器和电动工具，把工作室改成了实验室。他设计了一个又一个方案，画了一个又一个草图，做了一次又一次的实验，却一次又一次地失败。在极度失望中，他几次想回到原来的工作岗位。但是，每当他拿起画笔，看到画册上自己写的"电报"两个字，又会被当初许下的誓言所鼓舞，重新开始。

他冷静地分析了失败的原因，仔细审视了设计思路，发现他不得不寻找新的方式来发送信号。1836 年，莫尔斯终于找到了新方法。他在笔记本上写下了新的设计方案："电流停一会儿，就会出现火花。火花的出现可以看作是一种象征，没有火花是另一种象征，没有火花的时间长短是另一种象征。这三个符号的组合可以代表字母和数字，通过电线传递文字就足够了。"我们现在看起来是多么简单的一件事啊！但是莫尔斯是世界上第一个想到用点、笔画和空白的组合来表示字母的人。通过编码传递信息的想法是多么伟大和神奇啊！这样，只需发出两种电气符号就可以传输信息，大大简化了设计和设备。这就是著名的莫尔斯电码，是电信史上最早的编码，也是电报发明史上的重大突破。

在取得突破后，莫尔斯立即投入紧张的工作中，将假设转化为实际的装置，并不断改进。1844 年 5 月 24 日是世界电信史上光辉的一页。莫尔斯在国会大厅按下了电报机的按钮。伴随着一连串的滴答声，这条信息迅速通过电线传到了几千米外的巴尔的摩。他的助手准确地翻译了信息。莫尔斯电报机的成功在美国、英国等世界各国引起轰动，他的电报迅速风靡全球（见图 1-15）。

图 1-15　莫尔斯和他发明的电报机

1.2.2　电话的发明

贝尔（Alexander Graham Bell）是公认的电话之父，以他的名字命名的贝尔实验室更是因为一直引领通信的潮流而享誉世界。贝尔 1847 年生于英国，年轻时跟父亲从事聋哑人的教学工作，曾想制造一种让聋哑人用眼睛看到声音的机器。他也是一名语音专业的教授，对发声的原理有着深刻的认识。

1873 年，已成为美国波士顿大学教授的贝尔，开始研究在同一线路上传送许多电报的装置——多工电报，并萌发了利用电流把人的说话声传向远方的念头，使远隔千山万水的人能如同面对面地交谈。于是，贝尔开始了电话的研究。

1875 年 6 月 2 日，贝尔和他的助手华生分别在两个房间里试验多工电报机，一个偶然发生的事故启发了贝尔。华生房间里的电报机上有一个弹簧粘到磁铁上了，华生拉开弹簧时，弹簧发生了振动。与此同时，贝尔惊奇地发现自己房间里电报机上的弹簧动起来，还发出了声音，是电流把振动从一个房间传到另一个房间。贝尔的思路顿时大开，他由此想到：如果人对着一块铁片说话，声音将引起铁片振动若在铁片后面放上一块电磁铁的话，铁片的振动势必在电磁铁线圈中产生时大时小的电流。波动电流沿电线传向远处，远处的类似装置上就会发生同样的振动，如果因此发出同样的声音，声音就能沿电线传到远方去了。

贝尔和华生按新的设想制成了电话机。在一次实验中，一滴硫酸溅到贝尔的腿上，疼得他直叫喊："华生先生，我需要你，请到我这里来!"这句话由电话机经电线传到华生的耳朵里，这也标志着电话实验的成功。1876 年 3 月 7 日，贝尔成为电话发明的专利人（见图 1-16）。

贝尔一生获得过 18 种专利，与他人合作获得过 12 种专利。他设想将电话线埋入地下，或悬架在空中，用它连接住宅、乡村、工厂等，使任何地方都能直接通电话。今天，贝尔的设想早已成为现实。

图 1-16　贝尔和磁电电话机

1.2.3　无线电报的产生

马可尼（Guglielmo Marconi）是意大利的电气工程师和发明家。1874 年生于意大利的博洛尼亚市。他的家庭十分富裕，可以在家庭教师的指导下学习。在博洛尼亚大学学习期间，他用电磁波进行约 2 km 距离的无线电通信实验，获得成功。1909 年他与布劳恩一起得诺贝尔物理学奖。

马可尼从小就是一个很有独立见解和独创精神的人，当他还是少年时就制作了许多种神奇的装置，显示出超人的才华。马可尼的母亲是个爱尔兰人，父亲是富有的意大利商人，小时候他常常随母亲坐船漂洋过海去英国甚至是北美探亲访友。旅途中，当船只航行在一望无际的大海上时，常常遇到一些意想不到的麻烦，可是又无法和陆地及其他正在航行的船只取得联系。于是，他常常想，能不能找到一种通信工具，当船在海上航行时，也能和陆地取得联系呢？这种想法一直记在他心里。

1894 年，20 岁的马可尼由于一次偶然的机会在一本电磁杂志上读到一篇介绍赫兹研究电波的文章。这篇文章唤醒了马可尼少年时代的梦想。如果使用电磁波传送莫尔斯电码，不就可以不再被电缆束缚了吗？他说服了父亲，并从他那里得到一切财政支持。于是他开始在意大利波伦亚他父亲的庄园里进行无线电报的实验。马可尼依靠自己在发明方面的天赋和勤奋的工作，经过一次次电磁波的发送和接收实验，没过多久，居然就能在 140 m 的距离进行通信了。这一成功大大增强了马可尼的信心。经过进一步改进，到 1895 年夏天，他在父母住宅的楼顶和 1.7 km 远处的山丘之间进行了通信实验，并取得了成功，这时的马可尼只有 21 岁。

马可尼设计的无线电发报装置与当年赫兹的实验装置很像。当按下莫尔斯电键时，线路两端就会产生瞬时高压，于是两个金属小球间就会迸发出电火花，这些火花产生的电磁振荡会通过天线向外发射电磁波。这种最原始的电磁波发射器后来被称为"火花振荡器"。

马可尼的无线电报接收装置采用了法国物理学家布兰利的发明成果——粉末检波器。粉末检波器有一个很细的玻璃管，管中装有细小的金属，两端各有一个电极，当有电磁波传过来时，在两端的电极上产生感应电势，金属会互相吸引而彼此黏合，检波器于是呈导电状态。粉末检波器还有一个自动敲击装置，在没有电磁波信号时，金属粉末往往仍保持粘连状态而不能马上分离。敲击装置能自动敲击以产生振荡使瓶内的金属粉末得以马上分开。当粉末检波器接收到信号而导电，电报机上就有电流流过，并会自动在电报纸上打出莫尔斯电码的"点"和"划"来。这样发射端发出的莫尔斯电码文就可以在接收端反映出来。

1.2.4 蜂窝式移动电话的诞生

自从电话发明之后，这一通信工具使人类充分享受到现代信息社会的方便，但这仅仅是一个开始，而且普及范围也并不广，随着无线电报和无线广播的发明，人们更希望能有一种能够随身携带、不用电话线路的电话。

肩负着人类的希望，通信领域的科学家进行了不懈的努力，由于两次大战的需要，早期的移动通信的雏形已开发了出来，如步话机、对讲机等，其中，步话机在 1941 年美陆军就开始装备了，当时的使用频段是短波波段，设备是电子管的。从 20 世纪 50 年代开始，开始使用 150 MHz，后来发展为 400 MHz，随着 60 年代晶体管的出现，专用无线电话系统大量出现，在公安、消防、出租汽车等行业中应用。但这些仅能在少数特殊人群中使用且携带不便，能不能有更小、更方便、适合大众使用的个人移动电话呢？

随着对电磁波研究的深入、大规模集成电路的问世，摆在科学家面前的障碍被一一扫清，移动电话被制造出来。它主要由送受话器、控制组件、天线以及电源 4 部分组成。在送受话器上，除了装有话筒和耳机外，还有数字、字母显示器，控制键和拨号键等。控制组件具有调制、解调等许多重要功能。由于手持式移动电话机是在流动中使用，所需电力全靠自备的电池来供给，当时是使用镍镉电池，可反复充电。

既然移动电话已经制造出来了，那么应该如何规划网络呢？科学家首先想到蜂巢的结构。在建筑学上，蜂巢是经济高效的结构方式，移动网络是否可以采取同样的方式，在相邻的小区使用不同的频率，在相距较远的小区就采用相同的频率，这样既有效避免了频率冲突，又可让同一频率多次使用，节省了频率资源。这一理论巧妙地解决了有限高频频率与众多高密度用户需求量的矛盾和跨越服务覆盖区信道自动转换的问题。

20 世纪 70 年代初，贝尔实验室提出了蜂窝系统覆盖小区的概念和相关的理论后，该理论立即得到迅速发展，很快进入实用阶段。在蜂窝式的网络中，每一个地理范围（通常是一座大中城市及其郊区）都有多个基站，并受一个移动电话交换机的控制，在这个区域内任何地点的移动台车载、便携电话都可经由无线信道和交换机联通公用电话网，真正做到随时随地都可以同世界上任何地方进行通信。同时，在两个或多个移动交换局之间，只要制式相同，还可以进行自动和半自动转接，从而扩大移动台的活动范围。因此，从理论上讲，蜂窝移动电话系统可容纳无限多的用户。第一代蜂窝移动电话系统是模拟蜂窝移动电话系统，主要特征是用模拟方式传输模拟信号，美国、英国和日本都开发了各自的系统。在 1975 年，美国联邦通信委员会（Federal Communications Commission，FCC）开放了移动电话市场，确定了陆地移动电话通信和大容量蜂窝移动电话的频谱，为移动电话投入商用做好了准备。1979 年，日本开放了世界上第一个蜂窝移动电话网。其实世界上第一个移动电话通信系统是 1978 年在美国芝加哥开通的，但蜂窝式移动电话后来居上，在 1979 年，AMPS（Advanced Mobile Phone System，高级移动电话系统）制模拟蜂窝式移动电话系统在美国芝加哥试验后，终于在 1983 年 12 月在美国投入商用。

1.2.5 集成电路

1958 年，基尔比（Jack Kilby）发明了集成电路，这一发明奠定了现代微电子技术的基础。如果没有这项发明，就不会有计算机的存在，信息化时代也只能沦为空谈。60 多年过去了，谁能够想到这些小小的芯片已经影响了整个人类社会，渗透到我们每一天的生活。

也许这就是天意，在晶体管发明 10 年后的 1958 年，34 岁的基尔比加入德州仪器公司。说起当初为何选择德州仪器，基尔比轻描淡写道：“因为它是唯一允许我把几乎全部时间用于研究电子器件微型化的公司，它给我提供了大量的时间和不错的实验条件。”也正是德州仪器这一温室，孕育了基尔比无与伦比的成就。

虽然，那个时代的工程师们因为晶体管的发明而备受鼓舞，开始尝试设计高速计算机，但是问题还没有完全解决：由晶体管组装的电子设备太笨重了，工程师们设计的电路需要由几英里长的线路以及上百万个的焊点组成，建造它的难度可想而知。至于个人拥有计算机，更是一个遥不可及的梦想。针对这一情况，基尔比提出了一个大胆的设想：“能不能将电阻、电容、晶体管等电子元器件都安置在一个半导体单片上？”这样整个电路的体积将会大大缩小，于是这个新来的工程师开始尝试一个叫作相位转换振荡器的简易集成电路。

1958 年 9 月 12 日，基尔比研制出世界上第一块集成电路（见图 1-17），成功地实现了把电子器件集成在一块半导体材料上的构想，并通过了德州仪器公司高层管理人员的检查。请记住这一天，集成电路取代了晶体管，为开发电子产品的各种功能铺平了道路，并且大幅度降低了成本，使微处理器的出现成为可能，开创了电子技术历史的新纪元。

伟大的发明与人物总会被历史验证与牢记。2000 年，基尔比因为发明集成电路而获得当年的诺贝尔物理学奖。这份殊荣，经过 42 年的检验显得愈发珍贵，更是整个人类对基尔比伟大发明的充分认可。诺贝尔奖评审委员会的评价很简单：“为现代信息技术奠定了基础”。

图 1-17 基尔比和他制作的第一片集成电路

“我认为，有几个人的工作改变了整个世界，以及我们的生活方式——亨利·福特、托马斯·爱迪生、莱特兄弟，还有杰克·基尔比。如果说有一项发明不仅革新了我们的工业，并且改变了我们生活的世界，那就是杰克发明的集成电路。”或许德州仪器公司董事会主席汤姆·恩吉布斯的评价是对基尔比贡献最简洁有力的注解，现在基尔比的照片和爱迪生的照片一起悬挂在美国国家发明家荣誉厅内。

1.2.6 首颗通信卫星

1958 年 12 月 18 日，美国成功发射了世界上第一颗通信卫星"斯科尔号"（见图 1-18），全称为"轨道中继设备信号通信卫星"。这颗命名为"斯科尔号"的通信卫星虽然工作寿命只有 13 天，且轨道高度低，但由此却拉开了通信卫星研制的序幕。

图 1-18　世界上第一颗通信卫星：斯科尔卫星

1.2.7 5G 网络应用

5G 网络不仅是移动通信技术，也是多种无线接入技术演进集成后的解决方案总称。它将掀起整个行业的巨大变革，推动人类社会全面进入数字化时代。

5G 网络是第五代移动通信技术的简称，是继 4G 网络之后移动宽带技术发展的新里程碑。5G 网络可以覆盖人与人、物与物、人与物的连接，满足不同行业、不同用户对通信的复杂需求。

5G 网络普及后，整个世界将变成名副其实的地球村，大容量信息高速公路将大大缩小物理上的距离，加之万物互联，这决定了 5G 具有广泛的应用前景。

总之，5G 网络将满足人们对超高流量及密度的要求，从互联网到物联网，各种生活生产设备、设施都可进入网络。那时的互联网+就是 5G 网络与工业设施、医疗器械、流通领域、新闻领域、交通工具、高清视频等万事万物的深度融合，整个社会因无所不在的智能感知而发生意想不到的巨变。由于上网速度的大幅提升，手机变得更智能，能够帮助人们进行更多远程控制。大数据的挖掘、整合、融合和渗透也将有机组合，形成新的、更强大的能力。

高速度是 5G 网络最具颠覆性的特点，其平均下载速度达到 1 Gb/s，比 4G 快 100 倍。随着技术的成熟，其速度可达到 10 Gb/s。在这样的速度下，移动用户可随意将超高分辨率的视频传输到手机和平板电脑上。此前由于网络速度所限，异地手术常常无法进行实时操作。有了 5G 网络，这个问题便迎刃而解。对大众用户而言，5G 网络意味着一眨眼就能完成一部超高清电影的下载，或瞬间传输数百张照片。连续广域覆盖意味着 5G 网络使人们在偏远地区、高速移动等环境下仍可高速上网。5G 网络的高容量可以让人们在人员集中、流量密集的拥挤环境中依然获取高速网络。

5G 网络可将网络能耗降低 90%，使低功率电池续航时间提高 10 倍以上。在智慧城市、高速路桥、智能农业，以及环境监测、森林防火等以数据采集和实地观测为目标的应用场景中，需要大量使用传感器。由于这些设备无处不在，大多要求 24 h 不间断运转，日积月累，能耗是个天文数字，只有低功耗大连接的 5G 网络才能胜任。

5G 网络前景诱人，但仍存在大量悬而未决的问题。从技术发展角度看，新一代移动网络通常意味着全新的架构，需要具备更强的设备连接能力来应对海量的网络接入，因而需要极高的灵敏度，不仅速度要快而且还要节能。但如果仍使用传统的移动通信网络技术，在应对未来移动互联网和物联网爆发式发展时，可能会面临网络能耗、每比特综合成本、部署和维护的复杂度、多制式网络共存、精确监控网络资源等一系列问题。因此，为满足移动通信应用需求，5G 网络系统要在创新和技术进步的基础上，开发与利用包含体系架构、无线组网、无线传输、新型天线与射频等关键技术。

自 2019 年 5G 正式商用以来，在党和国家的大力支持下，在全行业的协同努力下，我国的 5G 网络取得了非凡的成绩。《中国互联网发展报告（2021）》指出，截至 2020 年底，我国 5G 网络用户数超过 1.6 亿，约占全球 5G 总用户数的 89%，网民规模达 9.89 亿，互联网普及率达到 70.4%。报告称，下一步我国将加强对 5G、大数据、基础软件、工业软件、人工智能等基础核心技术的支持和投入力度，推进产业基础高级化和产业链现代化，进一步夯实产业发展基础。在中国国际信息通信展览会期间举办的第五届 5G 创新发展高峰论坛上，工业和信息化部给出了一组惊人的数据。截至 2021 年 8 月，我国累计开通的 5G 基站超 100 万个，覆盖全国所有地级以上城市。

1.3　通信行业中的标准与法规

1.3.1　标准化组织与相关标准

通信涉及收发双方或多方的信息传递，在信息传递的过程中，要求各方都要遵循统一的规定，否则信息就无法互通。另一方面，不同的通信设备可能来自不同的厂商，为了使这些设备能在一个系统或网络内协同工作，也需要不同厂家的设备能够互通。因此，通信系统的设计与应用需要遵循一定的标准。下面介绍一些比较重要的国际标准。

全球移动通信系统（Global System for Mobile Communications，GSM），是由欧洲电信标准组织 ETSI 制订的一个数字移动通信标准。它的空中接口采用时分多址技术。自 20 世纪 90 年代中期投入商用以来，被全球 100 多个国家采用。GSM 标准使得移动电话运营商之间签署"漫游协定"后，用户即可实现国际漫游。GSM 与以前的标准相比，最大的不同是其信令和语音信道都是数字式的，因此，GSM 被看作是第二代（2G）移动电话系统。

W-CDMA 的全称为 Wideband CDMA，也称为 CDMA Direct Spread，意为宽频分码多重存取，这是基于 GSM 网发展出来的 3G 技术规范，是欧洲提出的宽带 CDMA 技术，它与日本提出的宽带 CDMA 技术基本相同，目前正在进一步融合。其支持者主要是以 GSM 系统为主的欧洲厂商，日本公司也或多或少参与其中，包括欧美的爱立信、阿尔卡特、诺基亚、朗讯、北电，以及日本的 NTT、富士通、夏普等厂商。这套系统能够架设在现有的 GSM 网络上，对于系统提供商而言可以较轻易地过渡，而 GSM 系统相当普及的亚洲对这套新技术的接受度较高。因此 WCDMA 具有先天的市场优势。

该标准提出了 GSM（2G）—GPRS—GE—WCDMA（3G）的演进策略。GPRS 是 General Packet Radio Service（通用分组无线业务）的简称，EDGE 是 Enhanced Data rate for GSM Evolution（增强数据速率的 GSM 演进）的简称，这两种技术被称为 2.5 代移动通信技术。

CDMA2000 是由窄带 CDMA（CDMA IS95）技术发展而来的宽带 CDMA 技术，也称为 CDMA Multi-Carrier，由美国高通北美公司为主导提出，摩托罗拉、朗讯和后来加入的韩国三星都有参与，韩国现在成为该标准的主导者。这套系统是从窄频 CDMAOne 数字标准衍生出来的，可以从原有的 CDMAOne 结构直接升级到 3G，建设成本低廉。但是 3G 时代使用 CDMA 的地区只有日、韩和北美，因此 CDMA2000 的支持者不如 W-CDMA 多。不过，CDMA2000 的研发技术却是当时各标准中进度最快的，许多基于此技术的 3G 手机率先问世。该标准提出了从 CDMA IS95（2G）—CDMA20001x—CDMA20003x（3G）的演进策略。CDMA20001x 被称为 2.5 代移动通信技术。CDMA20003x 与 CDMA20001x 的主要区别在于应用了多路载波技术，通过采用三载波使带宽提高。中国联通采用这一方案建成了 CDMA IS95 网络。

TD-SCDMA 的全称为 Time Division Synchronous CDMA，即时分同步 CDMA。该标准是我国自行制定的 3G 标准，1999 年 6 月 29 日，由原邮电部电信科学技术研究院（大唐电信）向 ITU 提出。该标准融入智能无线、同步 CDMA 和软件无线电等国际领先技术，在频谱利用率、支持业务的灵活性、频率灵活性及成本等方面具有独特优势。另外，由于国内的庞大市场，该标准受到各大主要电信设备厂商的重视，全球一半以上的设备厂商都宣布支持 TD-SCDMA 标准。该标准提出不经过 2.5 代的中间环节，直接向 3G 过渡，非常适用于 GSM 系统向 3G 升级。

WiMAX 的全名为微波存取全球互通（Worldwide Interoperability for Microwave Access），是一种为企业和家庭用户提供"最后一公里"的宽带无线连接方案。将此技术与需要授权或免授权的微波设备结合之后，将扩大宽带无线市场，改善企业与服务供应商的认知度。2007 年 10 月 19 日，在国际电信联盟于日内瓦举行的无线通信全体会议上，经过多数国家投票通过，WiMAX 正式被批准成为继 WCDMA、CDMA2000 和 TD–SCDMA 之后的第四个全球 3G 标准。

LTE（Long Term Evolution，长期演进技术）原本是第三代移动通信向第四代过渡升级过程中的演进标准，包含 LTE FDD（Long Term Evolution，Frequency-division duplex，长期演进频分双工）和 LTE TDD（Long Term Evolution，Time-Division Duplex，长期演进时分双工，通常简称为 TD-LTE）两种模式。2013 年，随着 TD-LTE 牌照的发放，4G 的网络、终端、业务都进入正式商用阶段，也标志着我国正式进入 4G 时代。和以往的数字移动通信系统相比，4G 网络具有更高的数据速率、传输质量以及频谱利用率，可以容纳更多的用户，支持多种业务及全球范围内的多个移动网络间的无缝漫游。

TD-LTE 是一种新一代宽带移动通信技术，是我国拥有自主知识产权的 TD-SCDMA（Time Division-Synchronous Code Division Multiple Access，时分同步码分多址）的后续演进技术，在继承了 TDD（Time-Division Duplex，时分双工）优点的同时又引入了多天线 MIMO 与频分复用 OFDM（Orthogonal Frequency Division Multiplexing，正交频分复用）技术。相比于 3G，TD-LTE 在系统性能上有了跨越式提高，能够为用户提供更加丰富多彩的移动互联网业务。

FDD（Frequency-division duplex，频分双工）是 LTE 技术支持的两种双工模式之一，应用 FDD 模式的 LTE 即为 FDD-LTE。由于无线技术的差异、使用频段的不同，以及各个厂家的利益等因素，FDD-LTE 的标准化与产业发展都领先于 TDD-LTE。FDD 模式的特点是系统在分离（上、下行频率间隔 190 MHz）的两个对称频率信道上进行接收和传送，用保证频段来分离接收和传送信道。

5G-NR（5G New Radio）是基于 OFDM 的全新空口设计的全球性 5G 标准，也是下一代蜂窝移动技术的基础。2016 年 10 月，高通推出 6 GHz 以下 5G-NR 原型系统和试验平台，这是推动 5G 迈向商用非常重要的一步。6 GHz 这段频段是基于 5G 达到优质覆盖非常重要的关键，高通在这个原型系统上应用了非常多的技术。

2018 年 6 月 14 日，华为、三星等企业发布新闻公报称，国际标准组织"第三代合作伙伴计划"（3GPP）全体会议已批准第五代移动通信技术 5G-NR 的独立组网标准。

制定这些标准的机构就是标准化组织，各个通信设备生产厂家都是按照标准化组织发布的标准来生产通信设备的。另外，标准的制定是基于技术发展的，往往具备最领先技术的厂商或组织会主导标准的制定。并且，谁主导标准的制定，标准中就会纳入主导厂家更多的知识产权，也就意味着未来的产品制造对谁更有利。因此，标准的制定往往有着政治或国家的因素在推动。

1. 国际标准化组织

国际标准化组织（International Standards Organization，ISO）是一个综合性的非官方机构，1946 年成立，总部设在瑞士的日内瓦，目前有 89 个成员国。ISO 的宗旨是在世界范围内促进标准化工作的开展和工业标准的统一，并扩大知识、科学、技术和经济方面的合作。ISO 的主要任务是制定国际标准，协调世界范围内的标准化工作。ISO 提出了开放系统互联参考模型 OSI/RM（Open System Interconnection/ Reference Module）。

2. 国际电信联盟

国际电信联盟（International Telecommunication Union，ITU）简称电联，它是联合国的一个专门机构，由各国政府的电信管理机构组成，目前成员国有 170 多个，总部设在瑞士的日内瓦。ITU 下属的标准化部门 ITU-T（ITU-Telecommunication Standardization Sector）负责电信标准化工作，其前身为国际电报电话咨询委员会（Consultative Committee International Telegraph and Telephone，CCITT）。ITU 的宗旨是维持和扩大国际合作，以改进和合理地使用电信资源，促进技术设施的发展和有效运用。ITU 的常设机构有电信标准化部 ITU-T、无线电通信部 ITU-R 和电信发展部 ITU-D。

ITU 制定了许多网络和电话通信方面的标准，如公共信道信令标准 SS7、综合业务数字网（ISDN）标准、电信管理网（TMN）标准、同步数字体系（SDH）标准以及多媒体通信标准 H.232 等。

3. 电气和电子工程师协会

美国电气和电子工程师协会（Institute of Electrical and Electronics Engineers，IEEE）是一个国际性的专业技术组织，成立于 1963 年，总部在美国的纽约。IEEE 是一个非营利性科技学会，拥有全球近 175 个国家 36 万多名会员。在电气及电子工程、计算机及控制技术领域中，IEEE 发表的文献占全球近 30%。IEEE 每年也会主办或协办 300 多项国际技术会议。

IEEE 在学术研究领域发挥重要作用的同时也非常重视标准的制定工作，专门设有标准协会负责标准化工作，已制定了超过 900 个现行的工业标准。IEEE 为局域网制定了多种标准，我们熟悉的 IEEE 802.11 和 802.16 系列标准，就是 IEEE 计算机专业学会下设的 802 委员会主持制定的。

4. 欧洲电信标准化协会

欧洲电信标准化协会（European Telecommunications Standards Institute，ETSI）是由欧共体委员会 1988 年批准建立的一个非营利性电信标准化组织，总部设在法国南部的尼斯，是欧洲地区性信息与通信技术标准化组织。ETSI 的宗旨是为贯彻欧洲邮电管理委员会（CEPT）和欧共体委员会确定的电信政策，满足市场各方面及管制部门的标准化需求，实现开放、统一、竞争的欧洲电信市场而及时制订高质量的电信标准，以促进欧洲电信基础设施的融合，确保欧洲各电信网间互通，确保未来电信业务的统一，实现终端设备的相互兼容，实现电信产品的竞争和自由流通，为开放和建立新的泛欧电信网络和业务提供技术基础，并为世界电信标准的制订做出贡献。

GSM（Global System for Mobile Communications，全球移动通信系统）就是 ETSI 制定的数字移动通信标准，这是最主要的第二代移动通信系统。GSM 标准在 1990 年代中期投入商用，全球有 100 多个国家采用了这个系统标准。

5. 国际电工委员会

国际电工委员会（International Electrotechnical Commission，IEC）成立于 1906 年，是世界上成立最早的国际性电工标准化机构，负责有关电气工程和电子工程领域中的国际标准化工作，总部设在瑞士的日内瓦。国际电工委员会的宗旨是促进电工、电子和相关技术领域有关电工标准化等所有问题上的国际合作。该委员会的目标是：有效满足全球市场需求；保证在全球范围内优先并最大限度地使用其标准和合格评定计划；评定并提高其标准所涉及的产品质量和服务质量；为共同使用复杂系统创造条件；提高工业化进程的有效性；提高人类健康和安全；保护环境。

IEC 每年要在世界各地召开 100 多次国际标准会议，世界各国的近 10 万名专家在参与 IEC 的标准制订、修订工作。IEC 现在有技术委员会 89 个，分技术委员会 107 个，其标准的权威性是国际上公认的。

6. 美国国家标准协会

美国国家标准协会（American National Standards Institute，ANSI）是一个非营利性的民间标准化组织，成立于 1918 年，总部设在美国的华盛顿。美国国家标准协会虽然是非营利性的民间标准化团体，但它实际上已成为美国国家标准化中心，各界标准化活动都围绕着它进行。ANSI 协调并指导全国标准化活动，给标准制订、研究和使用单位以帮助，提供国内外标准化情报，起到了美国联邦政府和民间标准化系统之间的桥梁作用。

ANSI 涉及的标准领域比较广泛，像光纤分布式数据接口（FDDL）和美国标准信息交换码（ASCII）都是 ANSI 制定的标准。

7. 美国电子工业协会

美国电子工业协会（Electronic Industries Association，EIA）成立于 1924 年，是美国的一个电子工业制造商组织，是美国电子行业标准制定者之一，总部设在弗吉尼亚的阿灵顿。EIA 广泛代表了设计或生产电子元件、部件、通信系统和设备的制造商以及工业界、政府和用户的利益，在提高美国制造商的竞争力方面起到了重要的作用。EIA 颁布了许多与电信和计算机通信有关的标准，最广为人知的如 RS-232 已成为大多数个人计算机、调制解调器和打印机等设备通信的规范。

8. 美国通信工业协会

美国通信工业协会（Telecommunication Industry Association，TIA）是一个全方位的服务性国家贸易组织，也是经过美国国家标准协会（ANSI）指定的标准化组织。EIA 和 TIA 联合制定了局域网（LAN）布线标准。

9. 互联网工程任务组

互联网工程任务组（Internet Engineering Task Force，IETF）是全球互联网技术领域最具权威的标准化组织，其主要任务是负责互联网相关技术规范的研发和制定，当前绝大多数国际互联网技术标准都出自 IETF。

10. 3GPP 组织

3GPP（3rd Generation Partnership Project，第三代合作伙伴计划）组织是 1998 年由欧洲、日本、韩国、美国和中国的标准化机构共同成立的专门制定第三代（3G）移动通信系统标准的标准化组织，在国际移动通信标准制定、通信网络融合和下一代网络（NGN）发展等方面发挥了重要作用，是 IP 多媒体子系统（IMS）的提出者和主要推动者。目前，IMS 被作为 NGN 控制层面的核心架构，用于控制层面的网络融合。

11. 中国通信标准化协会

中国通信标准化协会（China Communications Standards Association，CCSA）是国内各企、事业单位自愿联合起来，由我国业务主管部门批准开展通信技术领域标准化活动的非经营性法人社会团体，成立于 2002 年 12 月 18 日。

CCSA 由会员大会、理事会、技术专家咨询委员会、技术管理委员会、若干技术工作委员会和秘书处组成。目前主要开展技术工作的技术委员会（简称 TC）有 10 个，这些技术委员会分别是：

TC1——IP 与多媒体通信；

TC2——移动互联网应用协议；

TC3——网络与交换；

TC4——通信电源和通信局工作环境；

TC5——无线通信；

TC6——传输网与接入网；

TC7——网络管理与运营支撑；

TC8——网络与信息安全；

TC9——电磁环境与安全防护；

TC10——泛在网。

除技术工作委员会外，CCSA 还会根据技术发展和政策需要适时成立特设任务组（简称 ST），已成立的特设任务组有 4 个：ST1（家庭网络）、ST2（通信设备节能与综合利用）、ST3（应急通信）和 ST4（电信基础设施共享共建）。

针对无线通信的技术委员会 TC5 的研究领域包括移动通信、微波、无线接入、无线局域网、网络安全与加密、移动业务、各类无线电业务的频率需求特性等标准研究工作。TC5 下设 7 个工作组，分别对应不同的研究方向。

CCSA 的技术工作委员会一般每年召开 3 次会议，工作组根据工作需要召开 4~6 次会议。CCSA 完成行业标准的起草和撰写工作，CCSA 起草和撰写的行业标准经主管部门审批后，可作为行业标准发布实施。

1.3.2 信息与网络安全法律法规

随着通信技术的发展，网络基础建设迎来新的发展机遇，网络与信息技术与经济社会发展深度融合，为我国数字经济发展提供新途径。没有信息化就没有现代化，没有网络安全保障，信息化进程只能沦为空谈。网络与信息安全事关国家、社会与个人，网络空间成为国家安全的重要组成部分。"棱镜门"事件引起世界各国政府的高度重视，纷纷采取各种技术手段、制定法律法规加强本国的网络与信息安全。我国为保护公民个人、企业及国家利益与安全，从国家战略高度进行顶层设计，出台了一系列网络与信息安全相关的法律法规：

《中华人民共和国个人信息保护法》

《中华人民共和国数据安全法》

《中华人民共和国密码法》

《中华人民共和国网络安全法》

《中华人民共和国电子商务法》

《中华人民共和国电子签名法》

《中华人民共和国保守国家秘密法》

《中华人民共和国保守国家秘密法实施条例》

《关键信息基础设施安全保护条例》

《中华人民共和国计算机信息系统安全保护条例》

《计算机信息网络国际互联网安全保护管理办法》

《计算机软件保护条例》

1.4 我国通信行业现状

1.4.1 我国通信技术发展状况

通信工程是我国信息科技发展中的重要领域，其包含：移动通信与个人通信、计算机通信网络与安全技术、语音处理与人机交互、多媒体通信、宽带通信、卫星通信以及宽带通信网、图像通信和图像处理、网络通信与光纤通信等。其中，发展最快的是移动通信、光纤通信与网络通信，这些技术被应用到宽带通信当中，走进人们的日常生活中，使每一个人都能够享有移动电话，不分地域地共享网络资源。我国通信工程有着广阔的发展前景，因此，在我国通信工程发展与战略目标上，应当不断开拓创新、与时俱进，不断完善通信工程的持续发展。

以下分 4 个方面介绍近年来我国通信技术的发展状况。

1. 行业收入方面

《2021—2027 年中国通信产业发展态势及投资决策建议报告》显示，随着工业化与信息化的融合不断加快，加上政府公共安全投资不断增加，通信行业市场规模近年来不断扩大。2020年中国电信业务收入累计完成 1.36 万亿元，比上年增长 3.6%，增速同比提高 2.9 个百分点。2016 年中国完成电信业务总量 3.59 亿元，达到近年来峰值。2017—2020 年中国完成电信业务总量呈下降趋势，2021 年上半年，中国完成电信业务总量 0.8 亿元。2021 年上半年，三家基础电信企业完成固定数据及互联网业务收入为 1 294 亿元，同比增长 12.6%，增速较一季度提高 3.0 个百分点，在电信业务收入中占比为 17.2%，占比同比提升 0.5 个百分点，拉动电信业务收入增长 2.1 个百分点；完成移动数据及互联网业务收入 3 328 亿元，同比增长 4.4%，增速较一季度提高 3.9 个百分点，在电信业务收入中占比为 44.2%。

2. 电信用户发展方面

截至 2021 年 6 月，移动电话用户规模保持稳定，5G 用户数快速扩大。截至 2021 年 6 月末，中国三家基础电信企业的移动电话用户总数达 16.14 亿户，同比增长 1 985 万户；中国三家基础电信企业的固定互联网宽带接入用户总数达 5.1 亿户，比上年末净增 2 606 万户。其中，100 Mb/s 及以上接入速率的固定互联网宽带接入用户达 4.66 亿户，占总用户数的 91.5%；1000 Mb/s 及以上接入速率的固定互联网宽带接入用户达 1 423 万户，在 2021 年上半年净增的固定互联网宽带接入用户数中占比已达 30.1%。

3. 电信业务应用方面

2020 年上半年，全国移动互联网累计流量达 745 亿 GB，同比增长 34.5%；2021 年上半年，全国移动互联网累计流量达 1 033 亿 GB，同比增长 38.6%，较 2020 年同期增长 4.1 个百分点。2021 年 6 月，全国移动互联网接入流量 186 亿 GB。2021 年上半年，全国移动电话去话通话时长完成 1.11 万亿分钟，同比增长 3.5%，较 2020 年同期增长 13.8 个百分点；移动电话用户增速 1.2%，较 2020 年同期增长 0.6 个百分点。2021 年上半年，全国移动短信业务量同比下降 2.2%，降幅较一季度收窄 4.7 个百分点；移动短信业务收入同比增长 15.7%，较一季度下降 1.1 个百分点。

4. 通信能力方面

2020 年 6 月末，全国互联网宽带接入端口数量达 9.31 亿个，较 2019 年同期增长 2.8 亿个；截至 2021 年 6 月末，全国互联网宽带接入端口数量达 9.82 亿个，比 2020 年同期增长 0.51 亿个。

1.4.2 我国通信技术的优势与挑战

经过几十年的努力，如今我国的通信技术已占有一定的优势，具体可以体现在 5G 的基础设施建设规模中。目前，我国的中国铁塔、中国电信、中国联通、中国移动等公司在 5G 基站建设方面已走在世界前列，投资与建设规模庞大，技术优势明显。2021 年，中国移动、中国电信、中国联通和中国铁塔共完成 1 849 亿元 5G 投资，占电信固定资产总投资的 45.6%，占比较上年提高 8.9 个百分点。工业和信息化部统计显示，截至 2021 年底，我国累计建成并开通 5G 基站 142.5 万个，全年新建 5G 基站超过 65 万个。目前，5G 基站总量占全球 60% 以上，

5G 网络已覆盖所有地级市城区，超过 98%的县城城区和 80%的乡镇镇区。每万人拥有 5G 基站数达到 10.1 个，比 2020 年末提高近一倍。5G 用户规模不断扩大，5G 移动电话用户已达到 3.55 亿户。

我国的通信技术优势还体现在 5G 专利的申请量上。中兴和华为不仅是中国通信行业的两大巨头，在全球通信行业中，它们同样排名前列。2021 年 3 月，国际知名专利数据公司 IPLytics 发布《5G 专利竞赛的领跑者》报告，该报告公布了各大机构向 ETSI（欧洲电信标准化协会）披露的 5G 标准必要专利数量，其中，华为以 15.39%的占比位居第一，高通以 11.24%占比位居第二，中兴通讯以 9.81%的占比位居第三。

尽管这些年来我们取得了一定的成绩，但是，从整体而言，我国的通信行业与发达国家相比依旧存在不小的差距，尤其是在芯片设计制造领域、大型工业软件领域，我国正在面临"卡脖子"问题，若不继续追赶，差距将会越来越大。

"中国制造"已经覆盖全球各个领域，但是目前仍然有许多"中国制造"的技术产品是从国外采购的，我们只是做了简单的"加工"和"包装"。换言之，许多关键、核心的技术并没有握在我们自己手里，我国的通信行业正是面临着这样的困难。西方国家对核心技术向来都进行封锁，这些技术通常是我们无法采购的。许多高科技产品是基于国外引进的基础技术生产的，如果缺少了自主研制的基础技术，高科技产品就难以自主研制。缺少自主研制的关键技术的直接后果就是任由他国"卡脖子"。这意味着，美国等西方国家一旦决定对我国断供某些关键芯片，或限制某些关键技术的授权，就会直接造成我国的高科技产品性能和功能上的缺失，5G 通信所需要的芯片就是个例子。

芯片生产不是单独的产业，它分为设计、制造和封装 3 个环节。这 3 个环节中，芯片制造门槛最高，技术要求和资金投入最大，也是国内最落后的环节。我国芯片封装领域有着巨大优势。很多大型企业芯片制造商的封装环节都是在国内完成的，据拓墣产业研究院在 2019年第一季度的统计，我国的芯片封装占据着全球过半的市场份额。

但是，芯片生产的封装环节不需要多少技术投入，利润最低，需要投入大量人力。换言之，国内在此环节获得巨大的市场份额主要是用人力来换取的，而非技术。

在芯片制造领域，我国仍然落后于国际企业，受制于人也是在所难免。目前，国内可以研发媲美英特尔芯片的华为海思，有能制造芯片的中芯国际，却无法复刻出制造高精度芯片的 EUV（极端紫外）光刻机的替代品。光刻机是世界先进科技的结晶，里面有德国的镜头、美国的技术、瑞典的轴承、法国的阀件。这些重要领域都没有中国技术的参与，所以国内的芯片制造产业只能受制于人。因此，我国的芯片产业需要研发出可以与别国抗衡的、在全球范围内无可替代的技术，才能避免被"卡脖子"。

总体来看，我国通信产业的发展正面临着机遇，同时也面临着挑战。因此，我们需要提高自主创新的意识，同时在全球范围内加强合作，使通信行业更健康、更可持续地发展，不仅为中国信息化社会发展提供支持，也为全球信息化发展提供有力支持。

第 2 章

通信主要技术

利用电子等手段，将电磁信号从一端传输到另一端进行信息交换和传递的过程，称为通信。通信的本质是信息的传递，通过某些技术手段，克服传输中的障碍，实现有效、可靠的信息传递。通信系统是由传送信息的一系列设备和传输信道构成的整体。此章节将介绍通信系统中运用到的主要设备、技术以及传输途径。

2.1 基本概念

按照传统的理解，通信就是信息的传输与交换，即将消息进行时空转移，从一方传送到另一方，其目的在于信息的传递，信息即对通信接收方有用的内容。

2.1.1 消息、信息与信号

消息是对某人或者某种事物状态的表达和描述，是一组有序符号序列，可以文字、语音、视频、音乐、数据、图片等不同形式表达。

信号是反映消息的物理量，是消息的表现形式。由于消息不能直接长距离传输，因此需要先对消息进行变换，转换后的物理量称为信号。此时，信号也就成了消息传输的载体，或者是消息的运载工具。

信息是消息和信号中包含的某种有意义的抽象的东西，即可从消息中获取的有效内容。不同形式的消息可以包含相同的信息，例如，用广播播报和用文字发布的天气预报所含信息内容一致。

1. 信号的分类

信号可从多个角度进行分类，例如，依照用途可分为通信信号、广播信号、雷达信号等；依照信号的时间特性分为连续信号和离散信号、随机信号和确定信号、周期信号和非周期信号、能量信号和功率信号等。这里仅对连续信号和离散信号进行简单介绍。

连续信号是连续时间信号的简称，即当以时间为自变量时，取值在此时间范围内连续的信号为连续时间信号。模拟信号指在时间和数值上都是连续变化的信号，其幅度、频率、相位随时间连续变化，如声音信号、图像信号、视频信号等[见图 2-1（a）]。

离散时间信号则是指仅在某些离散的时间点上有定义的信号，简称为离散信号。数字信号是指在时间和幅值上均为离散的信号，它的幅值在有限个数值内是离散的，其幅度也是离散的，如电报信号、数字数据、模拟信号进行抽样和量化之后所得到的信号等[见图 2-1（b）]。

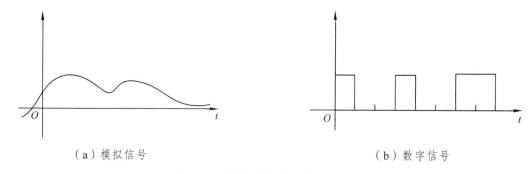

（a）模拟信号　　　　　　　　　　　　　　　　（b）数字信号

图 2-1　模拟信号和数字信号示意图

2.1.2　通信系统的基本概念

通信系统的主要任务是完成消息的传递和交换。两个通信节点的通信系统由发送端、接收端和收发两端构成，主要包括信源、发送设备、信道、接收设备、信宿（受信者）五大部分，如图 2-2 所示。图中显示了从发送端信源到接收端信宿的传输过程，实际上通信双方的设备都包含信源、信宿、发送设备和接收设备，这样才能实现同时收、发的功能。

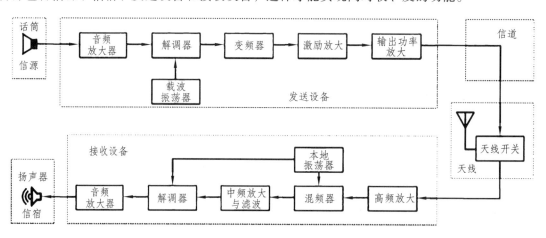

图 2-2　无线通信系统模型示意图

信源是通信系统所传输消息的来源，其功能是将非电信号的消息转换成电信号，常见的信源设备有麦克风（MIC）、摄像机或其他类型的传感器等。根据信源输出信号类型的不同，可分为模拟信源和数字信源两大类。模拟信源输出模拟信号；数字信源则输出数字信号。受信者简称为信宿，信宿的功能与信源相反，信宿接收通信系统传递的消息信号，将其转换为用户需要的形式并展示给用户，例如，显示器还原视频通信系统传输的图像信号。

发送设备的作用是对信源产生的信号进行处理，使得处理后的信号适于信道传输，以提高信息传输的效率、可靠性和安全性，并且将需发送的信号与信道进行匹配，送往信道。发送设备中对信号的处理包含多个过程，如对信号进行变换、放大、滤波、编码、调制等，如果是多路复用的系统，还可能包含多路复用器。

信道是信号的传输通道，狭义的信道指具有不同物理性质的各种传输媒介，如电缆、光缆、无线电。广义的信道则包括信源和信宿之间的任何传输设备。信道虽然会让信号通过，但也会在传输过程中将信道噪声作用于信号，此噪声源会影响通信质量，甚至导致信号在传输过程中出现信号失真引起传输错误。

接收设备的功能则与发送设备相反，即对接收到的信号进行发送端的反变换，并将减损的信号恢复为原始的电信号。同样，对于多路复用的信号，还会有解除多路复用这一功能。

根据通信系统特征的不同，可以将其划分为不同的类型。

（1）按传输信号的特征分类，根据在信道中传输的是模拟信号还是数字信号进行分类，将通信系统分为模拟通信系统和数字通信系统。

（2）按通信业务和用途分类，可分为电报通信系统、电话通信系统、数据通信系统、图像通信系统等。

（3）按调制方式分类，根据是否采用调制技术，通信系统可分为基带传输系统和调制传输系统两类。

（4）按传送媒介分类，通信系统可分为有线通信和无线通信两大类。

（5）按传送信号的复用方式分类，可以分为频分复用通信系统、时分复用通信系统、码分复用通信系统、波分复用通信系统及空分复用通信系统。

2.1.3　通信网的基本概念

通信系统主要研究两个通信节点之间的信息传递物理层，通信网研究多个通信节点之间的信息传递，包括物理层、数据链路层、网络层、传输层等。通信网是指由终端设备、传输系统和交换系统设备按照某种结构组成以实现多个节点之间的信息传递的通信体系，解决信道共享、资源分配、路由选择、流量工程、QoS 等问题。一个完整的通信网由某些硬件和软件共同组成。其中，硬件通常包含终端设备、交换设备和传输系统三部分；软件是指通信网为高质量完成信号传递、转接交换所需要的一系列协议、标准，以及通信网的网络结构、网内信令、协议、接口、技术体制、技术标准等。软件部分是实现通信服务和支撑运行的重要组成部分。如图 2-3 所示为网络电话网结构示意图。

终端设备是通信网中的源点和终点，除对应通信系统中的信源和信宿外，还包括一部分变换设备。终端设备的主要功能将采集到的信号转变成适合在传输链路中传输的信号，将接收端接收的信号恢复成能够被利用的信号；完成信号信令的产生和识别，以便相互联系和应答。由终端设备所处位置的不同，可将它分为电信部门所用的公用终端设备、用户所在地用户专用的终端设备和个人终端。由功能的不同更是可分为电话终端、非话终端、多功能多媒体通信终端等众多类型。

交换设备作为现代通信网的核心，完成通信网中的交换功能。交换设备根据寻址信息和网络控制质量，进行链路连接或信号导向，从而使通信网中的多对用户建立信号通道。交换设备以节点的形式与邻接的传输链路一起构成各种拓扑的通信网。不同的通信业务网络对于交换设备性能的要求会有所不同。

传输系统由完成信号传输的各类媒介及设备组成，包括终端设备之间、终端设备与交换设备之间、交换设备与交换设备之间的各种传输媒介和传输设备。传输系统作为信息传递的通道，分为有线传输系统和无线传输系统两类。有线传输系统是由电磁波沿着某种有形媒介传播来实现信息传输；无线传输系统则是由电磁波在空中传播来实现信息传输。

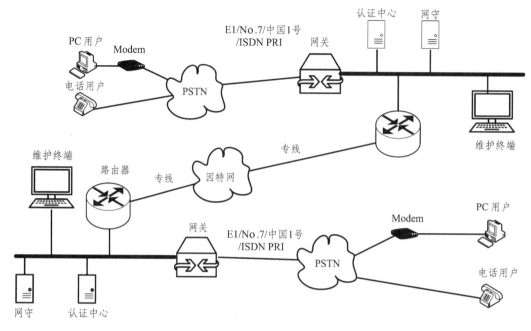

图 2-3　网络电话网结构示意图

通信网的分类：

（1）按照应用业务类型可分为电话通信网、数据通信网、广播电视网、图像通信网等。

（2）按照空间距离和覆盖范围分类，可分为局域网、城域网、广域网。

（3）按照传输信号类型可分为模拟通信网和数字通信网。

（4）按照交换方式类别可分为电路交换网、报文交换网、分组交换网。

（5）按照主要传输介质可分为电缆通信网、光缆通信网、卫星通信网、无线通信网等。

（6）按照网络拓扑结构可分为网状网、星形网、环形网、总线型网、复合型网。

2.2　收发技术

　　常见的终端设备包括电报、传真、电话、手机、计算机、对讲机、视频通信、智能家电、智能穿戴设备等（见图 2-4）。

（a）手机　　　（b）计算机　　　（c）投影仪　　　（d）智能穿戴设备　　　（e）导航仪

图 2-4　常见的终端设备

终端设备主要应用技术包括音频通信终端技术、视频通信终端技术、数据通信终端技术、多媒体通信终端技术以及新兴通信终端技术，其中涉及的通信技术包括模数转换、调制解调技术以及编码技术等。

2.2.1 模数转换

为了能在数字通信系统中传送模拟信号，需要先将模拟信号数字化，其次就是多路信号的复用传输。模拟信号数字化是指把信源产生的模拟信号转换成数字信号再传输的过程。当前电话、电视等模拟信号大都是数字化后采用数字传输技术进行远距离传输。

脉冲编码调制（Pulse Code Modulation，PCM）是实现模拟信号数字化的方法之一，该方法广泛应用于光纤通信、数字微波通信以及卫星通信。PCM 主要包括抽样、量化、编码 3 个部分（见图 2-5）。抽样是指在时间上将模拟信号离散化，用每隔一段时间抽取的样值序列代替原来在时间上连续变化的信号。量化是用有限数量的幅度值代替原来连续变化的幅度值，将模拟连续变化的幅度值转变为有限个数的离散幅度值。编码是指按照一定的规律，将量化之后得到的信号用二进制的数字表示，再转换为二进制或多进制的数据流。

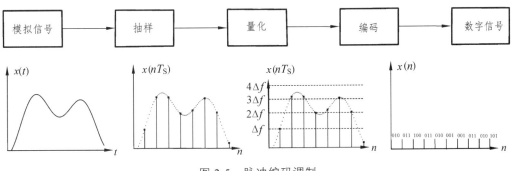

图 2-5 脉冲编码调制

在进行模拟/数字信号转换的过程中，当采样频率大于信号中最高频率的 2 倍时，采样之后的数字信号会完整地保留原始信号中的信息，这也是著名的奈奎斯特定理。在实际应用中，一般保证采样频率为信号最高频率的 2.56 ~ 4 倍。

2.2.2 调制与解调

调制通过使高频载波随信号幅度的变化而改变载波的幅度、相位或者频率来实现，将要传输的模拟信号或数字信号变换成适合信道传输的高频信号用于通信系统的发射端。在通信系统中，调制具有多个作用：① 信号的多路复用传输可以通过调制实现；② 调制能提高信号的抗干扰能力；③ 调制还能提高天线的辐射效率。按照调制方法可分为两类：线性调制和非线性调制。线性调制包括调幅（Amplitude Modulation，AM）、抑制载波双边带调幅（Double Side Band with Suppressed Carrier，DSB-SC）、单边带调幅（Single-sideband Modulation，SSB）、残留边带调幅（Vestigial SideBand-Amplitude Modulation，VSB）等。非线性调幅的抗干扰性能较强，包括调频（Frequency Modulation，FM）、移频键控（Frequency-Shift Keying，FSK）、移相键控（Phase Shift Keying，PSK）、差分移相键控（Differential Phase-Shift Keying，DPSK）

等。线性调制的特点是不改变信号原始频谱结构，而非线性调制改变了信号原始频谱结构。

解调是在接收端将已调信号还原成原始信号，也就是将基带信号从载波中提取出来以便预定的接受者（信宿）处理和理解的过程。解调作为调制的逆过程，调制方式不同，解调方法也不一样。解调可分为正弦波解调（有时也称为连续波解调）和脉冲波解调两个大类。正弦波解调又分为幅度解调、频率解调和相位解调。同样，脉冲波解调也可细分为脉冲幅度解调、脉冲相位解调、脉冲宽度解调和脉冲编码解调等。

2.2.3 编码技术

编码就是将原始内容按照某种标准转换为另一种表示格式，主要为了满足传输要求。编码作为通信系统中的基本组成部分，主要分为信源编码和信道编码两类。其中，通信的有效性通常利用信源编码来实现，可靠性则通过信道编码来实现。

1. 信源编码

信源编码的目的就是为了减少或者消除数据的冗余。造成冗余的原因在于原有的信息之间存在一定的关联，以及不同信息之间的概率会分布不均。通过编码处理，可达到解除相关性，概率均匀化的目的，使得序列中各个符号之间都能最大可能地相互独立且出现概率相等。信源编码主要利用源的统计特性来解决源的相关性，去除源的冗余信息，从而压缩源输出的信息速率，提高系统的有效性。

信源编码的方式众多，常见的信源编码方式有：ASCII 码、莫尔斯电码、电报码等，随着通信技术的飞速发展，也出现了众多新的无损编码方式，如 Huffman 编码、算数编码、L-Z 编码等。在移动通信中，信源编码技术主要包括了语音编码、图像压缩编码以及视频多媒体压缩编码等。

2. 信道编码

信号在传输过程中受到干扰的影响，容易导致数据丢失，接收端收到错误信号就会造成错误判决。起初是通过增加发射功率和重传的方式解决差错问题，直到 1948 年香农定理提出后，才逐渐使用信道编码的方式提高传输可靠性。

信道编码也称为差错控制编码，其主要任务是提高传输效率，降低误码率，增加通信的可靠性。信道编码能在传输信息时保护数据，当数据存在错误时可恢复数据。其基本思路是在传输码元中加入监督码元，使得传输码元产生某种规律性，在接收端检验监督码元的规律性是否遭到破坏。若码元规律性没变化，则说明接收码元可靠。如果码元的规律性遭到破坏，则说明传输出错，然后可以采取纠错控制技术恢复传输码元。

信道编码的依据不同，分类方式也有所不同。依据码的规律性可分为正交编码和检、纠错编码；依据监督元和信息组之间的关系可分为分组码和卷积码；依据监督元和信息元之间的关系可分为线性码和非线性码；依据码的功能可分模拟信号为检错码和纠错码。

监督码元是进行纠码和检码的重要部分，我们常用的监督码元包括奇偶校验码、恒比码、正反码、线性分组码、循环码、BCH 码、汉明码、格雷码、卷积码、Turbo 码等。

2.3 传输系统

2.3.1 传输介质及网络

传输介质包括有线传输介质和无线传输介质两大类，有线传输介质形成的传输信道称为有线信道，无线传输介质形成的信道称为无线信道。有线传输介质有固定电话连接使用的双绞线、有线电视使用的同轴电缆、光纤通信使用的光缆等，无线传输介质有无线电波、红外线、微波、卫星、激光等。

1. 有线传输介质（见图 2-6）

（a）同轴电缆　　　　　　　　　（b）双绞线电缆　　　　　　　　（c）多模光纤跳线

图 2-6　有线传输介质

1）双绞线电缆

双绞线电缆广泛用于电话网中作为模拟用户线使用。多对双绞线按一定规则排列成芯线组，外层包以塑料或铅皮则构成双绞线电缆。双绞线由一对相互按一定扭距绞合在一起的铜导线组成，每根导线表面涂有绝缘层并用一定颜色标记。成对线的扭绞使电磁辐射和外部电磁干扰减至最小。

双绞线按其电气特性可分为两大类：100 Ω 非屏蔽双绞线（Unshielded Twisted Paired，UTP）和 150 Ω 屏蔽双绞线（Shielded Twisted Paired，STP）。UTP 原用于电话用户线，经过不断地改进与提高，目前已广泛用于局域网，它价格低，布线使用十分方便。

2）同轴电缆

同轴电缆由同轴的内外导体构成，其内外导体之间有一层绝缘介质，用于防止内外导体之间出现径向漏电电流。在外导体外层包有一层塑料防护套，以保护外导体免受损害。

同轴电缆内导体一般由实心铜导线制成，外导体除了传输高频电流外，还有屏蔽外界电磁干扰、防止电磁信号外泄的作用。外导体除了电阻要小以外，还应有较好的密封性能，可以采用密编铜网，但其造价高；还可以采用铝塑复合膜加疏编铜网以提高屏蔽性能，同时降低造价。

同轴电缆的防护套用塑料制成，以增强电缆的抗磨损、抗机械损伤和抗化学腐蚀的能力。用于室外的干线与支线电缆一般采用抗紫外线的塑料作为护套，用于室内的电缆则采用阻燃的塑料作为护套。在有强烈机械损伤的场合，应采用在标准护套外缠绕一层钢带后再加一层护套的铠装电缆。按照电缆护套不同，可将电缆分为标准电缆、无护套电缆、埋地电缆、吊线电缆、铠装电缆等。

同轴电缆用作高频设备架内/架间跳线、天线、馈线等，并大量用于有线电视（Cable Television，CATV）的用户分配网中。同轴电缆特性阻抗主要有 50 Ω、75 Ω 两类，在有线电视中统一使用衰耗量较小、特性阻抗为 75 Ω 的同轴电缆。

3）光纤和光缆

1976 年，世界上第一条光纤通信系统的试验线路在美国亚特兰大的贝尔实验室地下管道中问世，次年在美国芝加哥进行了光纤通信系统的商用试验。20 世纪 80 年代后，随着准同步数字系列（Plesiochronous Digital Hierarchy，PDH）、同步数字体系（Synchronous Digital Hierarchy，SDH）、数字交叉连接设备（Digital Cross Connect，DXC）、密集型光波复用（Dense Wavelength Division Multiplexing，DWDM）等技术的进步，光纤通信在全世界得到了蓬勃发展。

光纤是光导纤维的简称。它是直径很细（μm 数量级）的介质光波导，能将一定波长的光信号限制在其中，并沿其轴线向前传播。光纤在光通信中的作用是在不受外界干扰的条件下，低损耗、小失真地将光信号（数字或模拟）从一端传送到另一端。

光纤由纤芯、包层和涂覆套塑层 3 部分构成。光纤通常需要成缆使用，一根光缆包含多根光纤芯线。光缆的基本结构中有 3 个组成部分：缆芯、护套和加强件。缆芯由多根光纤芯线组成，护套起保护作用，加强件用来增加光缆的强度。

光缆按其结构可分为层绞式、骨架式、束管式和带状光纤式，目前带状光纤的含纤量已达 4 200 芯，这种光缆特别适用于光纤接入网。

光纤根据其传输模式可分为多模光纤与单模光纤两类。所谓传输模式，是指光纤中光波的波型，每个模式对应于一种光波波型，不同传输模式具有不同的传输特性参数。

2. 无线传输介质

1）微波

微波是指波长为 1 mm~1 m，或频率为 300 MHz ~ 300 GHz 的电磁波。微波通信是用微波作为载体传送信息的一种通信手段。微波通信具有良好的抗灾性能，在某些灾害发生时，微波通信一般都不会受到影响。但因为微波经由空中传送时容易受到其他外部环境的干扰，所以在同一微波线路上不能在同一方向上使用相同的频率。

微波中继通信具有通信容量大、传输质量高等优点，不过，随着光纤通信的出现，微波通信在通信容量、质量方面的优势就不复存在了。但就微波线路能跨越高山、水域，在繁华城市中可迅速组建电路等组网灵活性而言，微波通信与光纤通信在未来通信网中能做到优势互补，长期共存。

2）天线

在无线通信中，天线是发射和接收电磁波的重要设备。无线电发射机输出信号，通过馈线（电缆）输送到天线，天线以电磁波的形式辐射出去。电磁波到达接收地点后，由天线接收，并通过馈线送到无线电接收机。

天线的种类繁多，以供不同频率、不同用途、不同场合、不同要求的使用（见图 2-7）。按照用途可分为通信天线、电视天线、雷达天线等；按照工作频率分为短波天线、微波天线、超短波天线等；按照方向性可分为全向天线、定向天线、点对点天线等；按照外形分为有线状天线、面状天线；按照放置地点又可分为室内天线、基地天线、手持台天线、车载天线等。

（a）电视天线　　　（b）雷达天线　　　（c）短波天线　　　（d）微波天线

图 2-7　天线

3）WiFi

现在，WiFi 技术的应用已非常广泛，基本每个家庭抑或是办公室都会用到它。WiFi 是无线保真度（Wireless Fidelity）的缩写，现已成为无线局域网（Wireless Local Area Network，WLAN）的代名词。

WiFi 最初是想在传统的局域网中引入无线的概念，从而使局域网用户可以具有一定移动性，摆脱线缆的束缚。WLAN 使用的是高频率波段，发射功率小，对人体没有危害，一般也不会和家用或办公电器相互干扰。WiFi 有两个工作频段：2.4 GHz 和 5 GHz。这两个频段都是非授权频段，只要符合国家法规，不经授权就可使用。2.4 GHz 频谱的范围为 2.4 ~ 2.483 5 GHz，带宽为 83.5 MHz，划分为 13 个信道，每个信道宽 20 MHz。5 GHz 频谱的范围为 4.910 ~ 5.875 GHz，带宽约为 900 MHz，是 2.4 GHz 频段的 10 倍还多。

WLAN 无须复杂的布线，只需在局域网的任何一个终端位置部署节点，即我们日常所说的无线路由器，安装有 WiFi 模块的电子设备（如计算机、手机、家电等）就能接入局域网。

4）蓝牙技术

蓝牙技术（Blue Tooth）是世界著名的 5 家大公司——爱立信（Ericsson）、诺基亚（Nokia）、东芝（Toshiba）、国际商用机器公司（IBM）和英特尔（Intel）于 1998 年 5 月联合宣布的一种无线通信新技术。蓝牙设备是蓝牙技术应用的主要载体，常见蓝牙设备如计算机、手机等。蓝牙产品装有蓝牙模块，支持蓝牙无线电连接与软件应用。蓝牙设备连接必须在一定范围内进行配对。这种配对搜索被称为短程临时网络模式，也被称为微微，可以容纳设备最多不超过 8 台。蓝牙设备连接时，主设备只能有一台，从设备可以有多台。蓝牙技术具备射频特性，采用 TDMA 结构与网络多层次结构，在技术上应用了跳频技术、无线技术等，具有传输效率高、安全性高等优势，所以被各行各业所应用。

蓝牙技术（Blue Tooth）能实现终端之间短距离数据传送，比如手机和耳机之间、笔记本和手机之间、笔记本之间的数据传送。由于其传输距离不能太远，因此被称为"短距离无线电技术"。

利用蓝牙技术，耳机、笔记本电脑、智能音箱、手机等各个移动终端设备之间的通信将会变得非常简单，同时还能让这些设备保持互联网通信，不必借助电缆就能联网，实现无线接入。

蓝牙设备采用的是跳频扩频技术，能有效减少同频干扰，提高通信安全，且蓝牙设备通常都比较小巧，简单可靠。

3. 传输设备及网络

对有线传输介质和无线传输介质而言，其物理特性决定了其仅能实现传送功能。利用传输设备（见图 2-8），可实现对传送信号的有效调整，保证信号在传输系统中稳定传送。

1）SDH 光传输设备

同步数字体系（Synchronous Digital Hierarchy，SDH）光传输设备是以时分多址技术为基础，将复接、线路传输及交换功能融为一体，并由统一网管系统操作的综合信息传送网络。SDH 光传输设备可实现网络有效管理、实时业务监控、动态网络维护不同厂商设备间的互通等功能。SDH 光传输系统采用分插复用器（Add-Drop Multiplexer，ADM）、数字交叉连接（Digital Cross Connection，DXC），拥有强大的网络自愈和重组功能。SDH 设备的传输和交换性能，使之能够通过功能模块的自由组合，实现不同层次和各种拓扑结构的网络。

2）PTN 分组传送网

分组传送网（Packet Transport Network，PTN）是以密集波分复用技术为基础，以分组为传送单位承载电信级以太网业务为主，兼容 TDM、ATM 等业务的综合传送。它支持多种基于交换业务的双向点对点连接通道，具有适合各种粗细颗粒业务、端到端的组网能力。

3）OTN 光传送网

光传送网（Optical Transport Network，OTN）以波分复用技术为基础，利用其中与 SDH 类似的电层，为传送信号提供在波长或子波长上传送、复用、交换、选路、监控和保护恢复的技术。

（a）SDH 设备

（b）PTN 设备

（c）OTN 设备

图 2-8　传输设备

2.3.2　多路复用技术

为了在一条物理信道中传输多路信息，提高信道的传输效率，需要将多路信息进行复用。多路复用技术是指将多路信号在发射端处组合起来，用一条专用的物理信道传输，到接收端后将复合的信号分离开来（见图 2-9）。常见的多路复用技术包括频分复用（Frequency Division Multiplexing，FDM）、时分复用（Time Division Multiplexing，TDM）、码分复用（Code Division Multiplexing，CDM）和波分复用（Wavelength Division Multiplexing，WDM）。

FDM 就是将用于传输信道的总带宽划分成若干个子频带（或称子信道），每一个子信道传输 1 路信号[见图 2-10（a）]。频分复用要求总频率宽度大于各个子信道频率之和，同时为了保证各子信道中所传输的信号互不干扰，应在各子信道之间设立隔离带，这样就保证了各路信号互不干扰。频分复用技术的特点是所有子信道传输的信号以并行的方式工作，每一路信号传输时可不考虑传输时延，因而频分复用技术取得了非常广泛的应用。频分复用技术除传统意义上的频分复用（FDM）外，还有一种是正交频分复用（OFDM）。在接收端可以采用合适的带通滤波器将多路信号区分开来，从而恢复出原始信号。

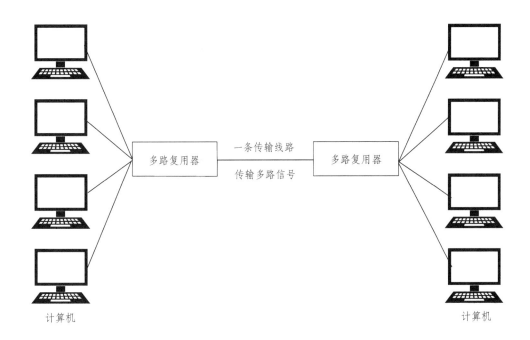

图 2-9　多路复用示意图

TDM 复用是指采用同一物理连接的不同时段来传输不同的信号以达到多路传输的目的。与频分复用分割频段类似，时分复用是以时间作为信号的分割参量，因此就如同频分复用一样，务必使各路信号在时间轴上不发生重叠。时分复用就是将提供给整个信道传输信息的时间划分为若干个片段，这些片段就称为时隙，并将这些时隙分配给每一个信号源使用[见图 2-10（b）]。此项技术的特点就是将时隙事先分配好并且保持固定不变，因此有时也称之为同步时分复用。其优点是方便调节和控制，适用于数字信息的传输。同样，其缺点也较明显，当某一时间段没有信号传输时，对应的信道就处于空闲状态，而其他繁忙信道却无法占用处于空闲状态的信道，会大大降低线路的利用率。

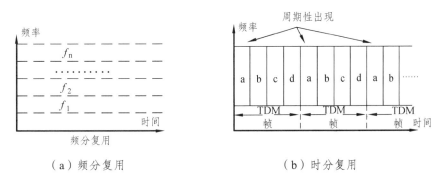

（a）频分复用　　　　　　　　　　（b）时分复用

图 2-10　频分和时分复用

CDM复用是指系统为每路信号都分配了各自特定的地址码,可通过同一信道来进行传输。码分复用的信号在时间、频率和空间上都有可能重叠，它区别各路信号是通过码分复用系统地址码相互之间的准正交性。每路信号都拥有它自己的地址码，地址码之间相互独立、互不影响。但因为种种原因，我们无法做到采用的地址码完全正交、完全独立。CDM 多用于无线通信。

WDM 是将两种或多种不同波长的光载波信号（携带各种信息）在发送端经复用器（亦称合波器）汇合在一起，并耦合到光线路的同一根光纤中进行传输的技术。在接收端，经解复用器（亦称分波器或称去复用器）将各种波长的光载波分离，然后由光接收机做进一步处理以恢复原信号。这种在同一根光纤中同时传输两个或众多不同波长光信号的技术，称为波分复用。

2.3.3 多址接入技术

在无线通信系统中，各基站和移动用户终端间的通信共用一个空间物理媒体，需要采用不同的信号特征来表征每一个无线信道，以便接收端能够选择接收所需无线信道。因此，在无线通信中，许多用户同时通话，以不同的无线信道分隔，防止相互干扰的技术方式称为多址方式。实质上，切割与分配通信资源就相当于划分多维无线信号空间，不同维度上进行的不同划分就对应着不同的多址技术。我们常见的信号维度除了时域、频域和空域外还有信号的各种扩展维度。在划分信号空间时，在划分的维度上要使各用户的无线信号正交，此时用户就能共享有限的通信资源，并且不会相互干扰。

复用与多址是两个完全不同的概念，复用是将媒介划分成很多子信道，这些子信道之间相互独立，互不干扰。从媒介的整体容量上看，每个子信道只占用该媒介容量的一部分。多址处理的是动态分配信道给用户。这在用户仅仅暂时性地占用信道的应用中是必须的，而所有的移动通信系统基本上都属于这种情况。同时，在信道永久性地分配给用户的应用中，是不需要多址的。

常用的多址技术主要有频分多址（Frequency Division Multiple Access，FDMA）、时分多址（Time Division Multiple Access，TDMA）、码分多址（Code Division Multiple Access，CDMA）和空分多址（Space Division Multiple Access，SDMA）四种。

频分多址（FDMA）：是指将信道的不同的频段分配给不同的用户[见图 2-11（a）]。例如 TACS 系统、AMPS 系统等。不同用户分配在时隙（出现时间）相同、工作频率不同的信道上，模拟的 FM 蜂窝系统都采用 FDMA。

时分多址（TDMA）：是指将信道的不同的时间段分配给不同的用户[见图 2-11（b）]。如 GSM 系统、DAMPS 系统等。GSM 系统就是采用的时分多址方式。

码分多址（CDMA）：是指所有的用户在同一时间和频段上，根据编码的不同来获取传输信道。

空分多址（SDMA）：它是通过空间分割来构成不同的信道[见图 2-11（c）]。通过标记不同方位相同频率的天线光束来进行频率的复用。空分多址可以实现频率的复用，扩大系统容量。

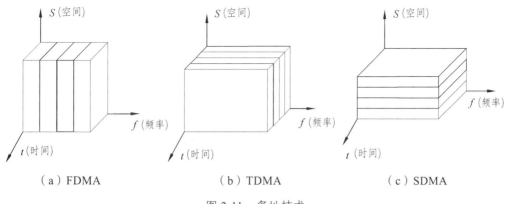

| （a）FDMA | （b）TDMA | （c）SDMA |

图 2-11　多址技术

2.4　交换系统

2.4.1　交换设备

交换系统设备完成数据路由和交换，实现终端设备互联（见图 2-12）。以移动通信为例，当用户 A 拨打用户 B 号码时，用户 A 所在移动交换中心（Mobile Switching Center，MSC）会根据既定规则对用户 B 号码进行"号码分析"，从而实现路由及交换功能，即移动通信电话网的核心交换设备是移动交换中心。

在实际应用中，我们常见的交换设备有数字电话程控交换机、业务控制点 SCP、移动交换机、分组 X.25 交换机、路由器、ATM 交换机、帧中继交换机等。

图 2-12　交换设备

2.4.2　寻址技术

对于任意一个接入通信网络的终端，若它需要从另一终端上获取信息，就一定要知道对方所在的位置，这个位置就是用地址来表达的。例如，当浏览某个网站时，需要知道它的网址。不管是使用哪种通信方式，在获取信息或者通信时都需要知道信息发往何处，而此处的地址必须通过某种统一格式（如电话号码、IP 地址、域名）或者风格（超文本链接、电视频道）的标识来表示。

1. 电话交换网的寻址

我们所使用的电话号码就是电话交换网的地址编号，电话号码有统一规范。除去企业内部的交换机，电话交换网主要是有以下原则：

（1）在电话交换网上，必须统一分配电话号码，即地址。

（2）所有的电话交换机都应该对分配规则充分了解。

（3）电话交换机应无条件地执行人赋予它的功能。

（4）交换机的本身并不会分配电话号码，只有终端才分配号码。

对于电话号码的分配，先对每个国家都分配一个唯一标识的国家代码，例如，中国分配的是 86，美国是 1。各个国家还可以根据自身的考量，选择是否设置城市级别的区域号码，比如，中国长沙的区域号码为 0731，北京为 010。再将每个城市划分为不同地区，每个地区又都会分配相应的号码。

在同一个国家或者同一个城市，号码都具有唯一的标识。在通信中，地址的分配要注意规范和严格，避免出现分配错误的情况，交换系统不具备地址纠错能力。

2. IP 网的寻址及路由协议

IP 网寻址简单、灵活、开放、实用，这是 TCP/IP 的优势。IP 地址的编码相较于 MAC 地址更为复杂。互联网作为全球最大的 IP 网，它的地址由互联网名称和数字地址分配机构（The Internet Corporation for Assigned Names and Numbers，ICANN）负责，这是全球唯一的 IP 地址管理机构。IP 地址是一个 32 位的二进制数。理论上，从 32 个 0 到 32 个 1，一共有 2^{32} 个地址。在实际的应用中，IP 地址用 4 段数字来表示，每段有 8 位二进制数，可转换成为 0~255 的十进制数。IP 地址的形式如下：

A	B	C	D

其中 A、B、C、D 都代表 0~255 的任意一个十进制数。

在日常的生活中，我们往往会看到 IP 地址后面还会带有一组以 255 开头的一数字串，例如：

255	0	0	0

一个完整的 IP 地址为主机地址和子网掩码两个部分,后者用作标识 IP 地址所在的子网网段的大小。在 IP 地址中子网掩码的采用就像国家设置省（州）、市、县（区）、乡一样，是为了方便管理，提高查询效率。

在互联网上使用的 IP 地址还分为 A、B、C、D、E 五类（见表 2-1）。

表 2-1　IP 地址类别

类别	地址范围
A	0.0.0.0~127.255.255.255
B	128.0.0.0~191.255.255.255
C	192.0.0.0~223.255.255.255
D	224.0.0.0~239.255.255.255
E	240.0.0.0~255.255.255.255

IP 地址让整个 IP 网络有了"行政区"和"门牌号"，那么 IP 数据包的输送就需要与邮政中"邮路"类似的东西——路由。IP 路由的原理就是将一个 IP 数据包中的目的 IP 取出，再与路由表进行对照，定位出口，并将 IP 数据包送至此出口。

在公共交换电话网（Public Switched Telephone Network，PSTN）中，每台交换机都存储着一张人为输入的路由表，使得整个网络可管理、可控制，并且能分层。IP 网不同于 PSTN，它不是一个自上而下进行管理的网络，而是一个庞大的分布式系统。所以若是要人为地去设定这一基本无规律可循的路由表是不可行的，此时 IP 专家便用 IP 路由协议替我们进行规划。

实质上 IP 路由协议就是路由表获取和建立的机制。

2.4.3　交换技术

1. 电路交换

电路交换（Circuit Switching，CS）是指信息从一条物理电路到另一条物理电路，具有实时，无延时或延时很小（全程 200 ms）的特点，通话前要为通话双方建立一条通路，并保持到通话结束再拆除。

电路交换在通信网中是最先产生的一种交换方法，也是目前使用最广泛的一种交换方法，在电话通信网中的应用已有百余年历史。

近一百年来，电话交换机尽管经历过几次更新换代，但交换的方法却始终都是通过电路交换。如果电话机数量增加，可以通过相互连接起来的交换机来实现全网的转换工作（见图 2-13）。

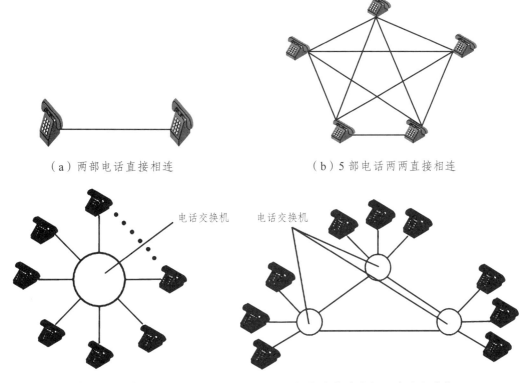

（a）两部电话直接相连　　　　　　　　　　　（b）5 部电话两两直接相连

（c）用交换机连接许多部电话　　　　　　　　（d）交换节点间用中继线连接

图 2-13　电路交换

电话通信的基本流程：主叫摘机，听拨号音后开始拨号并建立接通关系，当电话拨号的信令经过许多交换器到呼号使用者所联系的互换机上时，该互换机就给使用者的电话机振铃，被叫者振铃且主叫方送回铃音，此时，双方在同一电话网中的主、被叫号码间已形成了联系。当呼叫的号码接通并应答后，即正式进入通信阶段。在通信过程中，如果任何一方挂机，立即移除已形成的通信线路，并给另一方当事人发出连忙音提醒挂机，以便结束通信。当通信完成并挂机后，将挂机信令通知给这些交换器，使路由交换机立即释放刚才的这一条物理通道。而这个需要经历"建立连接—通信—释放连接"三个步骤的联网方法，称为面向连接的服务。

由来电通信的基本流程便可知道，其中包括了三个阶段：通话建立、通话、呼叫拆除。电话通信的基本过程，也即集成电路交换的流程，所以，相应的电路交换的基本流程可包括联系创建、消息发送和联系消除三个阶段。

从传输资源的分配角度来说，所谓"交换"是按一定方法动态地分配传送线路的资源。

用户到交换换机之间的线路叫用户线，归手机电话用户专属。交换机间、由多个使用者所共有的线路叫作中继线。在通信的整个时段内，通信两端的使用者都必须占有端到端的固有传输带宽。

电路交换具有以下几个特点：

1）独占性

从设置电路后到释放该线以前，即使内部已无任何数据，但整条线还是不可以共用。就如通话一样，当人们通过通话建立了连接，不管你有没有说话，只要不挂机，这个连接就一直被占用，如果线路没有空闲，用户将听见忙音。这种方式的线路使用率相对较低，而且易造成接续拥挤。

2）实时性好

如果新线路建成，通信双方的全部网络资源（包括线路资源）都进行了本次通信，除去少量的传输延时以外，就不再有任何延时了，有较好的即时性。从数据交换的工作原理出发，由于数据交换会耗费一定宽带，会影响该线上的用户流量和接入总量。电路转换设备非常简单，无须提供任何缓存设备；对用户数据进行透明传送，由收发双方手动完成速率匹配。

电路交换方法的好处是高数据安全、快速，数据中没有遗漏，并保留原有的序列。其弊端则是在某种情形下，电路空闲时候的通道容量被大量耗费。此外，如果在传输阶段的时长不够长，电路设置和拆除所使用的时间就显得得不偿失。所以，它更适合于远程批处理的消息传递，以及对系统间实时性要求较高的大规模传输的情况。而这种通信的收费方式，通常按照所预订的宽度、距离和时间长度来计费。

3）可靠性高

基于电路交换系统对线路资源的高度独占性，使得在通信过程中，信息传输在安全性、速率、数量上没有损失，而且基本不会产生抖动现象。因此，这种方式的通信安全性最高，延迟也相当小，仅为电磁信号的传输延时。

2. 报文交换

为解决传统电路交换中资源独占、通信线路效率低下、存在呼损的问题，以及各种不同类别和特点的应用终端间无法交叉通信的弊端，人们发明了报文交换。

报文交换的基本原则是"存储—转送"。假设使用者 A 要给使用者 B 发送信息，则使用者 A 和使用者 B 之间不需预先设置连接通道，而仅需使用者 A 和互换机直接相连，由互换机暂时地将使用者 A 要传输的报文接收并保存。然后互换机按照报文中给出的使用者 B 的位置判断报文在互换网中的路由，并把报文放到送出队列上排队，在等候该送出线空闲时立刻把该报文送往下一台互换机，最后到达使用者 B。

3. 分组交换

分组交换方式一般用在计算机之间的数据通信服务上,它的产生晚于电路互换。通过分组交换而并非通过电路交换来进行大规模数据通信,主要是由于以下因素:

(1)由于数据业务具有很大的突发性,使用传统电路交换方法,信道效率太低。

(2)电路交换系统只支持以恒定速度的传输,在需要收发严格同步又不能满足大数据通信网中终端用户之间异步、不同速度的通信需求。

(3)语音数据对时延敏感,对偏差不敏感,而数据则恰恰相反,用户对特定的时延能够承受,而关键数据出现微小的错误都可能导致灾难性结果。

(4)分组交换系统是专门针对数据通信而设计的,主要特征为:将数据以分组为单元进行传送,分组长度通常为 1 000 ~ 2 000 字节;每个分组都由用户信号部分和控制部分构成,控制部分含有差错控制信号,从而能够进行对误差的测量与校正;同时为了克服传统电路交换方式中信道资源效率低下的弊端,分组转换中引入了数据时分复用技术。

电路交换:一个报文的比特流不断地由源头传到终端,就好像在同一条管线中传输。

报文交换:将所有报文先发送到同一节点,所有报文保存完之后再查询或转发出去,最后转送到下一节点。

分组交换:将某个分组(整篇报文的部分)发送到同一节点,保存后经查询或转发布,再转送到下一个节点。

如图 2-14 所示为三种交换技术的示意图。

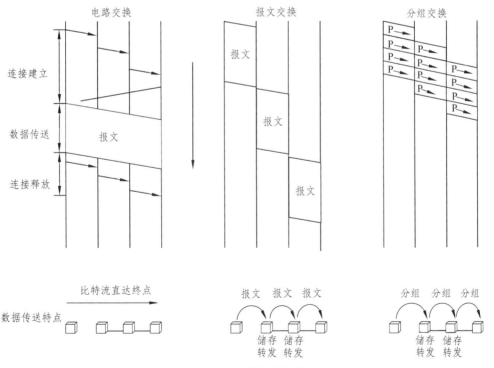

图 2-14　三种交换技术

除了以上三种交换技术之外,还有作为全光网络系统中一个重要支撑技术的光交换技术,以及软交换和 IM 交换等技术。

2.5 通信安全

　　加密是通信安全与信息安全的核心技术与基础，是保障通信与信息安全的关键技术。1949年，香农在《贝尔实验室技术杂志》第 28 卷第 4 期（第 656 ~ 715 页）发表《保密系统的通信理论》，对《通信的数学理论》中所创立的信息论概念和方法作了进一步完善，精辟地阐明了关于密码系统的分析、评价和设计的科学思想。这篇论文开创了用信息理论研究密码的新途径，一直为密码研究工作者所重视。它不仅是分析古典密码的重要工具，也是探索现代密码理论的有力武器。迄今为止，保障通信安全的最有效、最主动的方法依然依赖于加密技术。

　　加密主要是包含两个元素：加解密算法和密钥。加密算法将可读、可理解的明文（数据、信息或某种文件）按照一定的规则结合密钥进行运算，处理后的内容变成不可读、不可理解的密文；解密就是利用获得的解密密钥按照一定规则对密文进行运算，获取可理解的明文，是加密的逆过程；密钥在数字世界中是一段符号序列，加密密钥作为加密算法的输入参数实现对明文的加密，解密密钥作为解密算法的输入参数实现密文解密。

　　在通信安全中应用的密码学方法主要有三类：对称加密、非对称加密与散列函数。

　　（1）对称加密算法，如高级加密标准（Advanced Encryption Standard，AES）、数据加密标准（Data Encryption Standard，DES）等。在对称加密的过程中，加密的密钥和解密的密钥两者相同。通信发信方将明文（原始数据）和加密密钥一起经过特殊加密算法处理后，使其变成复杂的加密密文发送出去。收信方收到密文后，若想解读原文，则需要使用加密时用过的密钥及相同算法的逆算法对密文进行解密，才能使其恢复成可读明文（见图 2-15）。在对称加密算法中，使用的密钥只有一个，发、收信双方都使用相同密钥对数据进行加密和解密，这就要求解密方事先必须知道加密密钥。保密通信过程中为了确保消息的机密性，消息发送者使用对称加密算法和密钥对明文进行加密，接收者通过解密算法和密钥对密文解密。密文即使在通信过程中被窃取，窃取者要花很大代价破解甚至无法破解。

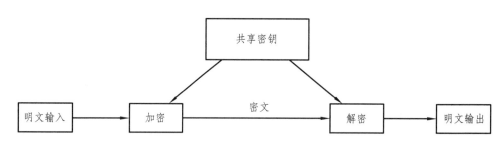

图 2-15　对称加密和解密示意图

　　（2）非对称加密算法，如 RSA、椭圆加密算法（Elliptic Curve Cryptography，ECC）等。非对称加密中加密密钥与解密密钥是两个不同的密钥，加密的密钥可以公开，而解密的密钥则需要保密。非对称加密算法主要用于通信安全中的数字签名，实现对通信方身份认证。消息发送者使用私钥对消息摘要加密附加到明文信息中形成数字签名，消息接受者使用公钥对数字签名解密来验证发送方的身份，判断消息的可靠性（见图 2-16）。

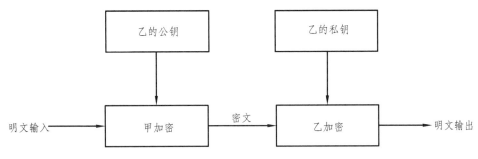

图 2-16　非对称加密模型

（3）散列函数又称为杂凑算法，如 SHA-256、MD5 等。散列函数将任意长度的明文消息压缩为一固定长度的消息摘要。该算法具有消息摘要长度固定、对明文微小变化的极度敏感和不可逆性，因而广泛应用于通信安全中的数字签名、消息完整性验证等方面。如通信接收者使用约定的散列算法计算出摘要消息与发送者附加的摘要消息不一致，接收者就能确定通信过程中数据被修改或者发生了其他事故。

当代通信系统

3.1　移动通信系统

21 世纪以后，人们逐步和手机"打上了交道"，进入移动互联网时代。1973 年，美国摩托罗拉工程师马丁·库帕（Martin Lawrence Cooper）发明了第一台商业化手机。1986 年，第一代移动通信技术的诞生，拉开了当代的通信体系发展的帷幕。其演进过程如图 3-1 所示。

移动通信中经常提到多址与复用两个概念。多址技术是把处于不同地点的多个用户接入一个公共传输媒质，实现各用户之间通信的技术。在无线通信系统中，多用户同时通过同一个基站和其他用户进行通信，必须对不同用户和基站发出的信号赋予不同特征。这些特征使基站从众多手机发射的信号中，区分出是哪一个用户的手机发出来的信号。多址分为时分多址（Time Division Multiple Access，TDMA）、频分多址（Frequency Division Multiple Access，FDMA）、码分多址（Code Division Multiple Access，CDMA）、空分多址（Space Division Multiple Access SDMA）等。复用是在同一条信道中同时传输多路信号，可以用来提高通信线路的利用率（见图 3-2），复用也有频分复用（Frequency-division multiplexing，FDM）、时分复用（Time-division multiplexing，TDM）、码分复用（Code-division multiplexing，CDM）之分。

3.1.1　第一代（1G）移动通信系统

在 20 世纪 70 年代，贝尔实验室就提出了蜂窝网的概念，但直至 20 世纪 80 年代，基于"蜂窝"概念的模拟移动通信系统才实现大规模商用，正式登上通信历史舞台。早期的蜂窝移动通信系统后来也被称为第一代移动通信系统，也就是我们现在所说的 1G（The First Generation）。

蜂窝移动通信系统的核心思想是频谱资源的空间复用，即把无线系统按蜂窝的方式划分为小区，形成区群。通过控制每个小区的发射功率，同一个的频率资源可以被在空间上保持一定的距离的在不同区群的不同用户使用，同时保证相互之间的信号干扰不影响信号传输质量。

在如图 3-3 所示的频率复用模式中，每 7 个小区构成一个区群，频率的复用率为 1/7。假定总共需 490 个信道，每个小区则需要 490/7=70 个信道。在整个大区域范围内，由于可以划分为很多小区，可支持的用户数量大大地增加。与此同时，由于小区的区域范围变小，用户终端的发射功率和耗电量也随之大幅降低。

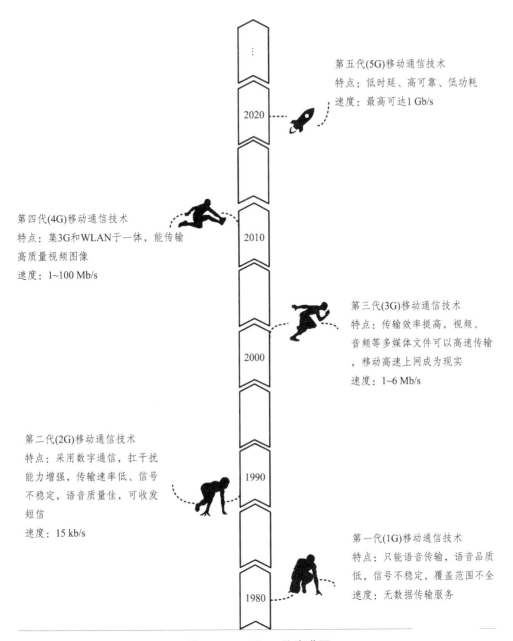

第五代(5G)移动通信技术
特点：低时延、高可靠、低功耗
速度：最高可达1 Gb/s

第四代(4G)移动通信技术
特点：集3G和WLAN于一体，能传输
高质量视频图像
速度：1~100 Mb/s

第三代(3G)移动通信技术
特点：传输效率提高，视频、
音频等多媒体文件可以高速传输
，移动高速上网成为现实
速度：1~6 Mb/s

第二代(2G)移动通信技术
特点：采用数字通信，扛干扰
能力增强，传输速率低、信号
不稳定，语音质量佳，可收发
短信
速度：15 kb/s

第一代(1G)移动通信技术
特点：只能语音传输，语音品质
低，信号不稳定，覆盖范围不全
速度：无数据传输服务

图 3-1　1G 到 5G 的演进图

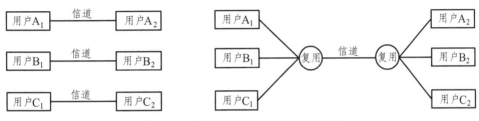

图 3-2　未使用复用和使用复用示意图

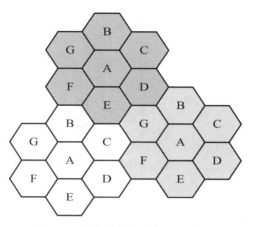

图 3-3　蜂窝网的频率复用示意图

美国 1983 年正式开始使用蜂窝移动通信系统，AT&T 还专门成立了一家公司在全美部署该系统，公司取名为 AMPS（Advanced Mobile Phone System），这也是美国第一代无线通信系统的称呼。同年，美国第一个 AMPS 蜂窝系统正式开通并投入商用。

摩托罗拉公司是第一代移动通信系统中的佼佼者，该公司不仅发明了第一部模拟移动电话"大哥大"（见图 3-4），而且是 AMPS 蜂窝系统的主要设备供应商。可以说 1G 时代是大哥大横行的时代，也是模拟通信的时代。它使用的技术就是 1G 的模拟通信技术，这个技术只能支持打电话而不支持上网。在当时拥有模拟网手机的人基本都是社会的"精英"或者是"富豪"。

图 3-4　摩托罗拉 8000x

第一代通信系统是以模拟通信为基础的蜂窝无线电话系统，采用模拟式 FM 调制，将 300 ~ 3 400 Hz 的语音转换到高频的载波频率（兆赫级）上进行无线传输。1G 由多个独立开发的系统组成，在 1G 通信时代并没有一个统一的国际标准，20 世纪 80 年代，多个国家推出了各自的 1G 通信系统。

在我国，由于各地建设的时间不同，且有爱立信和摩托罗拉两大通信系统，模拟移动通信网络也就形成了两套独立的网络，导致各地区、各网络之间不能互通。1996 年，我国各省的模拟移动电话系统实现了联网，模拟移动电话可以在全国 30 个省（市、自治区）实现自动漫游，但终端费用与通话资费昂贵。

虽然模拟蜂窝网络取得了很大的成功，但它仍然存在许多缺点。1G 的通话质量不高、业务种类受限、频谱的利用率低、移动设备复杂、费用较高、通话易被窃听、安全性和抗干扰性存在着巨大的问题。而且其容量有限，不能满足日益增长的移动用户的需求，因此无法大规模地进行普及和使用。这些因素限制了 1G 的发展。随着第二代移动通信的出现，1G 也就逐渐退出了历史的舞台。

3.1.2　第二代（2G）移动通信系统

20 世纪 80 年代中期，第二代数字蜂窝移动通信系统问世。欧洲首先推出了全球移动通信系统（Global System for Mobile Communications，GSM）并于 1991 年 7 月开始投入商用。1982 年，为了方便整个欧洲统一使用移动电话，北欧几个国家联合体向欧洲邮电行政大会提交了一份建议书，要求制定 900 MHz 频段的公共欧洲电信业务规范。在这次大会上成立了一个在欧洲电信标准学术技术委员会下的"移动特别小组"（Group Special Mobile，GSM）。该小组主要负责制定有关标准和建议书，其标准中规定了 GSM 通信系统基站控制器（Base Station Controller，BSC）、移动业务交换中心（Mobile Switching Center，MSC）、鉴权中心（Authentication Center，AUC）、操作维护中心（Operation and Maintenance Center，OMC）、归属位置寄存器（Home Location Register，HLR）、设备识别寄存器（Equipment Identity Register，EIR）、访问位置寄存器（Visitor Location Register，VLR）等其他功能单元（见图 3-5）。GSM 具有接口开放、标准化程度高等特点，其强大的联网能力可实现国际漫游业务，并支持用户识别卡，真正实现了个人移动性和终端移动性。

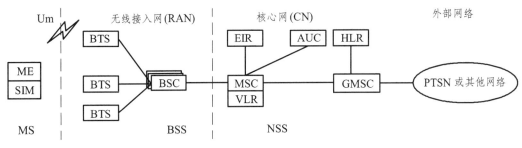

图 3-5　GSM 的网络架构

2G 的典型代表除了上面所说的欧洲的全球移动通信系统（GSM）外，还有美国的数字化先进移动电话系统（Digital Adanced Mobile Phone System，DAMPS）、日本的个人数字蜂窝系统（Personal Digital Communication，PDC）以及 CDMA 等。由于美国在 1G 时代的 AMPS 性能稳定且发展良好，所以对 2G 的需求并不迫切，使美国 2G 切换的过程相对漫长。美国的 2G 系统分为 DAMPS 和 CDMA 两个系统。DAMPS 是将每一个 30 kHz 的 AMPS 频道以 TDMA 的方式分为 3 个子信道，提供了相当于 AMPS 模拟系统的 3 倍容量，并可以兼容美国原有的 AMPS。高通公司主导推动的 IS-95 CDMA 系统的容量更是比 AMPS 模拟系统要多 10 多倍，但是它的起步较晚，获得的产业链支持相对较少，在 2G 时代部署的范围远不及 GSM 系统。在我国，中国移动和中国联通在 2G 时代部署的是欧洲的 GSM 系统，中国电信则是部署了美国的 IS-95 CDMA 系统。

在 2G 发展初期，通信行业还处于"群雄割据"的时代，不同的国家乃至地区都采用各自的制式，通信标准不统一，不能实现全球漫游，2G 从"群雄割据"走向"大一统"历经波折。2G 发展历程如表 3-1 所示。

表 3-1　2G 的标准化历程

时 间	事 件
1982 年	欧洲优点大会成立了一个新的标准化组织 GSM
1988 年	欧洲电信标准化协会（ETSI）成立
1990 年	GSM 第一期规范确定，系统试运行； 英国政府发放许可证并建立个人通信网（PCN）
1991 年	GSM 系统在欧洲开通运行；DCS1800 规范确定
1992 年	北美 ADC 投入使用，日本 PDC 投入使用； FCC 批准了 CDMA 系统标准； GSM 系统重新命名为全球移动通信系统
1993 年	GSM 系统已覆盖泛欧及澳大利亚等地区，67 个国家已成为 GSM 成员
1994 年	CDMA 系统开始商用
1995 年	DCS1800 开始推广应用

2G 通信系统主要采用时分多址（TDMA）和码分多址（CDMA）技术，以语音通信为主，主要提供数字化语音业务和低速数据业务，又被称为窄带数字通信系统。TDMA 简单来讲就是将信道在不同的时间分配给不同的用户。CDMA 简单来讲就是所有用户在同一时间、同一频段上，根据不同的编码区分业务信道。码分多址系统给每个用户分配了特定的地址码，利用公共信道传输信息，同时也具有多址接入能力强、抗多径干扰、保密性能好等优点。

相较于只能打电话的 1G 时代的大哥大，2G 时代的移动通信工具不仅能支持打电话、发短信，还能支持上网。2G 有几个极具代表的手机品牌（见图 3-6），如诺基亚、摩托罗拉、索尼爱立信等，其中，诺基亚当了近十年的手机霸主。

图 3-6　2G 手机典型代表

2G 通信系统克服了模拟移动通信系统的多个弱点，完成了从模拟通信到数字通信的革命。数字通信系统频谱利用率高，可大大提高系统容量。数字网能提供语音、短信、数据多种业务服务，与 ISDN 等兼容，有着更好的语音质量和更强的保密性，可进行省内以及省际的自动漫游。

2G 的带宽有限，无法承载较高数据速率的移动多媒体业务，之后 3G 的出现弥补了这一短板。

3.1.3 第三代（3G）移动通信系统

为提升声音和数据的传输速度，解决无线漫游等问题，3G 移动通信技术应运而生。3G 能够在全球范围内更好地实现漫游，并能传输图像、音乐、视频等多媒体信号。国际电信联盟（ITU）推荐的 3G 标准有 4 种：① WCDMA 标准（Wideband Code Division Multiple Access，宽带码分多址）；② CDMA2000 标准（Code Division Multiple Access 2000）；③ TD-SCDMA 标准（Time Division-Synchronous Code Division Multiple Access，时分同步码分多址）；④ WiMAX 标准。其中，由中国提交的 TD-SCDMA、欧洲的 WCDMA、美国的 CDMA2000 是当时 3G 时代的主流技术。国内运营商采用的标准也有所不同，中国联通采用 WCDMA 标准，中国电信采用 CDMA2000 标准，中国移动采用 TD-SCDMA 标准。CDMA 技术作为 3G 的根本技术，基本原理是在二维时域和频域空间进行联合划分，而不是对普通单一的资源进行划分，即所有用户在同一时间、同一频段上，根据不同的编码获得业务信道（见图 3-7）。CDMA 采用具有正交特性的扩频码，因为这类编码可以很好地区分不同的用户。

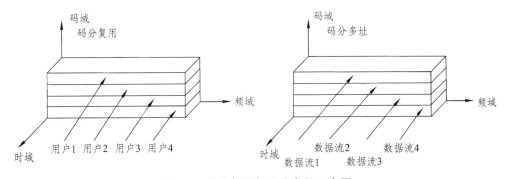

图 3-7　码分复用与码分多址示意图

CDMA 系统以频谱利用率高、噪声小、语音质量好、发射功率低、保密性好、容量大、覆盖广、抗干扰能力强大，且能够实现移动电话的各种智能业务等优点显示出巨大的发展潜力。

欧洲的宽带频分多址（WCDMA）和 2G 时代原有的 GSM 具有一定的兼容性，因为 WCDMA 是基于 2G 的 GSM 发展起来的 3G 技术。又因为 GSM 在 2G 时代已拥有庞大的用户群以及成熟的产业链，所以 WCDMA 在 3G 时代的市场占有率最大。但随着之后智能产业的发展，移动流量的需求增加，WCDMA 后续又演进出 3.5G 的 HSPA（High-Speed Packet Access，高速分组接入）系统来支持高速数据服务。在 3G 移动通信时代，欧洲和日本等国家和地区均采用的是 WCDMA 制式，中国联通也采用的是此制式。

CDMA2000 是美国高通公司提出来的 3G 标准，是在窄带 CDMA（CDMA-IS95）移动通信系统的基础上发展起来的。因此对于在 2G 网络中使用 CDMA-IS95 制式的国家和地区，很容易过渡升级到 3G 网络。CDMA2000 虽然由高通公司主导提出，但摩托罗拉、朗讯以及后来的三星都参与了该标准的制定，韩国后来还成为该标准的主导者。曾经，使用 CDMA 的地区只有日本、韩国、北美以及中国，从而导致 CDMA2000 的用户远远少于 WCDMA 的用户。由于 CDMA2000 是 CDMA 标准的延伸，与 WCDMA 并不兼容。

TD-SCDMA（时分同步码分多址接入）是我国自主提出的 3G 标准，自 1998 年正式向 ITU 提交以来，历经几番周折完成了标准的专家组评估、ITU（International Telecommunication Union，国际电信联盟）认可并发布、以 3GPP（第三代伙伴项目）体系融合、新技术特性的引入等一系列的国际标准化工作，最终实现商用。此标准辐射较低，被认为是绿色 3G。与前两个 3G 标准相比较，它无须进行 2.5G 的过渡，可直接从 GSM 升级到 3G，省去了 2.5G 的建设成本，能够加快 3G 建设进度。除此之外，该制式还具有频谱利用率高、业务支持灵活、特别适合人口密集地区使用等优点。基于这些优点，中国移动在 3G 建设中采用该标准。三大标准的比较如表 3-2 所示。

表 3-2   3G 的三大主流标准

制式	WCDMA	CDMA2000	TD-SCDMA
采用国家和地区	欧洲、美国、中国、日本、韩国等	美国、中国、韩国等	中国
继承基础	GSM	窄带 CDMA（IS-95）	GSM
双工方式	FDD	FDD	TDD
同步方式	异步/同步	同步	同步
码片速率	3.84 Mc/s	1.2288 Mc/s	1.28 Mc/s
信号带宽	2×5 MHz	2×1.5 MHz	1.6 MHz
峰值速率	384 kb/s	153 kb/s	384 kb/s
核心网	GSM MAP	ANSI-41	GSM MAP
标准化组织	3GPP	3GPP2	3GPP

Wi MAX（即 802.16）技术是一种将大量宽带连接引入远程区域或使通信范围覆盖多个分散的企业和校园区域的方法。2007 年，在日内瓦举行的无线电通信全体会议上，经过多数国家投票通过，Wi MAX 正式被批准成为继 WCDMA、CDMA2000 和 TD-SCDMA 之后的第 4 个全球 3G 标准。但国际上采用该标准的运营商非常少。在严格意义上说，它不是一个移动通信系统标准技术，而是一项无线城域网技术，不适用于高速移动时的无线数据接入，只适用于笔记本电脑等相对固定终端的静态接入。

虽然 3G 时代所运用的 CDMA 技术有诸多的优点，但它的不足之处也很明显。比如，它对小区规划要求高，为克服远近效应需要引入功率控制技术等，所以还有很大的升级空间。

从 2G 到 3G 技术，实现了从语音通信到数据通信的飞跃。3G 时代是现在移动互联网生活的雏形，是移动互联网的开端。它从根本上实现了移动通信网络与互联网的融合，催生出很多新的产业，让原有的移动应用和互联网应用有了新的市场空间。3G 时代发展前期，由于受流量限制以及智能大屏未全面普及等原因的影响，多偏向于短信、彩信、飞信、多媒体彩铃、手机阅读器等应用。中后期随着智能手机的迅猛发展，移动电子商务、手机音乐、手机游戏、视频通话、无线搜索、位置服务、无线广告、无线社区等应用应运而生。在 3G 时代也出现了许多的 3G 手机品牌和型号，部分型号如图 3-8 所示。

3.1.4   第四代（4G）移动通信系统

随着智能手机的不断发展，人们对移动流量的需求越来越大。原有的 3G 网络已经不能满足人们的需求，此时 4G 通信技术应运而生。4G 将 WLAN 技术和 3G 通信技术很好地结合，使图像的传输速度更快，传输图像的质量更高，图像看起来更加清晰。4G 通信技术的上网速度理论上可高达 100 Mb/s，是 3G 通信技术的 20 倍。

（a）诺基亚 N97

（b）诺基亚 E71

（c）苹果 iPhone 3GS

（d）索尼爱立信 W995

图 3-8　3G 时代的畅销机型

4G 有两大技术根基：LTE 和 IEEE802.16m（WiMax2），LTE 即长期演进（Long Term Evolution），在 3G 基础上通过技术迭代慢慢达到 4 G。LTE 技术是以正交频分复用（OFDM）为核心的技术，为了降低用户延迟，取消了无线网络控制器（RNC），采用了扁平网络架构。LTE 改进增强了 3G 的空中接入技术，采用 OFDM 和多输入多输出（MIMO）作为其无线网络演进的唯一标准。WiMax 技术是基于 IEEE 802.16 标准集的宽带无线接入城域网技术，它采用了 OFDM+MIMO 技术，解决了多径干扰，提升了频谱效率，大幅地提高了系统吞吐量及传送距离。

正交频分复用（OFDM）技术是一种无线环境下的高速传输技术。其主要思想是在频域内将给定信道分成许多正交子信道，在每个子信道上使用一个子载波进行信号调制，各子载波并行传输。

OFDMA 的技术实现基本步骤如下：

（1）将信源编码完毕的数据流进行串并转换。

（2）将串并转换完的每一路的并行信号进行子载波调制。

（3）调制完的频域信号经过 IFFT 变换后成为时域调制信号。

（4）插入循环前缀（CP）。

（5）将并行数据流转换成串行数据流。

（6）进行载波的调制。

图 3-9 显示了传统的 FDM 频谱与 OFDM 频谱的对比。OFDM 这种特有的频谱模式使其在高速通信中具有巨大的优势。一路高速发送的数据通过 OFDM 调制机制并行调制到子载波

上，将被分解为多路的低速数据，每个子载波传输一路数据。整个频带被划分为 N 个窄带，只要 N 足够大，每个窄带带宽将小于信道相干带宽，在单个子载波期间频域衰落呈平坦特性。由于降低了数据的传输速率，系统离散性减弱，将减小系统的符号间干扰（Inter Symbol Interference，ISI）。通过在每个 OFDM 符号之间插入循环前缀，能有效降低 ISI 干扰。由于 OFDM 技术能增大数据信号的码元周期，减少频率选择性衰落出现的概率，降低多径干扰的负面影响，因此它在 4G 中得到广泛的应用。

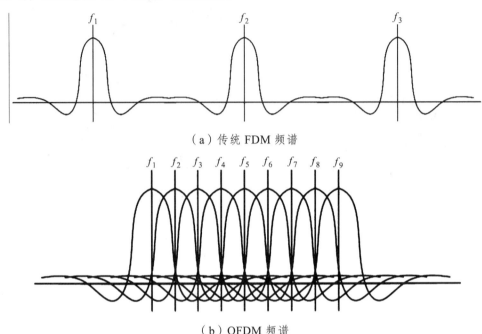

（a）传统 FDM 频谱

（b）OFDM 频谱

图 3-9　FDM 与 OFDM 的频谱

　　OFDM 技术将信源编码的高速数据流通过串/并变换转换为并行传输的低速信号数据流，每路数据流采用独立子载波调制后叠加，然后在射频天线处发送。正交频分复用最主要的优点是可以对抗多径效应。FDMA 与 OFDM 的对比如图 3-10 所示。

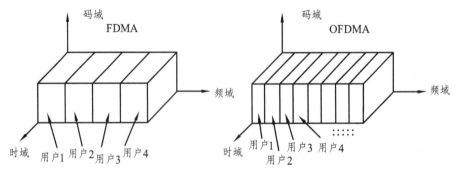

图 3-10　频分多址与正交频分多址

　　多输入多输出（MIMO）技术是指在发射端和接收端分别使用多个发射天线和接收天线，使信号通过发射端与接收端的多个天线传送和接收，从而改善通信质量（见图 3-11）。MIMO 技术允许多个天线同时发送和接收多个信号，并能够区分发往或来自不同空间方位的信号，并通过空间复用和空间分集等技术，在不增加占用带宽的情况下，提高系统容量、覆盖范围和信噪比。在空间复用层面，一般是在接收端与发射端利用多副天线，通过空间传播的多径分量使用同一频带。也就是利用多个子信道对信号进行传输发射，提升容量的使用效率。而在空间分集层面，采用不同的发射形式与接收形式，可以有效地完善无线信道的使用性能，提升无线系统的容量与覆盖面积。

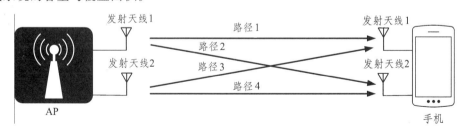

图 3-11　MIMO 系统示意图

在频谱资源相对匮乏的今天，MIMO 技术可以提高频谱的利用率和运行效率、提高信道的可靠性、降低误码率，因此在 4G 系统中得到了广泛应用。但 MIMO 技术在信号传输中可能会增加自适应调制的难度，导致系统效率降低，因此还有改进空间。

与传统 2G 技术与 3G 技术相比，4G 技术表现出巨大的优势。具体来看，其通过对物理网络层、中间环境层、应用网络层的优化，提升了 4G 网络的通信速度，增加了网络频谱宽度，使通信更为灵活与智能。4G 技术相比于 3G 技术来说，其优势主要表现在：① 通信速度更快。相关专家研究发现，4G 通信技术中每个通道都可以有 100 MHz 的频谱，这相当于 3G 网络速度的 20 倍；② 兼容性更好。使用 4G 通信技术可以提高各种资料的兼容性，尤其是在高速移动情况下，需要传输的资料较多，兼容性是非常重要的一个因素，而 4G 技术的应用则可以解决这一问题；③ 可实现无缝连接。通信漫游要求全球使用统一的标准，若标准不统一，在使用中会给用户带来极大的不便，而 4G 技术的应用则很好地解决了这一问题，实现无缝连接也是开发 4G 技术的关键所在；④ 存储容量更大。由于传输频宽增大，4G 系统的资料存储量达到 3G 系统的 10 倍以上；⑤ 使用频率更高。由于 4G 的运行速度较快，利用 4G 技术可以解决更多的问题，并且速度较快，因此人们的使用频率会更高；⑥ 费用更加低廉。4G 系统操作简单，灵活性强，使用起来更加便捷高效。并且 4G 技术以 3G 技术为基础，从费用上来说，耗费的成本并不高，因此能够有效降低运营者和用户的使用费用。通信运营商在进行网络建设的过程中，要在已有的 3G 网络基础上进行必要的改造，确保 4G 网络通信宽带满足使用需求，避免通信网络频谱发生数据上传、下载的延迟。

4G 网络通信技术实现了随时随地通信，并且在双向通信的过程中，提供了图像、视频、音频交互。通信内容的增加与通信灵活性的提升实现了通信的智能化，进而影响了移动终端形状与功能的变化。在第四代移动通信体系中，用户可以在任何地点、任何时间以任何方式不受限制地接入网络中。终端可以是任意形式，用户可以自由选择业务、应用及网络等。随着 4G 高速率数据接入，催生了一大批以音视频应用为基础的业务，如视频电话、网上购物、移动支付、共享出行、短视频、直播购物等，各种新的服务模式在这一时期不断涌现出来。

常见的 4G 基站系统主要设备包括基带处理单元（Build Base band Unit，BBU）、远端射频模块（Radio Remote Unit，RRU）、天馈系统（见图 3-12）。其中，BBU 系统主要负责信号调制；RRU 主要负责射频处理；天馈系统是基站收发信机与外界传输媒介的接口。

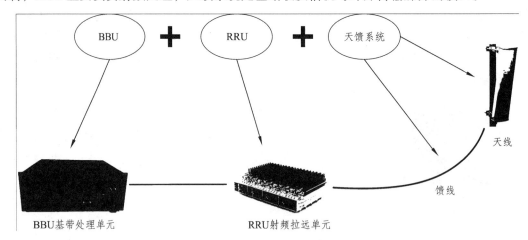

图 3-12　4G 基站内部组成结构

3.1.5　第五代（5G）移动通信系统

5G 技术是目前的应用中最为先进的通信技术，也是移动互联网和物联网的重要支撑技术，能够有效支撑 8K 高清视频、虚拟现实、移动云服务、工业互联网、车联网等应用，具有更低延迟、更高带宽等特点，具有非常广泛的应用价值。

2015 年 10 月 26 日到 30 日，在瑞士日内瓦召开的无线电通信全会上，国际电信联盟无线电通信部门（ITU Radiocommunication Sector, ITU-R）正式批准了 3 项有利于推进未来 5G 研究进程的决议，并正式确定了 5G 正式名称为"IMT-2020"。第一个 5G 标准是 3GPP 的第 15 版（Release 15），已于 2018 年 6 月冻结，并于 2019 年开始用于商业部署。2019 年 4 月 5 日，美国总统特朗普（Donald Trump）在白宫发表关于美国 5G 部署的讲话，宣布了多项旨在刺激美国 5G 网络发展的举措。就在同年的 6 月 6 日，我国工业和信息化部正式向中国电信、中国移动和中国联通发放了 5G 商用牌照，标志 5G 时代的正式开启，2019 年也因此被认为是中国 5G 元年。

与 4G 相比，5G 的许多指标得到全面提升，主要体现在峰值速率、用户体验数据速率、频谱效率、移动性管理、连接数密度以及网络指标等方面。中国 IMT-2020（5G）推进的 5G 关键技术指标要求如图 3-13 所示。

从图 3-13 可以看出，相对于 4G，5G 考虑了更多性能的提升。例如，峰值速率从 4G 的 1 Gb/s 提升至 20 Gb/s，用户体验速率达到了 100 Mb/s，在某些热点地区的用户体验速率更是提升至 1 Gb/s；5G 的频谱效率相对于 4G 提升了 3 倍；支持的移动速度也从 4G 的 350 km/h 提升至 500 km/h；5G 支持极低时延要求服务，端到端的时延由 4G 的 10 ms 降低到了 1 ms；流量密度也由原来 0.1 Mb/s 提升至 10 Mb/s；连接的密度提升了 10 倍；网络效能和区域通信能力更是提升了 100 倍。基于以上几个方面能力的改善，5G 的业务可以更多样化，渗透到各行各业，实现真正的万物互联。

5G 技术主要有三大应用场景，分别是增强型移动宽带（enhanced Mobile Broadband, eMBB）、海量机器类通信（massive Machine Type of Communication, mMTC）以及超高可靠

和低时延通信（Ultra Reliable Low Latency Communication，uRLLC），如图 3-14 所示。

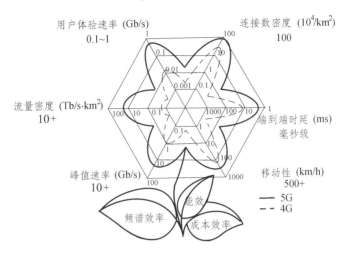

图 3-13　中国 IMT-2020（5G）的 5G 关键技术指标

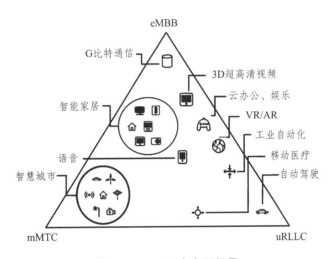

图 3-14　5G 三大应用场景

　　eMBB 可以提供比 4G 更快的数据速率，提供更好的高速用户体验。它支持视频流，提供身临其境的虚拟现实（Virtual Reality，VR）、增强现实（Augmented Reality，AR）以及超高清视频等应用服务。VR 的基本实现方式是计算机模拟虚拟环境从而给人以环境沉浸感，它可以广泛应用到不同领域，例如，利用 VR 技术进行飞行模拟和维修训练、VR 教育、VR 医疗等。AR 则是通过提供与用户周围环境相关的附加信息来现实。AR 是一种将虚拟信息与真实世界巧妙融合的技术，广泛运用了多媒体、三维建模、实时跟踪及注册、智能交互、传感等多种技术手段，将计算机生成的文字、图像、三维模型、音乐、视频等虚拟信息模拟仿真后，应用到真实世界中，两种信息互为补充，从而实现对真实世界的"增强"。VR 和 AR 的应用场景如图 3-15 所示。

图 3-15　VR 和 AR 的应用场景

mMTC 旨在提供与大量设备的连接服务，满足 100 万/km² 的连接数密度指标要求。由于这些设备通常传输少量的数据，因此对时延和吞吐量并不敏感。此外，这类终端分布范围广、数量众多，需要保证终端的超低功耗和超低成本。mMTC 重点解决了传统移动通信下对物联网的支持及垂直行业应用的问题，可具体应用于智慧城市、环境监测、智能家居等以传感和数据采集为目标的场景。4G 时代虽然已经通过 NB-IoT（Narrow Band Internet of Things，窄带物联网）和 eMTC（LTE enhanced MTO，增强机器类通信）实现了一些物联网连接，但成本、功耗都较高，而且不能做到大量设备的接入。因此，只有 5G 才能真正实现海量连接，做到万物互联。

目前，生活的很多方面变得越来越智能，如智能家居、智能办公、智能建筑、智能交通时。过去的无线电通信主要连接的是人，5G 则把这种连接扩展到了周围的环境，如办公大楼、购物中心、公路、车站以及其他的多种场所。一些大型设备、穿戴设备、控制设备的相互连接更是使"智能"生活成为现实。除了基础设施的智能化，整个社会的管理服务能力和效率也得到了很大提高。图 3-16 向我们展示了一个"万物互联"的智慧城市。

图 3-16　"万物互联"的智慧城市

uRLLC 作为 5G 系统的三大应用场景之一，广泛用于各种需要高可靠和低时延的控制场景。3GPP RANI 将 uRLLC 标准划分为低时延和高可靠两部分。通常 uRLLC 的可靠性要求为：用户面时延 1 ms 内，传送 32 字节包的可靠性为 99.999%。低时延则是支持端到端时延 1 ms，即用户面上行时延目标为 0.5 ms，下行为 0.5 ms。uRLLC 的主要业务有智能电网（中压、高压）、实时游戏、远程控制、医疗健康、触觉互联网、虚拟现实及自动驾驶助或辅助驾驶等。

随着移动通信网络规模的不断扩大以及复杂化，我们面临的是一个更加分散和多样化的网络环境。网络状态的动态性和不确定性，以及异构无线用户之间的共存和耦合，使得网络控制问题会变得更具有挑战性。由于 5G 架构难以同时满足三大应用场景的需求，所以还有提升空间。

3.2　光纤通信系统

3.2.1　光纤的结构

光纤呈圆柱形，由纤芯、包层与涂敷层三大部分组成，如图 3-17 所示。

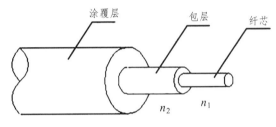

图 3-17　光纤结构

1. 纤芯

纤芯位于光纤的中心部位，其成分是高纯度的二氧化硅，此外还掺有极少量的掺杂剂，如二氧化锗、五氧化二磷等。在纤芯中添加掺杂剂可适当提高纤芯的光折射率。

2. 包层

包层位于纤芯的周围，其成分也是含有极少量掺杂剂的高纯度二氧化硅。包层中掺杂剂（如三氧化二硼）的作用则是适当降低包层的光折射率，使之略低于纤芯的折射率。

3. 涂敷层

光纤的最外层是由丙烯酸酯、硅橡胶和尼龙组成的涂敷层，其作用是增加光纤的机械强度与可弯曲性。一般涂敷后的光纤外径约 1.5 cm。

普通光纤的典型尺寸为：单模光纤的纤芯直径大约为 5 ~ 10 μm；多模光纤的纤芯直径大约为 50 ~ 70 μm；包层直径一般为 125 μm 左右。

3.2.2　光纤的分类

光纤的种类繁多，其主要分类方法有三种，即按光纤横截面折射率分布分类，按传播模式分类，按工作波长分类等。

1. 按折射率分布分类

根据光纤横截面上折射率的不同，可以分为阶跃型光纤和渐变型光纤。阶跃型光纤的纤芯和包层间的折射率分别为一个常数，在纤芯和包层的交界面，折射率呈阶梯形突变；渐变型光纤纤芯的折射率随着半径的增加按一定规律减小，在纤芯与包层交界处减小为包层的折射率，纤芯的折射率的变化近似于抛物线。

2. 按传播模式分类

根据光纤传输模式的不同，光纤可以分为单模光纤和多模光纤。光以一特定的入射角度射入光纤，在光纤和包层间发生全反射，从而可以在光纤中传播。当直径较小时，只允许一个方向的光通过，就称单模光纤；当光纤直径较大时，可以允许光以多个入射角射入并传播，此时就称为多模光纤。

3. 按工作波长分类

根据光纤工作波长的不同，可以分为短波长光纤和长波长光纤。在光纤通信发展的初期，人们使用的光波的波长为 0.6～0.9 μm（典型值为 0.85 μm），习惯上把在此波长范围内呈现低衰耗的光纤称作短波长光纤。短波长光纤属早期产品，目前很少采用。随着研究工作的不断深入，人们发现在波长 1.31 μm 和 1.55 μm 附近，石英光纤的衰耗急剧下降。不仅如此，在此波长范围内石英光纤的材料色散也大大减小。因此人们的研究工作又迅速转移，并研制出在此波长范围衰耗更低、带宽更宽的光纤。习惯上把工作在 1.0～2.0 μm 波长的光纤称之为长波长光纤。长波长光纤因具有衰耗低、带宽宽等优点，特别适用于长距离、大容量的光纤通信。

3.2.3　数字光纤通信系统

光纤通信是以光波作为传输信息的载波，以光纤作为传输介质的一种通信。图 3-18 给出了光纤通信的简单示意图。其中，用户通过电缆或双绞线与发送端和接收端相连，发送端将用户输入的信息（语音、文字、图形、图像等）经过处理后调制在光波上，然后入射到光纤内传送到接收端，接收端对收到的光波进行处理，还原出发送用户的信息输送给接收用户。

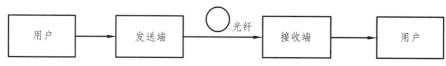

图 3-18　光纤通信系统

按照传输信号划分，光纤通信系统可以分为模拟光纤通信系统和数字光纤通信系统，其中数字光纤通信系统是目前广泛采用的光纤通信系统。

数字光纤通信系统主要由光发射、光传输和光接收三部分组成。要使光波成为携带信息的载体，必须对它进行调制，在接收端再把信息从光波中检测出来。典型的数字光纤通信系统框图如图 3-19 所示。

图 3-19　数字光纤通信系统

数字光纤通信系统基本上由光发送机、光纤与光接收机组成。在发送端，电发送端机把信息（如话音）进行 A/D 转换，用转换后的数字信号去调制发送机中的光源器件（如 LD），光源器件就会发出携带信息的光波。当数字信号为"1"时，光源器件发送一个"传号"光脉冲；当数字信号为"0"时，光源器件发送一个"空号"（不发光）。光波经低损耗光纤传输后到达接收端。在接收端，光接收机中的光检测器件（如 APD）把数字信号从光波中检测出来，由电端机将数字信号转换为模拟信号，恢复成原来的信息，这样就完成了一次通信的全过程。其中的中继器起到放大信号、增大传输距离的作用。

光端机是电端机和光纤之间不可缺少的设备。光端机包含发送和接收两大单元。光端机的发送单元将电端机发出的电信号转换成符合一定要求的光信号后，送至光纤传输；其接收单元将光纤传送过来的光信号转换成电信号后，送至电端机处理。可见，光端机的发送单元是完成电/光转换，光端机的接收单元是完成光/电转换。通常，一套光纤通信设备含有两个光端机、两个电端机。

光中继器是在长距离的光纤通信系统中补偿光纤线路光信号的损耗和消除信号畸变的设备。光脉冲信号从光发射机输出，经光纤传输若干距离以后，由于光纤损耗和色散的影响，光脉冲信号的幅度受到衰减，波形会出现失真，这样就限制了光脉冲信号在光纤中作长距离的传输。为此，就需在光波信号经过一定距离传输以后加一个光中继器，以放大衰减的信号，恢复失真的波形，使光脉冲得到再生，从而克服光信号在光纤传输中产生的衰减和色散失真，实现光纤通信系统的长途传输。光中继器一般可分为光-光中继器和光-电-光中继器两种，前者就是光放大器，后者是由能够完成光-电变换的光接收端机、电放大器和能够完成电-光变换的光发送端机组成。光放大器省去了光-电转换过程，可以对光信号直接进行放大，因此结构比较简单，效率较高，在密集型光波复用（Dense Wavelength Division Multiplexing，DWDM）系统中得到了广泛应用。当前实用的准同步数字系列（Plesiochronous Digital Hierarchy，PDH）光纤通信系统，一般采用光-电-光中继器。显然，一个幅度受到衰减、波形发生畸变的信号，经过中继器的均衡放大、再生之后，即可补偿光纤的衰减，消除失真和噪声影响，恢复为原发送端的光脉冲信号继续向前传输。

3.3 卫星通信系统

卫星通信是指利用人造地球卫星作为中继站转发无线电信号，在两个或多个地面站之间进行的通信。卫星通信系统因传输的业务不同，组成也不尽相同。一般的卫星通信系统主要由空间段和地面段两部分组成，如图 3-20 所示。

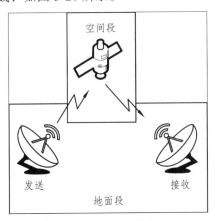

图 3-20　卫星通信系统

图 3-20 中，上行链路是指从地球站到卫星之间的通信链路；下行链路是指从卫星到地球站之间的通信链路。在这一系统中，通信卫星实际上就是一个悬挂在空中的通信中继站，只要在它的覆盖照射区以内，不论距离远近都可以通信，通过它转发和反射电报、电视、广播和数据等无线信号。

3.3.1 空间段

空间段主要以空中的通信卫星为主体，由一颗或多颗通信卫星构成，在空中对接收到的信号起中继放大和转发作用。每颗通信卫星都包括天线分系统、通信分系统、电源分系统、跟踪、遥测与指令分系统、控制分系统几个部分，如图 3-21 所示。

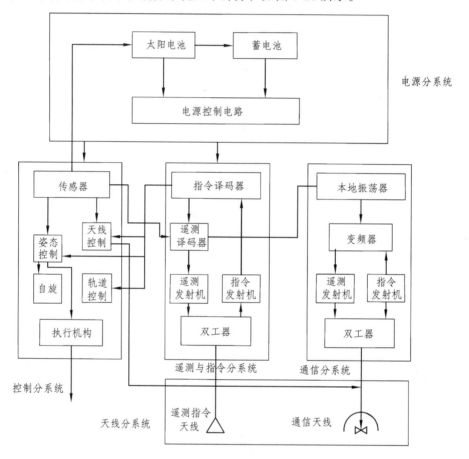

图 3-21　空间段分系统构成

1. 天线分系统

通信卫星上的天线要求体积小、重量轻、便于馈电、便于折叠和展开等。其工作原理、外形等都与地面上的天线相同。卫星天线分为遥测指令天线和通信天线两类。遥测指令天线通常使用全向天线，主要用于卫星发射上天、进入轨道前后向地面发射遥测信号和接收地面控制站发来的指令信号。通信天线是通信卫星上最主要的天线，是通信用的微波天线。微波天线是定向天线，要求天线的增益尽量高，以便增大天线的有效辐射功率。微波天线根据波束宽度的不同，可以分为三类：全球波束天线、点波束天线和区域波束天线。

2. 通信分系统

通信分系统用于接收、处理并重发信号，通常称为转发器。转发器是通信卫星中直接起中继站作用的部分。转发器的基本要求是：以最小的附加噪声和失真、足够的工作频带和输出功率为各地面站有效而可靠地转发无线电信号。转发器通常分为透明转发器和处理转发器两类。透明转发器收到地面发来的信号后，除进行低噪声放大、变频、功率放大外，不做任何加工处理，只是单纯地完成转发任务。处理转发器除进行信号转发外，还具有处理功能。卫星上的信号处理功能主要包括：对数字信号进行解调再生，消除噪声积累；在不同的卫星天线波束之间进行信号交换；进行其他更高级的信号变换和处理。

3. 电源分系统

卫星上的电源除要求体积小、重量轻、效率高和可靠性外，还要求电源能在长时间内保持足够的输出。通信卫星所用电源有太阳能电池、化学电池和原子能电池三种。化学电池大都采用镍镉蓄电池与太阳能电池并接，在非星蚀期间蓄电池充电，星蚀时，蓄电池供电保证卫星继续工作。

4. 跟踪、遥测与指令（TT&C）分系统

跟踪、遥测与指令（TT&C）分系统主要包括遥测设备与指令设备两大部分，此外还有应用于卫星跟踪信标的发射设备。

遥测设备用各种传感器和敏感元件等不断测得有关卫星姿态及星内各部分工作状态的数据，经放大、多路复用、编码、调制等处理后，通过专用的发射机和天线，发给地面的 TT&C 站。TT&C 站接收并检测出卫星发来的遥测信号，转送给卫星监控中心进行分析和处理，然后通过 TT&C 站向卫星发出有关姿态和位置校正、星内温度调节、主备用部件切换、转发器增益换挡等控制指令信号。

指令设备专门用来接收 TT&C 站发给卫星的指令，进行解调与译码后，一方面将其暂时储存起来，另一方面又经遥测设备发回地面进行校对。TT&C 站在核对无误后发出"指令执行"信号，指令设备收到后，才将储存的各种指令送到控制分系统，使有关的执行机构正确完成控制动作。

5. 控制分系统

控制分系统用来对卫星的姿态、轨道位置、各分系统工作状态等进行必要的调节与控制。控制分系统由一系列机械的或电子的可控调整装置组成，如各种喷气推进器、驱动装置、加热及散热装置、各种开关等。控制分系统在 TT&C 站的指令的控制下完成对卫星的姿态、轨道位置、工作状态主备用切换等各项调整。

3.3.2 地面段

地面段包括所有的地球站，这些地球站通常通过地面网络连接到终端用户设备。地球站一般由天线系统、发射系统、接收系统、通信控制系统、终端系统和电源系统六部分组成，如图 3-22 所示。

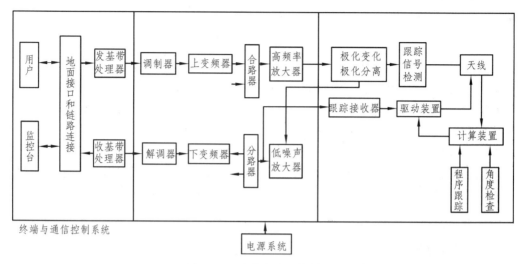

图 3-22　地球站的总体框图

　　首先，地球网络获取某些应用中来自用户的信号，通过适当的接口送到地球站，经基带处理器变换成规定的基带信号，使它们适合于在卫星线路上传输；然后，送到发射系统，进行调制、变频和射频功率放大；最后，通过天线系统发射出去。通过卫星转发器转发下来的射频信号，由地球站的天线系统接收下来，首先经过接收系统中的低噪声放大器放大，然后由下变换器变换到中频，解调之后变成本地地球站基带信号，再经过基带处理器通过接口转移到地面网络。控制系统用来监视、测量整个地球站的工作状态，并迅速进行自动转换，及时构成勤务联络等。

3.4　微波通信系统

　　利用微波作为传输媒介的通信方式，称为微波中继通信。由于微波具有与光波相似的沿直线传播的特性，通常只能在两个没有障碍的点间（视线距离内）建立点对点通信，故称为视距通信。如要在超视距的两个点或多点间建立微波通信，必须采用中继方式。为此，可采用多个微波接力站实现中继，或采用对流层的散射实现中继，或采用卫星实现微波中继。数字微波通信则是指利用微波频段的电磁波传输数字信息的一种通信的方式。微波通信只是将微波作为信号的载体，与光纤通信中将光作为信号传输的载体是类似的。简单地说，光纤通信系统中的发射和接收模块用的光电检测模块类似于微波通信中的发射和接收天线，只是微波信道是一种无线信道，相比于光纤，它的传输特性要复杂一些。

　　根据所传基带信号的不同，微波通信系统可以分为以下两大类。

　　1. 模拟微波通信系统

　　模拟微波通信系统采用频分复用（Frequency Division Multiplexing，FDM）方式来实现多个话路信号的同时传输，合成的多路信号再对中频进行调频，最典型的微波通信系统的制式为 FDM-FM。模拟微波通信系统主要传输电话和电视信号，石油、电力、铁道等部门常建立微波通信专线，传输本部门内部的遥控、遥测信号和各种业务信号。

2. 数字微波通信系统

数字微波通信系统在进行通信时，首先将模拟的语言和视频信号数字化，然后采用数字制式，通过微波载波进行传输。为了扩大传输容量和提高传输效率，数字微波通信系统通常要将若干个低次群数字信号以时分复用（Time Division Multiplexing，TDM）的方式合成一路高次群数字信号，然后再通过宽带信号传输。

数字微波通信系统的基本组成框图如图 3-23 所示。

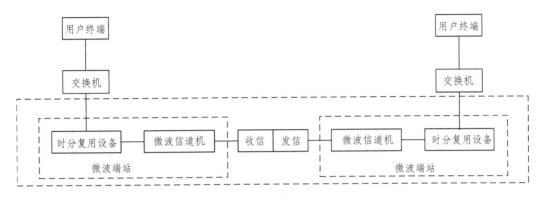

图 3-23 数字微波通信系统

设甲、乙两地的用户终端为电话机，在甲地，人们说话的声音通过电话机送话器的声/电转换后，变成电信号，再经过市内电话局的交换机，将电信号送到甲地的微波端站，在端站经过时分复用设备完成各种编码及复用，并在微波信道机上完成调制、变频和放大后发送出去。该信号经过中继站转发，到达乙地的微波端站，乙地框图和甲地相同，其功能与作用正好相反，乙地用户的电话机受话器完成电/声转换，恢复出原来的话音。

在终端站，对用户信号的处理如图 3-24 所示。

由信源传来的信号经过信源编码、帧复接后变成高次群信号。在帧复接部分，根据所采用体制的不同，可以把微波分成同步数字体系（Synchronous Digital Hierarchy，SDH）微波和准同步数字体系（Plesiochronous Digital Hierarchy，PDH）微波，然后进入码型变换，包括线路编码和线路译码。扰码电路将信号数据流变换成伪随机序列，消除数据流中的离散频谱分量，使信号功率均匀分布在所分配的带宽内。串/并变换将串行码流变换成并行码流，并行的路数取决于所采用的调制方式。纠错编码可以降低系统的误码率。格雷编码完成自然码到格雷码的变换，因为格雷码传输时的误码率较低。差分编码用于解决载波恢复中的相位模糊问题。由于 D/A 变换器一般只能进行自然二进制码到多电平的变换，因此在 D/A 变换前，需进行格雷/自然码变换，再经 D/A 变换后把多比特码元变换成多电平信号。网孔均衡器的作用是将多电平信号变换成窄脉冲，以满足传输函数对输入脉冲的要求。然后进入调制器进行调制，中频频率一般为 70 MHz 或 140 MHz，调制后的中频信号经过时延均衡和中频放大后，送到发信混频器，将中频已调信号和发信本振信号进行混频，即可得到微波已调信号。再经过单向器、射频功放和分路滤波器，就能得到符合发信机输出功率和频率要求的微波已调信号，这个射频信号经馈线系统和天线发往对方。在接收端，来自接收天线的微弱微波信号经过馈线、分路滤波器、低噪声放大器后与本振信号进行混频，得到已调波信号，再经过中频放大、滤波后得到符合电平和阻抗要求的中频已调波信号送至解调单元。解调后的信号进入时域均衡器，校正信号波形失真，A/D 变换包括抽样、判决和码变换三个过程，将多电平信号变换为自然二进制电平码。A/D 变换后的信号处理过程为发信端的逆处理过程。

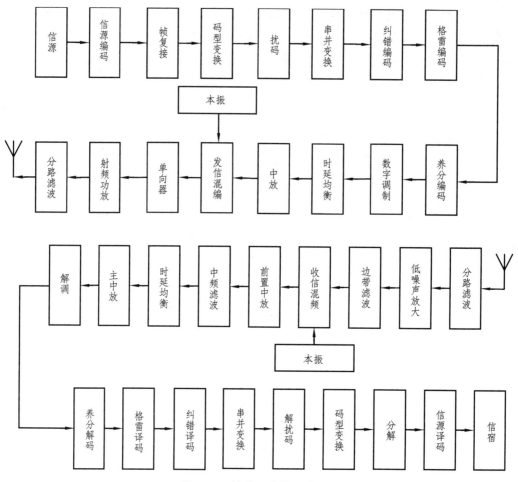

图 3-24　终端用户信号处理

<table>
<tr><td>第
4
章</td><td># 通信技术应用</td></tr>
</table>

本章主要介绍各行业领域中的通信技术应用。本章将从离人们生活最近的智能家居，到功能多样的无人系统（无人机、无人驾驶车等）、惠民便利的远程医疗，再到智能工业以及导航卫星等领域的通信技术应用进行详细介绍。

4.1 智能家居

所谓的智能家居，就是将人类住宅的房屋通过综合布线技术、安全防范技术、通信技术、音频视频技术、自动控制技术等多种科学技术手段，将与家居生活相关的设备进行整合，使人类家居生活形成一个统一高效的整体体系，以提高家居生活的舒适度、安全性、便捷性。

现代智能家居的概念最早诞生于 20 世纪 80 年代初的美国纽约，在国外，一般使用 Smart Home 表示。智能家居已经经过了四代的发展：第一代主要是利用同轴线和二芯线进行家居联网，从而完成照明、门窗控制和少量的安全管理等；第二代则是采用总线与 IP 技术，完成可视对讲与安全等服务；而第三代是高度集中化的智能系统，通过中控机完成安全、计量等多方位的功能；第四代采用物联网技术，能按照使用者个人需要完成个性化的功能。

在智能家居的基本布局架构中：配线体系是基石，智能家居网关系统是核心，对互联网和智慧家电系统的技术支撑是保障。综合配线技术是信号传输技术，它将利用网线（双绞线）和光缆等设备实现的计算机网络互连，在房屋内或楼房之间通过传输话音、数据、图像等基本信号，满足人们在同一建筑物内的不同信息需求。而现代智能家居网关是管理整个智能家居系统正常运作的重要控制器，包括信号信息收集、输入、传递，以及集中、远程和联合管理等功能。智能网关是智能家居不可或缺的关键部分，从某种意义上说，对智能家居网络的研发就是对智能网关的研发。因此，对于生产商来说，制造、开发出一种更好的智能网关，是商业中的营销秘籍；而对于消费者来说，智能网关的好坏决定了智能家居产品的整体质量。

智能家居系统通过有线和无线通信技术，利用智能开关、插座等传感器与控制器，将门窗、灯饰、家用电器、安防设备等家庭设施连成家居联网，实现统一管控。目前，智能网关包括无线路由的智能家庭网关与普通智能家居网关两类，在智能家居中以前者较多。

4.1.1 日常起居

日常起居是人们进行家庭活动的主要行为，包含睡眠、沐浴、饮食等方面。日常起居作为智能家居的一个基础功能，为我们的生活提供便捷。

4.1.1.1 智能照明系统

智能照明控制系统是利用先进的电磁调压及电子感应技术，对供电进行实时监控与跟踪，自动平滑地调节电路的电压和电流幅度，改善照明电路中不平衡负荷所带来的额外功耗，提高功率因素，降低灯具和线路的工作温度，达到优化供电目的的照明控制系统（见图 4-1）。

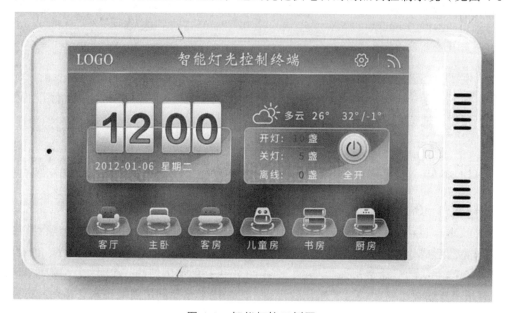

图 4-1　智能灯控示例图

智能灯控系统的功能包括：

（1）集中控制、多点操作功能。任何地点的移动终端均可控制不同地点的灯光，或者不同位置的终端可以控制相同的灯光。使用各种方式管理照明控制系统、触摸屏、网络、掌上电脑（Personal Digital Assistant，PDA）和电话，使用户可以在任何时间、任何地点使用最简单的方法控制室内设备。

（2）软启动功能。当灯光打开时，灯光由暗变亮。当灯光关闭时，灯光从亮转暗，以避免亮度突然变化而刺激人眼。此外，它避免了大电流和高温突变对灯丝的影响，可以保护灯泡，延长其使用寿命。灯光控制可采用独立控制、群控和移动 App 智能控制。

（3）灯光亮度调节功能。按住本地开关可调节灯光的亮度，也可使用集中控制器或遥控器调节。移动应用程序可调节灯光亮度、灯光色温和灯光颜色。

（4）全开/全关和记忆功能。整个照明系统的灯具可实现一键全开和一键全关功能。在睡觉或离开家之前，按下"全部关闭"按钮关闭所有照明。

（5）场景设置。对于固定模式场景，无须逐个开/关灯光和调光，一键即可实现多通道灯光场景转换。智能照明控制系统还可以获得所需的灯光和家电组合场景，如家庭模式、接待模式、就餐模式、电影院模式、夜起模式等，移动应用程序可以调整各种模式。

（6）红外和无线遥控。在任何房间，使用红外手持遥控器控制所有联网灯具的开关状态和调光状态，可以在进入任何房间前用遥控器开灯。根据房子的大小，遥控器的型号也不同。例如，四位遥控器适用于两个房间和一个客厅，六位遥控器适用于三个房间和一个客厅，十六位遥控器适用于复式楼房和别墅。

（7）断电自锁功能。家中断电后，所有灯将保持关闭状态。智能照明控制也可以与安全系统连接，当警报发生时，家中阳台上的灯会不断闪烁并发出警报。

传统的灯光控制需要大量布线。为了实现双控、三控、多控，需要增加接线数量，开关需要专门定制，非常麻烦，远程控制难以想象。智能照明控制系统的控制方案分为有线模式和无线模式。有线模式包括电力线载波的 X-10 和 Cebus、电话线模式的家庭电话线网络联盟（Home Phoneline Networking Alliance，HomePNA）和以太网模式 IEEE802.3，以及专用总线方式的局部操作网（Local Operating Network，LONWORKS）和 IEEE1394 等。无线模式包括红外模式的红外线数据标准（Infrared Data Association，IrDA）、无线局域网模式的 IEEE802.11 系列、家庭射频技术的 HomeRF、蓝牙的 IEEE802.15.1、ZigBee 的 IEEE802.15.4 等。无线方式不仅解决了布线问题，还满足了视频和音频信号的传输。

4.1.1.2 智能窗帘

智能窗帘是一种具有一定自反应、调节和控制功能的电动窗帘。例如，可根据室内环境条件自动调节光强、空气湿度、平衡室温，具有智能灯光控制、智能雨控、智能风控三大突出特点。智能窗帘可以控制透光率，起到保护隐私的作用（见图 4-2）。

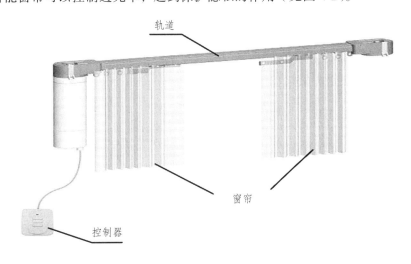

图 4-2 智能窗帘示例图

智能窗帘的主要工作原理是通过电机带动窗帘沿轨道来回移动，或通过一套机械装置转动快门，控制电机的正反转，其核心是马达。以基于蓝牙连接的智能窗帘为例，其原理是将传统窗帘上的电路连接起来，将家用电压转换为直流低压，向蓝牙控制模块供电，通过蓝牙模块控制电路中电机的工作状态（见图 4-3）。

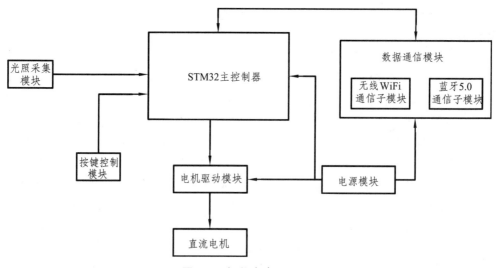

图 4-3 智能窗帘原理图

4.1.1.3 智能插座

智能插座可以通过 WiFi、蓝牙和其他方式与手持设备连接，实现远程控制、语音控制（见图 4-4）。

图 4-4 智能插座实例

智能插座具有许多一般插座所没有的优点，例如：

（1）减少了重新布线的麻烦，快速、简单、安全。

（2）可应用多种不同的操作模式，强化操作。

（3）停电自锁，自动报警。传统插座在停电时，必须拔掉插头才能离开，否则再次通电时会造成浪费。智能插座能够在停电时自动报警，将信息发送到用户的手机中，并且自动切换到关闭状态。再次通电时，自动发信息到用户的手机中，用户不必担心家里电器开关状态。

（4）自动检测家电故障，让用户生活更加安心。

4.1.2 安防系统

智能安防的目的是保护家庭中人和物的安全。从硬件产品的角度分析，智能家居安全体系主要由各种传感器、安全功能产品、网络、网络设备、云服务器等构成。从软件系统的角度考虑，整套智能家居安全系统可包括：智能安全报警系统、智能安全视频监测系统、智能安全可视对讲系统、智能安全门禁系统。

作为智能家居的主导部分，智能家居安防系统必将加速智能家居的崛起。智能安防系统的安装可实现视、说、听、录等功能。可以想象，当智能家居安全系统能够理解主人的话（智能语音技术），理解主人的想法（人工智能技术），并准确判断和执行主人的命令（各种高精度传感器和智能家电），基本实现智能化时，必然是智能家居普及的时候。

智能家居安防系统由以下几个组成部分。

1. 红外入侵探测器

红外入侵探测器主要用于阻止陌生人非法进入。探测器通常使用热释电人体红外线感应器，利用人体红外线进行监测。实际上，大自然中的物质，如人体、火和冰等，都会发出红外线，只是波段不同。

人体的红外线辐射不断地变化热释电体的温度，让热释电体一个接一个地输出相应信号。热释电人体红外线感应器的特性是，只有在外界辐射导致自身环境温度发生变化时，才会产生一定的电信号。在身体环境温度变动或趋于稳定时，就不会有信号输出。因此，信号的产生并不是由于身体环境温度的改变，而是监测到了人体的运动。

2. 门磁、窗磁传感器

门磁系统是广泛应用的防盗系统之一，主要包含门磁传感器和窗磁传感器。门磁和窗磁实际上是指门磁开关和窗磁开关，它们由栅极磁性体和磁控条等硬件组成。当控制启动时，一旦磁控条与栅极磁性体分离，就会产生相应的信号，并通过网络传输给提醒设备。

3. 感烟探测器

感烟探测器主要用于探测可见或者不可见的燃烧物体和慢速早期火灾，有四种类型：离子型、光电型、激光型和红外光束型。

4. 气体传感器

气体传感器是把某种气体体积分数转化为一定电信号的转换器。气体传感器可以处理气体样本，一般包括过滤杂质和干扰气体、干燥或冷却等过程。它可以把气体成分和含量信号转化为可供计算机等设备使用的信号。

5. 水浸传感器

水浸传感器利用了液体电导率原理。电极先测量是否有水，然后再由传感器输出干接点信号。传感器通常包括接触式淹水探测器和非接触式淹水探测器。接触式淹水探测器利用液体电导率原理进行检测，非接触式淹水探测器利用光在各种介质段的折射与反射原理进行检测。

4.1.3 休闲娱乐

4.1.3.1 家庭影院系统

家庭影院系统由三个部分组成：信号接收器、低功率信号放大器和终端。信号接收器包含影音光盘（Video Compact Disc，VCD）或数字通用光盘（Digital Video Disc，DVD）、蓝光光盘播放器、个人计算机等。功率放大器在家庭影院中十分关键，因此一般使用专门的功率放大器。功率放大器主要由信号源选择器、信号处理前置放大器和后向功率放大器等构成，可转换信号源、处理信息，如杜比解码、虚拟环绕、数字信号处理（Digital Signal Processing，DSP）等，并能调整声道，各个喇叭均由功率放大器所驱动。终端包含显示装置（平板电视和投影仪）以及音箱，音响本身就要求优秀的声音播放品质。在智能家居系统中，家庭影院系统是一个可选系统，通常通过场景设置来实现智能照明系统、家庭背景音乐系统、电气控制系统等联动。

4.1.3.2 线上游戏厅

除了家庭影院系统，用户还可以更直观地感受到手机、VR、云游戏 5G 网络体验的提升。5G 的低延迟和高带宽保证了计算效率和传输速度，可以带来更高的清晰度、更高质量的内容体验以及更低的游戏延迟。即使是以前无法通过光纤管理的云游戏，在 5G 带宽下同样可以畅玩。超高清视频也是 5G 体验的亮点。在手机和 VR 上观看超清晰的图像质量，可以带来更震撼、更具感染力、更具沉浸感的用户体验。

4.2 无人系统

生活中，人们接触最多的是民用无人机和无人驾驶车。除此之外，还有无人潜航器等智能产品。这些产品不仅在生活中给我们提供便利，在军事、国防上也有着极大的作用，推动着各领域向前发展。

4.2.1 无人机

无人机（Unmanned Aerial Vehicle，UAV）由于拥有应用多样、灵敏度高、便于部署等优点，在军事、民生、救援等应用领域中受到重视。随着近年来无人机装载性能的提高和网络技术的高速发展，无人机市场将面临巨大的发展前景。

4.2.1.1 无人机系统

无人机系统是一种复杂的大规模空间控制系统，由许多子系统所构成，包括一个或多个无人机、控制站、发射和回收系统、数据链路、模块化任务加载设备、地面支持和支持设备以及操作和维护人员。以下主要介绍无人机的概念、装载设备、数据链路和控制站。

1. 无人机

无人机通常是指没有飞行员的飞机，它能够通过远程控制器操控完成动作，甚至可以自主完成动作。弹道或半弹道飞机、巡航导弹、炮弹、水雷、卫星等都不能称为无人机。近年来，随着无人机在军队、民生等领域的使用范围不断扩大，无人机技术的研究主要致力于提高其飞行时间和承载能力。具有不同配置、能力和飞行时间水平的无人机层出不穷。无人机根据其空气动力学配置、尺寸和其他特性进行分类，一般分为三类：

（1）固定翼无人机。固定翼无人机通常是指必须利用轨道完成起落并带有侧翼的无人飞行器，或是利用弹射道升空的无人飞行器。这种无人飞行器通常带有比较长的航时以及较大的巡航速度。

（2）单旋翼无人机，亦称为垂直起落式无人机。它具备了高空悬停能力和高度机动性的优点。旋翼无人机既有传统的直升机结构，如主旋翼和尾螺旋桨等，又有同轴螺旋桨、两旋翼、多旋翼等多种结构。

（3）扑翼无人机。它既有类似于昆虫或小鸟那样灵巧变化的机翼，又有其他一些混合构型或可变化构型，可垂直飞行，也可倾斜转弯，如贝尔公司的鹰眼无人机。

2. 载荷设备

无人机携带的载荷装备主要分为致命武器载荷和非致命载荷。致命武器载荷主要是武器控制系统、生化装置，以及其他产生致死效应的装置。而非致命载荷则可以是高分辨率照相机/镜头、昼夜侦测装置、大功率雷达、光电装置、照相机、红外扫描仪、电子情报系统、气象装置、中继设备、货物和与无人机任务有关的其他装置，甚至还有专门为备用导弹或炸弹进行导引的激光目标指示仪。长航时间无人机需要更多燃料或电力储存空间，因此其总负荷比率也相对较低。但一般来说，最大负载设备质量约为总体质量的百分之十。

3. 数据链路

典型的无人机系统数据链路包含了信号发送与接收装置、天线、传感器系统，以及调制与解调器。对于无人机系统，数据链有以下三种用途：

（1）上行链路。通过地面链路终端或卫星来发送无人机控制数据和指令。

（2）下行链路。把机上传感器和遥测系统采集的数据从无人机发送给控制站。

（3）测量链路。测量地面站和卫星与无人机的距离和方位，以保持控制站与无人机之间的通信畅通。

无人机系统通信及数据链路使用的频谱波段主要包括（见表4-1）：

（1）Ku波段。一般用来高速传送数据，波段短，频次高，能够穿过很多障碍物，从而传送大量数据信息，但在传输过程中会产生相应的数据信息损失。

（2）K波段。K波段拥有非常宽广的波段特性，因此能够传送大量数据。其主要缺陷是信息传输需要大功率发射机，而且对环境变化非常敏感。

（3）S、L波段。这两种频段都不允许数据链速率大于500 kb/s。其好处是大的波长信号可以穿过陆地上的所有建筑构造，且发生器要求的功耗也较K波段小。

（4）C波段。需要相对较大的发射和接收天线。

（5）X波段。通常为军用波段。

表4-1　无人机系统常用波段频率

波段	频率/MHz	波段	频率/GHz
HF	3～30	C	4～8
VHF	30～300	X	8～12
UHF	300～1 000	Ku	12～18
L	950～1 450（IEEE）	K	18～26.5
S	2～4 GHz	Ka	26.5～40

4. 控制站

控制站是一个集规划、通信、导航和管理等功能于一体的综合网络平台。它具备了在线任务计划、虚拟情景展示、数据链路管理、武器射击、数据图像和数据处理等多种功能。操作员可以利用地面监控站的上行链路向所有民用无人机发出飞行和任务命令，并同时管理无人机和地面任务负载。以监控站为指挥中心，无人机空中控制系统能够对视距累积差内的全部无人驾驶飞行器实施操纵。对视距累积差外的操作则仅应用于中远程无人驾驶飞行器控制系统，实际操作通过地面卫星通信传输系统和车内控制计算机进行。目前，大多数监控站为陆基或船基（如 X-47B 监控站）。未来还将发展水下控制站、基于空间飞行平台或空间站的测控单元，以实现全天候、多维度的无人机系统监控。

4.2.1.2　无人机遥感

无人机遥感是无人机与空间遥感技术的融合，是利用先进的无人驾驶飞行器技术、遥感传感器技术、遥测遥控技术、通信技术、GPS 差分定位技术和遥感应用技术实现自动化、智能化、专用化，快速获取国土资源、自然环境、地震灾区等空间遥感信息，且完成遥感数据处理、建模和应用分析的应用技术。它具有低成本、低损耗、可重复使用、降低战争风险等优点。其应用范围已由初期侦查、预警等军事应用领域，延伸至资源调查、气象观测、应急处置等非军事领域。无人机遥感的高度实时性、高分辨率等特点，是传统卫星遥感无法比拟的。它也得到了科学家和企业的广泛重视，大大拓展了遥感的使用范畴和使用人群，有着巨大的应用前景。20 世纪末，在全球范围内出现了无人机技术蓬勃发展的大浪潮，无人机的技术发展迎来了一个崭新的发展阶段。

以无人机系统为空间遥感技术网络平台的微遥感图像生产技术，就是以无人机系统为空间网络平台，使用遥感传感器信息技术，同时运用现代科学技术处理图像信息内容，并根据特定的精确度需求生产图像。

无人机遥感技术发展的重点主要包括两方面：定量化与自动化。

为进行测量，实现定量化，无人机遥感必须制作标尺。无人机定标场的建设为无人机航空遥感技术提供了良好的空间尺度，为厘米级高分辨率应用实现了关键性的突破。航天校准场的建设则为无人机遥感技术数据和航空数据处理的融合带来了技术支持。同时，也从根本上消除了地球表面影像上部与光电仪器的系统误差。通过表面指示器的传感仪器产品开发，研究高空中资料质量的航空航天载荷，可以保障无人机遥感的高精度定量化。

自动化是无人机遥感的技术发展的另一重点。构建无人机综合遥感平台的通用物理模块系统，将多刚体运动拼合图像载荷转换为单刚体运动图像，即可实现最简单的载荷自动控制。在此基础上，建立无人机综合遥感体系，可进行自动动态遥感管理与监测。

4.2.1.3　无人机系统应用情况

无人机系统在民生领域中的应用主要涉及地质勘探、管路检测、公共建筑检验、海岸警戒、边防巡查、救护队伍、交通播报、渔业保障、新闻报道、输电线路检测、航空摄影、道路路况监测等。

目前，无人机系统已经越来越普及。一方面，无人机系统可以降低风险，增加任务成功的概率，在任务失败的情况下，也可以避免人员伤亡；另一方面，无人机系统在执行枯燥、繁杂的任务时比人更加警觉。无人机系统的任务类型主要分为枯燥型、有害型和危险型。

1. 枯燥型

对于需要 30 小时或 40 小时以上的任务，无人机系统无疑是最佳选择。低工作量和低强度任务更适合无人机，这种任务操作简单，无人机可以自动完成，操作员只需要监控，不需要直接连续操作。许多任务都可以归类为枯燥的任务，如固定区域的生命信息监测、沿海地区的电子战支持、充当通信中继站或空中加油机等。但是，当一些任务本身可能衍生出更复杂或时间要求更高的任务时，它们就不能仅仅通过一个简单的单一任务平台来完成，如海上舰队或道路上移动目标的确认。如图 4-5 所示为灌溉无人机在工作。

图 4-5　灌溉无人机

2. 有害型

在对载人飞机及其机组人员有害的环境中执行任务时，无人机无疑是一个理想的选择。例如，2011 年福岛地震导致核电站反应堆泄漏后，无人机进入辐射区进行辐射观测。这项任务对人类非常危险，同时也威胁着人类的生命。与生物、化学、核辐射和电磁辐射相关的机载采样或观测任务最适合派遣无人机。各种传感器可以安装在无人机上，如战术小型便携式系统或用于全球监控的大型系统。在民用领域，消防部门可使用小型无人机探测人员无法到达的或对人员造成伤害的火灾现场（见图 4-6）。

图 4-6　灭火无人机

3. 危险型

战争中，在敌方战区上空执行侦察任务可能导致人员伤亡。在这些任务中，无人机受到军方的青睐。如果风险水平太高，派遣地面人员或空中人员将非常危险，在这种情况下，大量廉价的无人机可用于摧毁或压制敌人的侦察指挥和控制系统，或迫使敌人发射大量导弹。无人机还可以执行一些危险的地面任务，如战术补给护送和拆除临时爆炸装置。无人机系统最早应用于军事领域，其技术也最为成熟。海军无人机的主要任务包括海上火力支援、反舰导弹防御、船舶分类和识别、超视距瞄准、预警、声呐探测器和其他反潜设备的部署和监测。空军无人机主要包括侦察、监视和目标捕获、电子战和信号情报获取、气象任务、跟踪和着陆侦察保障等。其他任务应用包括核污染监测、生化污染监测、无线电信号中继、地雷定位和清除、反恐和其他任务。

4.2.2　无人潜航器

水下战场是未来战场竞争的重要空间。水下动力是未来作战系统收集情报、传递能量的有效手段之一。水下无人自主系统具有造价低、应用灵活多样、隐藏性强、能应对复杂多变的海况、有效防止人员伤亡事故等优点。而水下无人自主控制系统作为一个船舶功率倍增器，也有着更广阔的军事用途，可以承担潜艇几乎所有的任务。

4.2.2.1　UUV 概述

无人潜航器（Unmanned Water Vehicle，UUV）是由潜艇、水面舰艇或民用船舶携带和放置的远程自主水下平台，分为远程控制型和自治型。全自主无人水下航行器是未来发展的必然趋势，它使用了各类感应器与装备，无人水下航行设备能够进行远程通信中继、侦查监控、反潜预警、反水雷等任务。2004 年，美国海军公布了《水下无人潜航器主体计划》，该计划将无人潜航器分为轻便型（45 kg 以内）、轻型（45~227 kg）、重型（227~1 360 kg）和巨型（1 360 kg 以上）四种。大排量无人驾驶潜艇可作为水下微型潜艇代替攻击型核潜艇执行侦察、探测、打击等任务。2003 年，在"伊拉克自由行动"期间，美国军方使用便携式 remus100 无人潜航器清洁乌姆卡斯尔港附近的水道，这是首次使用无人潜航器。

无人潜航器具有体积小、侧面和正面横截面面积小、主动声呐难以探测等优点，而且速度快，水下机动性好，拦截困难。它的自身噪声小，声音隐蔽性好，被动声呐难以收听；系统先进，具有一定的智能性和较强的抗截获能力。

近年来，随着资源的快速消耗，世界各国对海洋资源越来越重视，应用于海洋的科学技术也得到了迅速发展，水下战场的军事斗争日趋激烈。以往的水下通信手段已不能满足应用要求，无人潜航器因其风险低、形式多变、应用灵活、功能多样而受到各国军方和企业的青睐。

4.2.2.2　UUV 通信技术

1. 短波通信

短波通信（又称为高频通信）的标准频段覆盖范围是 3~30 MHz，它是用电离层反射再利用天波长距离传送或地波短距离传送的一种通信手段。目前，短波通信技术已获得了很大的进展，并且利用已有的自适应跳频、自适应解码和调制技术以及高速调制解调器优化了短波通信，但在没有自然干涉的情形下，还是无法实现在高速传输下的极低误码率。

2．长波通信

长波通信是指利用波长大于 1 000 m、频率小于 300 kHz 的电磁波进行无线通信。甚低频率（Very Low Frequency，VLF）通信频带为 3~30 kHz，无线电波可穿透 10~20 m 深的海洋。极低频率（Extremely Low Frequency，ELF）通信频率带为 30~300 Hz，可穿透 100 m 水深的海洋。UUV 通信的甚低频率和超低频率信号发射装置价格昂贵，需要超高功率的无线电电子计量学发射器和超大双极化天线。虽然发射器不能放置在 UUV 上，但接收机部分可以。这导致一旦 UUV 要向岸上总部发送信息，就需要向其他方浮动并放出通信浮标，而这种行为很可能会暴露在 UUV 的位置。另外，由于甚低频和超低频段之间的通信速度都非常低，会影响战斗期间的战斗力，并可能由于消息传递速度较慢而造成指令出错。

3．水声通信

水声通信可以实现水底目标之间以及水底目标与水中目标之间的双向通信。在海面下方 600 m~2 km 处间有一个声音信道，声波能够在其中传递数千公里。水声通道与无线信道有很大不同，水下声波的传播速度一般比电磁波低 5 个数量级，使得在水下环境中数据信息的传递速率相对较低，也因此增大了传输延迟（约 0.67 s/km），频带资源也有很大限制。而随着通信间距的增大，水下通信的传输损耗也将大幅上升。另外，由于多径、衰减和多普勒频移等问题导致水下通信误码率较高，链路的短暂停顿也时有发生。

4.2.2.3　UUV 的应用

由于 UUV 在军队和科学研究领域中的重要性日渐增强，其相应技术手段也越来越完善。目前，UUV 可以进行海洋环境监测、反水雷、水下搜救等各项任务。针对不同的任务类型，UUV 也对通信能力有不同的要求，其所选用的通信技术手段也有所不同。由于任何最简单的通信技术手段通常都无法满足任务的需求，UUV 可以携带各种通信系统，实现不同任务的水下或水面通信。

1．军事领域（见图 4-7）

1）持续濒海水下监控网络项目（Persistent Littoral Undersea Surveillance Network，PLUSNet）

PLUSNet 是由美国联邦海上科学研究办事处所资助的一个机构合作项目，用以推动美军沿海监视的科技进展，目标是监测和追踪燃油潜艇活动。该项目采用固定式和移动水下网络平台，包含有着监测控制系统的海底节点、有着拖曳阵列的 UUVs，以及有着声学和环境感应器的水下滑翔机。节点组建成群体，和其他群体协同工作，共同开展更大范围的行动。除了监测、分析与监控等基本功能之外，该项目还在自主性、环境适应性及其网络结构等三个技术领域上实现了重大研究进展。

2）协作自主的分布式侦察与探测系统（Cooperative Autonomy for Distributed Reconnaissance and Exploration，CADRE）

CADRE 体系协调水下与无人航空器之间的异构组合架构，用以独立实施面对目标的各项任务。该信息系统的研制是为了满足在美国海军 UUV 总体规划中提供的海底搜寻与研究及其通信与引导援助功能，其重要特点是扩展性和模块化。

CADRE 系统中包含了一套自主水下航行器网络系统和自主水面航行器。它们独立自主地同时开展广域海底反水雷的侦察，共同保证精确航海与定位。多模式通信框架在 CADRE 系统中至关重要，使系统中的 UUV 能够在彼此之间，以及与各类支持平台之间保持联系。

CADRE 控制系统在海底地雷作战任务的历史背景下开发，为此人们对该控制系统开展了两种重要反水雷任务方法的试验，两种方法均在保证严格的导航精度和协同定位条件的前提下实现。

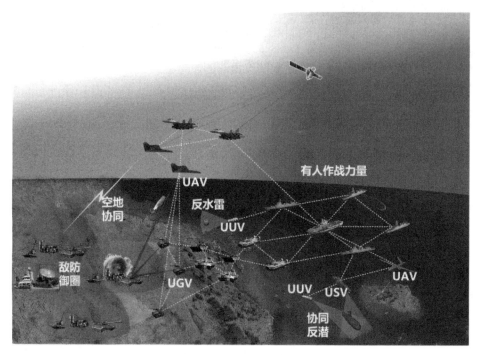

图 4-7　UUV 军事应用

2. 民用领域

1）Cocoro 自主水下航行器集群

2011 年，奥地利 Ganz 人工生命试验室的研发人员推出了当时全球上最强的水下无人飞行装置群体——Cocoro 自主水下飞行装置群体。该集群由 41 个 UUV 构成，并能够相互协同进行任务，其主要目的是进行水下监视与搜寻。该群体系统在其集体行为能力方面拥有高度的可扩展性、可靠性和灵敏度。研究人员可以利用集体行为学和心理学方面的实验来研究集体自主感知，从而量化群体认知。

2）WiMUST——用于地震勘测的 AUV 舰队

可广泛扩展的移动水下声呐技术（Widely Scalable Mobile Underwater Sonar Technology, WiMUST）项目，意在通过设计并试验协作式主动水下航行器控制系统，以简化地震勘测工作。WiMUST 系统的主要创新之处就是通过海洋自动化机器人来捕捉地震数据，而并非传统的机械拖缆。

WiMUST 使用由 UUV 集群计算机引出的小口径短拖缆。UUV 作为可重新配置的移动声学网络系统的主要传感与通信节点，可以将整套体系表现为用来记录数据的分布式传感器阵列，数据信息通过支持船上装置的声源射向海床和海底地层的强声波而获取。

3）欧盟 Grex 项目

由欧洲赞助的国际研究工程项目 Grex（2006—2009）推动了多航行体协同控制理论的研究方式与实际操作工具的进展，从而缩短了理论研究概念和实际间的差异。由该项目资助开发的新技术通用度很高，可以连接预先产生的异构系统；同时健壮性也很强，可以处理因传输出错而造成的问题。

2008 年中期至 2009 年末，该项目依托"协调路径跟踪"和"合作视线目标追踪"任务，开展了三个海上实验。航行器之间可以通过预设的时分媒体访问（Time Division Medium Access，TDMA）同步架构交换导航数据，同时减少了数据包冲突问题。在有效的通信条件下，完成了编队航行和向特定目标集结等任务。

除去上述建设项目之外，还有不少其他国家业已成功并仍在实施中的 UUV 集群建设项目：美洲国家深海研究局赞助的主动深海采集网络系统、美国政府新泽西海湾布设的大陆架观察网络系统，以及由欧洲理事会赞助启动的 Co3-AUV 自主水下飞行设备的协调认知监控工程项目、由北约水下科学研究中心与麻省理工学校合作进行的通用海洋阵列科技声呐研究项目、由加拿大 Nekton 科学研究机构合作开展的水下多智能体平台等项目。

4.2.3 无人驾驶车

无人驾驶车操作系统是一种技术交叉系统，涉及多传感器数据融合、信号处理、人工智能技术等。如果用一段话来总结无人驾驶汽车控制系统，那便是"利用所有的汽车内感应器（如照相机、激光雷达、毫米波雷达、GPS、惯性感应器等）结合得到的环境信息（主要是路面消息、道路交通消息、汽车方位和障碍物数据消息），识别周围环境和车辆状态，自主分析判断，主动调节车辆运动，最终实现无人驾驶"。从现状分析，无人驾驶技术已成为未来汽车行业发展的主流，可以为人们提供更便捷、更优质的出行。

4.2.3.1 无人驾驶技术

目前，无人驾驶技术可分为两类：一类无人驾驶技术是指它完全不需要人工控制，可以为人们提供更舒适的出行体验，减少不必要的人力资源消耗；另一类是指应用辅助系统，为人们的出行提供指导，帮助人们规划路线。这项技术已经发展了很长时间，并在 20 世纪 70 年代得到初步应用。随着这项技术的不断发展和完善，无人驾驶技术的水平也在不断提高。

在此背景下，发展无人驾驶技术可以分为以下四个步骤：一是无人驾驶技术只起主要辅助功能，也可以设定耐力和车速，以防止紧急制动；二是无人驾驶技术还能够提供先进的辅助功能，如具有定速巡航功能、事故告警、紧急制动、汽车偏离正常道路告警功能等；三是无人驾驶技术已经发展到一定程度，在特定条件下可以实现无人驾驶，技术要求较高，例如只能在高速公路上进行，如果不符合特定条件，则无法进行无人驾驶；四是完全无人驾驶，也就是说在任何情况下，都不需要手动控制。

无人驾驶用到的各种技术中，采用的最先进信息技术主要是决策、感知和路径规划。其中，最重要的是智能认知技术，决策与路线规划也同样需要人工智能技术。如图 4-8 所示为无人驾驶汽车的样车。

图 4-8　无人驾驶车

1．智能感知技术

为了辨别周围环境，汽车必须整合视野感应器、超声波传感器、激光雷达等感应器的功能，以收集和处理信息并做出合理判断。一般来说，雷达和摄像机广泛应用于无人驾驶车辆。在更深层次上，无人目标的实现需要许多不同类型不同技术特点的传感器支持。例如，激光雷达分辨率高，可以在汽车周围建立更精确的环境提供支持，但需要花费大量资金，目前没有集中大规模生产；毫米波雷达不易受外界因素影响，相对稳定，成本相对较低，可广泛应用于低端机型；摄像机可以分析人的状况和交通状况，也是无人驾驶的重要组成部分。

传感器采集、分析和识别数据主要包括两个方面：第一，区分光学信息，主要是对路况和行人出行情况的分析；第二，区分声学信息，主要是对车辆状况进行分析，实现车辆与车辆、乘客与车辆之间的沟通与交流。例如，在驾驶过程中，驾驶员主要借助人眼来分析路况，而无人驾驶技术则需要借助摄像头采集道路图像和视频，它本身不能直接分析真实场景，只有借助算法才能了解车辆在行驶过程中的路况。不同的传感器受环境等因素的影响，在使用算法的过程中也存在差异。

2．人工智能技术

基于对现状的分析，借助于深入学习，无人驾驶汽车可以调整和优化驾驶行为，这是促进无人驾驶汽车发展的有效途径之一。无人驾驶车辆在行驶时可能遇到各种情况，收集和处理这些情况下的数据，可以为无人驾驶车辆提供更好的培训条件，在持续培训中形成更熟练的驾驶技能。这样不仅可以提高无人驾驶车辆的出行效率，还可以实现与其他无人驾驶车辆的信息共享，提高无人驾驶车辆的驾驶能力，提高车辆的安全性和可靠性。特别是超级计算机研制成功后，借助算法学习，可以提高车辆的感知水平，有效区分人、车、路在驾驶各个环节的情况，高效地处理数据，并根据得到的结果进行决策（见图 4-9）。

随着算法在图像识别中的成熟运用，在进行深入学习时，我们可以分析抽象的内容，识别道路的状况。在大数据分析背景之下，现代智能控制技术急需新一代人工智能信息技术的帮助。

4.2.3.2　无人驾驶技术的应用

目前，无人驾驶技术通常只应用于在低速和有限的场合，包括道路运输、公共出行、城市公交、环卫、海港码头、矿山开发、汽车零售等领域。

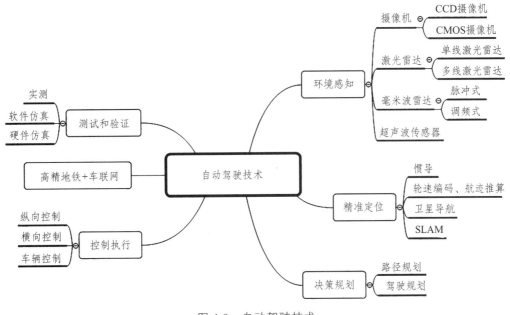

图 4-9　自动驾驶技术

1. 物流行业

物流配送的核心就是资源调度，而中间物流环节的核心就是安全与成本。通过无人驾驶技术，包装、运送、接收、储存等物流配送工作都将逐步体现无人化、机械化，减少物流配送业务相关领域的生产成本，提高效率，推动物流配送产业的创新升级。2018 年 5 月 24 日，江苏苏宁物流快递配送的"行龙一号"无客卡车在上海顺利完成业内第一个 L4 级"仓到仓"无人驾车物流配送现场作业。2018 年 6 月 18 日，京东物流配送机器人在中国北京市海淀区亮相，正式开启了在全球全场景常态化快递配送物流运输服务应用领域首次的尝试。2018 年 7 月 4 日，百度联手新石器集团推出了 L4 级量产型无人驾车及物流配送运输车辆——"新石器 AX1"，并在常州、雄安率先落地试运行。2018 年 11 月 7 日，智行者表示，旗下开发的无人驾驶物流配送车"蜗必达"将进入大规模量产的发展阶段，该车主要运用于居民小区及公园内的无人物流配送方案。图 4-10 所示为智慧物流车的样车。

此外，业内的如阿里健康、菜鸟、智加技术、慧拓智能技术、图森未来、主线技术等公司，对于无人驾车技术在现代物流服务领域中的应用亦有所布局。

2. 共享出行

通过车辆共用平台的多样化和更吸引人的"交通"便捷，车辆共同出行服务网络平台为无人驾车创造了一种真正的"路面检测网络平台"。无人驾驶科技已经解答了共享车辆应用领域的众多痛点，从"人找车"和"人找地方"，到"车找人"和"车找地方"，还可以实现"一键呼叫"和"一键停车"。

目前，业内部分公司均已启动了无人驾驶共有车辆的应用试验。在 2018 年 4 月底中国北京汽车展览会上，北汽新能源轻享技术在奥林匹克水上公园成功完成了业内首次封闭场地的无人驾驶共享应用试验落地。同年 5 月 24 日，百度和盼达用车合作在成都开启了业内第一个自主驾驶的资源共享车辆试运作，6 台搭载了百度 Apollo 自行停车相关产品的自主资源共享车辆，在工业园区内进行持续一个多月的定向式运作。目前，国内外在公共生活服务应用领域的无人驾驶团队中，已拥有滴滴、优步、中智行技术、Momenta、驭势科技、零跑技术和美团汽车等公司。如图 4-11 所示为无人共享车的样车。

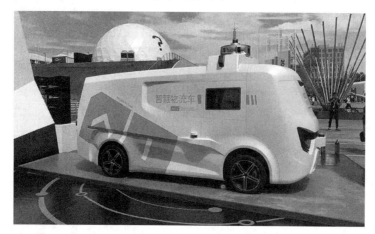

图 4-10　智慧物流车

图 4-11　无人共享车

3. 公共交通

低速、短距离、固定道路和专用车道等特点，使公共汽车满足了无人驾驶的基本要求。运用在公共汽车上的无人驾驶控制系统可以及时应对紧急情况，并可完成步行和机动车的监测、减慢和避让、紧急停车、障碍物的绕行和变道、手动列车停泊等功能。

国内外已经有不少公司开始了无人驾驶在公交领域的技术研发与试验。2015 年 8 月 29 日，北京宇通公司的无人驾驶巴士在河南郑开大道开放路面试验成功，在开放道路条件下，全程无人工干预首次完成商业运作。2018 年 7 月 4 日，由百度 Apollo 公司与金龙客车联合制造的"阿波龙"正式量产下线，量产的"阿波龙"将发往北京、沈阳、武汉市、日本东京等地，进行商业性运作。2019 年 1 月 22 日，山东首列无人驾驶公交车开始上道营业，车辆是由中国重汽公司科技发展中心研制的 L4 级无人值守全智能客车。2019 年 1 月 18 日，由深蓝汽车技术主导研制的多功能"熊猫智能公交车"（见图 4-12），在"新一代人工智能未来发展峰会"上公开发布，目前该车已在德阳、常州、衢州、池州等地测试。

在打车服务行业，利用无人驾驶技术为驾驶者进行人工智能处理，并通过对位置定制设计，提升在城市环境和动态条件下的汽车导航功能，助力打车者实现打车智能化。

国内各大技术公司对无人驾驶打车领域的这个大"蛋糕"觊觎已久。2018 年 11 月 1 日，国内首辆自行行驶租赁车在广州市大学城进行试运作，该辆无人行驶租赁车的技术来源于文远知行（WeRide）。2019 年 7 月 3 日，百度无人行驶租赁车项目"Apollo Go"亮相百度 AI 开发者峰会，由百度与一汽红旗共同建设的中国国内第一家 L4 级自动驾驶乘用车生产线已经开启正式投入下线，并在长沙最先落地。国内也有不少无人驾驶初创公司，如 AutoX、地平线、清智技术、极目智慧、海梁技术、领骏技术、宽凳技术等，正在为城市公共交通的无人驾驶系统建设提供支持。

图 4-12　智慧巴士

4. 环卫领域

长期以来，环卫领域一直是劳动技术密集型产业。超高成本、无序流程、低质量、高风险以及缺乏高效管理一直是中国环卫行业的痛点。而无人驾驶清扫车辆通过自主辨识周边环境、规划道路、自主清扫，完成了全自动、全工况、精确高效的清扫作业，有效地解决了这个行业痛点。

国内的无人驾驶清洁车的商用落地已初现端倪。2017 年 9 月 11 日，百度与智行者发布了业内第一款无人驾驶环卫车，完成了国内无人驾驶环卫车辆的首次商业化。2018 年 4 月 24 日，酷哇机器人公司携手中联环保公司推出了全国第一台具有全路况扫描、智慧路线规划功能的无人驾驶清洁车，该清洁车于 2018 年在芜湖、合肥、长沙、上海 4 个城市推行。2019 年 7 月 2 日，由高仙机器人公司和浩睿智能共同研制生产的第二代无人驾驶环卫车辆 Ecodrive Sweeper G2 交付使用，首个商业落地应用也已在河南鹤壁 5G 工业园亮相。此外，业内的智澜网络科技、四图维新、仙途智慧等公司，也已经开始了对无人驾驶技术环卫领域的研究。如图 4-13 所示为无人环卫车的样车。

图 4-13 无人环卫车

5. 港口码头

我国的很多口岸，每年会进行大批商品装卸，对卡车司机的需求量巨大。对港口来说，要想和全球一流大港保持同步，唯一的路径便是以最经济有效的方法实现集装箱的高水平与自动化搬运。而无人驾驶技术在海港码头现场的改造与运用中，能有效克服行驶路线的不准确、转弯盲点、驾驶员疲劳驾驶等问题，节约人工成本。

目前，国内外已经有多家海港企业走出了至关重要的第一步。2018 年 1 月 14 日，我国西井技术联手振华重工，在中国珠海口岸分别开展了跨运车（在集装箱码头装卸、堆砌货物集装箱的专门汽车）和大型集装箱货车的无人化操作示范。2018 年 4 月 19 日，天津一汽专为海港作业开发的 ICV（Intelligent Container Vehicle）海港货物集装箱水平移动专用智能控制汽车在全国首发，这也是我国境内首次进行 L4 级港口示范运作的新型智能驾驭货运汽车。此外，青岛、厦门、天津等城市的港口率先启动了无人化、自动化应用，成为高科技的自动化港口。在我国，还有图森未来、主线科技、踏歌智行、西井科技、智加科技等企业在为港口码头实现自动化提供解决方案。如图 4-14 所示为集装箱智能运输车的样车。

图 4-14 智能运输车

6. 矿山开采

对于采矿业来说，无人驾驶技术是必不可少的。无人驾驶采矿通过技术支持，降低了采矿的整体能耗，提高了综合运营效益，改善了矿区的安全生产工作，加快了智能矿区的建设。

近年来，矿山开采自动化已经成为大势所趋。2018年6月14日，由洛阳钼业公司与河南跃薪智能机械有限公司联合研发的 SY 系列纯电动矿用卡车，在三道庄矿区正式投入使用。2018年9月底，由内蒙古北方重工业集团有限公司北方股份研制的首台国产无人驾驶矿用车进入矿山测试。2019年1月28日，中国兵器北重集团自主研制的国内首台无人驾驶电动轮矿车，在内蒙古自治区包头市的生产线成功下线，并进入调试阶段，进入矿山试运行。在国内，像踏歌智行、图森未来、东风汽车、西井科技等企业，都参与了无人驾驶卡车的研制和应用。

7. 零售

部分业界人员指出，新零售业的下一个"阵地"便是移动零售市场。无人驾驶技术可以让零售业实体店冲破以往的地理局限，冲破线下有形场地和线上无形场地之间的边界，从而完成对零售业态的全方位提升。从实质上来说，无人驾车的商业零售系统只是一种途径，其立足点是"使企业集团无限接近客户群"。

2018年6月7日，深蓝网络科技集团公司发布了一款名为"芭堤雅"的自行驾车功能性商业车。据理解，芭堤雅无人车就是一个移动商店，是招手上车、取货即走的无人店。同年10月29日，国企九华集团公司和深蓝网络科技集团公司联合成立合营企业深华智桥网络科技股份公司，在上海市长宁区200个社区乃至整个上海市推广"叫店"的业务，使市民可以更方便地购买新鲜蔬菜。2019年7月16日，北京市朝阳公园为丰富园内的服务类型、提高园内智能化管理水平，引入了无人驾驶大型零售车。除此以外，北京世园会园区、河北雄安新区等地也有此类无人车投放。除了深蓝科技外，国内还有 AutoX、极智无限、新石器等企业，在零售领域的无人驾驶场景应用上，也已拥有较为成熟的技术方案。如图4-15所示为无人零售车的样车。

图 4-15　无人零售车

随着互联网企业和汽车公司的积极布局，以及无人驾驶科技初创企业的大量涌现，国内无人驾驶领域的实力正在不断提升。

目前，无人驾驶技术在中国的商业应用还处于起步阶段。在未来的蓝图中，它将在许多领域得到应用，但要完全实现面向生命的应用还有很长的路要走。未来，随着环境感知、导航定位、路径规划和决策控制等技术的发展和演变，无人技术产品的商业化将逐步从低速走向高速，从封闭走向开放。

4.3 远程医疗

远程医疗是指以计算机、遥感、遥测、遥控技术为依托，充分发挥大医院或专科医疗中心的医疗技术和医疗设备优势，对医疗条件较差的边远地区、海岛或舰船上的伤病员进行远距离诊断、治疗和咨询。例如，在远程手术中，每一帧视频画面卡住，都会影响医生指令的实时传递，而手术中每一秒发生的变化都可能严重地影响到患者的治疗。这使得手术过程中，对通信技术要求非常高，在 4G 网络下，医生不敢轻易尝试远程手术。5G 网络的时延只有几十毫秒，短于人的反应速度。高清 4K 直播视频画面也可以实时传送，清晰度高到可见出血点。目前国内已经有数例通过 5G 网络进行医疗手术的新闻。

在远程超声检查方面，一般的基层医院都缺乏优秀的超声医生。远程超声可以由远端专家操控机械臂对在基层医院的患者开展超声检查。该技术还可以应用于远程急救，远程健康监测等。如图 4-16 所示为远程医疗系统的示意图。

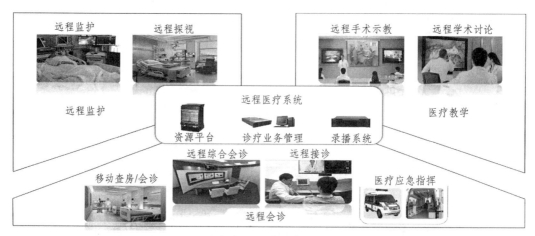

图 4-16　远程医疗系统

我国的远程医疗系统虽然起步较晚，但发展很快，受到高度重视。我国的第一份远程医疗报告是 1988 年解放军总医院和德国一家医院之间关于远程医疗记录的讨论。1997 年，中国黄金健康医疗网正式开通。同年 9 月，中国医学基金会成立了国际医疗中国互联网委员会，主要从事中国的医疗信息处理和远程医疗工作。2001 年，中国人民解放军总后勤部和卫生部启动了"军卫二号工程"（全军远程医疗信息网），主要为国内偏远地区的官兵提供医疗服务。我国"十二五"卫生发展规划明确提出，"发展农村和边远地区远程诊疗系统，提高基层特别是边远地区医疗卫生服务水平和公平性"。我国远程医疗虽然取得了一些成绩，但仍存在许多问题，主要表现在：① 医疗机构间信息共享程度低，不同程度存在信息孤岛，导致远程医疗系统利用率低；② 远程医疗系统应用深度不够，部分功能未得到充分利用；③ 远程医疗体系建设不够，尚未形成良好的基础环境；④ 远程医疗法律法规不完善；⑤ 远程医疗没有建立起比较完善的标准体系。

随着社会经济的不断发展，医疗水平和居民生活水平的不断提高，远程医疗的需求也不断扩大。远程医疗系统的发展呈现以下趋势：① 便携式设备和便携式终端设备研发需求增加；② 个性化需求增加；③ 全面立体发展；④ 更加智能化和自动化；⑤ 随着功能需求的扩展，远程监控、远程会诊和个人健康记录将成为发展的重点。同时，远程医疗将成为防洪抢险、抗击重大雪灾、地震等自然灾害的重要工具和手段，远程医疗的触角将逐步延伸到城镇、社区和家庭。

4.3.1 远程监护

传统的医疗系统通常无法把患者的状况准确地反映给医务人员，从而造成延误就诊。所以，医疗过程中非常需要一个可以对患者身体进行即时监测的信息系统，把患者的生理信号准确地传给医务人员，做到及时发现，准确就医，有效治疗。为了让需要经常检测生理指标的人士（比如慢性病患者或者老年病人等）可以在家中在随意运动的状况下检测一些常规指标，可以采用远程医疗监测监控系统。因此，国际上对远程医学检查越来越重视。

远程医疗监控系统使用无线传感器网络作为通信手段和监控工具，及时监控疾病，完成对个人和诊所间诊疗信号的远程传递和监控，实现远程问诊，并利用先进计算机信息技术和现代通信技术实现医学急救管理和远程监视，提高患者诊断、监护的准确性和方便性。远程医疗监控系统可用于采集和传输人体健康信息和标志参数，通过无线传感器网络与后台健康信息分析系统通信，提供不受距离、物理位置或环境限制的医疗服务。

目前，远程医疗的研究大多集中在专家系统上，并取得了一些成果。最先进的远程医疗信息技术，已由原来的电视监控和电话远程诊断发展到了运用高速的无线网络实现数字、图像和话音的综合传送，实现了实时语音和高清图像的通信，为现代医学的应用提供了更广阔的发展空间。远程医疗监护系统软件包括远程心电监护、远程血压监护、远程脑电图监护、建立综合分析诊断报告等。

远程医疗监护系统不仅能实现心电信号、脑电信号和心音信号的采集、处理和传输，还具有自动采集和传输患者血压、体温等生理参数的功能。将无线传感器网络技术应用于远程医疗监护系统，可以基于无线传感器网络传输心电、脑电、心音、血压等信号，同时通过无线传感器网络进行采集、传输和分析，将数据采集端与信号处理端分离，患者只需佩戴采集终端即可实现生理信号的长期监测和实时分析，增强了设备的灵活性，减少了患者携带完整设备给日常生活和外出带来的不便。在医疗领域，监测和急救设备的无线化和网络化是未来的发展趋势，具有无线移动联网功能的监护和急救设备将在临床上发挥越来越重要的作用。越来越多的病人在家中就能接受监护和治疗，这样便于随时发现一些医院检查时不易发现的异常情况。

基于无线传感器网络技术的远程医疗监护系统由三部分组成：第一部分是分布在家庭或个人身上的无线传感器节点，用于采集患者的体温、心跳、血压等物理生理信号。无线传感器节点以自组织的形式形成网络，并将监测数据通过无线传感器网络传输到基站；第二部分是无线传感器网络。通过无线传感器网络将患者的生理和医疗信号传输到监控中心；第三部分是医疗监控中心。它接收基站发送的数据并进行处理，使医生能够实时监控患者的身体状况，从而根据实时情况做出正确的诊断和合理的治疗。

4.3.2 远程会诊

有些情况下，医生由于经验限制，怀疑患者可能患有罕见疾病，却因患者病情复杂，一时难以制定治疗计划，而当地又没有在这一领域具有丰富经验的专家。这时，传统的诊断方式可能是邀请专家进行咨询或让患者到其他地方进行治疗，如果专家的日程安排太满，无法在两地之间花费很长时间，或者患者的身体状况不允许他进行如此长的旅行，患者就可能会失去治疗的最佳时机。远程咨询在这种情况下能够起到重要的作用。借助互联网，专家不但能够准确掌握病历、检验报告以及各类影像资料，还能够看到病人并和病人沟通，并与现场医师开展"面对面"的交流，指导和观察现场医生进行现场医疗操作，而且可以像专家参加现场会诊一样，立即发表诊断意见和治疗计划，从而解决传统会诊中难以克服的困难。这种方式不但能够节约大量的时间与成本，而且可以及时得到专家的远程会诊服务，大大提高医疗资源的合理配置。图 4-17 为远程会诊的示例。

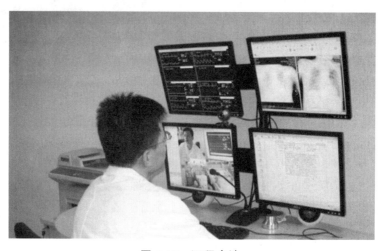

图 4-17　远程会诊

目前，远程医疗会诊系统通常由视频通信、会诊软件、可视电话三大模块构成。其用途包括远程诊断、专家会诊、信息服务、在线检查和远程交流等方面。

（1）可视电话：可用于远程会诊等远程医疗的基本应用，会诊数据包括患者的病历、病情、X 光片、CT 片、B 超心电图等，可在约定会诊日期前通过传真、电子邮件等方式提交给会诊单位。会诊期间医生和患者通过可视电话进行沟通。

（2）会诊软件：可通过会诊软件提前或实时向咨询方传输患者的电子病历、X 光片和 CT 片。双方可以共享会诊软件提供的网络实时交互功能。此外，还可以进行三方或三方以上的小规模讨论和教学。

（3）视频通信：在线会议视频系统不仅可以高速、清晰、无失真、实时地传输远程医疗会诊患者数据，还可以组织远程医疗视频会议等远程医疗高端应用，如远程医疗教学培训、远程手术指导等。

远程医疗会诊作为一种新型的医疗服务模式，与传统医疗手段相比发展迅速，在医疗领域充分显示了其优势。

远程医疗会诊系统的组成一般可分为：配备现代医疗设备、专家和医务人员的医疗中心和医疗信息中心，包括医疗中心数据库、远程医疗信息系统等。该系统主要包括医疗图像采集、视频交互、由 Internet 和局域网组成的远程诊断、远程监控、远程病例档案管理和信息传输系统。

1. 医学影像采集系统

医学影像采集系统中，患者的病变由 X 射线计算机断层扫描、CT 机和磁共振成像设备（MRI）生成图像，通过采集工作站传输到远程会诊服务器。

2. 远程诊断系统

远程诊断系统采用专业研制的远程控制采集模块实现和广域网与局域网之间的数据传输，实现了多头引入有线远程数字医疗检测设备的远程诊断。也就是说，专家可以实时指导其他医生的操作，将检测结果保存并上传到管理中心，并将咨询患者的病例数据存档。

3. 视频交互系统

为实现视音频交换功能，系统将通过专门的视频交互设备与远程医院信息系统无缝链接，完成专家医院医生和申请医院医生之间的交流，对远程病人实现面对面直接对话和远距教学。

4. 建立远程病历档案管理系统

建立远程病历档案管理系统根据《卫生档案基本框架和数据标准》《基于卫生档案的区域卫生信息平台建设指南》等相关服务规范的要求建立远程病案档案，主要包括以下内容：患者基本信息、检查结果、检查报告、手术分析和报告、医学影像、诊断结果和其他医疗记录。

5. 远程监护系统

远程监护系统由中央工作站和远程监控终端组成，可以告警心率和血压等参数。

5G 远程急重会诊实践

2019 年 3 月 15 日上午，中国移动与中日友好医院利用国家远程医疗协作平台，与安徽金寨县人民医院开展 5G 远程急重会诊实践。中日友好医院专家借助 5G 网络带宽大、数据传输时延少的优点，为基层医务人员开展实时病例讨论和诊断指导，及时完成了病例数据与图像数据的传送与访问，并利用实时高清系统，使万里以外的医学专家及时掌握病人状况，从而有效提升了现有远程会诊体系的诊断准确性与医学指导效率，成功实现跨区域医疗诊断和治疗。

中日友好医院国际医疗部向远程医疗中心传输了 1.03 GB 的医疗大数据测试包，使用 Net Meter 软件测试文件上传下载速度。测试网络选择 4G、5G 和 80MB 专线宽带。网络速率的测量结果如表 4-2 所示。

文件名称	网络类型	文件大小（GB）	K UL_max /（Mb/s）	K UL_ave /（Mb/s）	J DL_max /（Mb/s）	J DL_ave /（Mb/s）
"和医疗"测试包	5G	1.03	97.9	89.1	108.8	87
	4G		15.6	2.2	19.3	12
	专线		83.5	51.2	187.3	132.1

表4-2　　"和医疗"大数据测试中3种网络速率实测结果

从表4-2可以看出，5G在上传速率和下载速率上都表现良好，上行链路峰值速率为97.9 Mb/s，下行链路峰值速率为108.8 Mb/s。与4G相比，5G的平均上行链路速度是4G的40倍以上，平均下行链路速度是4G的7倍以上。与80MB专线相比，5G上行平均速率约为专线的两倍。测量结果反映了5G网络带宽大、时延低的特点，验证了5G网络用于远程会诊应用的可行性和有效性，对提高远程医疗胶片读取的响应速度，实现大数据量的图像传输具有重要意义。

4.3.3　远程治疗

远程手术是将虚拟现实技术和互联网技术相结合，使医生能够亲自操作远程病人。也就是说，医务人员可以通过传输的现场图片，或使用键盘、鼠标、"数码手套"等输入装置完成手术动作。医务人员的一举一动都能够转换为数字信息，传送给远程病人，并监控着本地医院设施的动态。许多外科手术都是在内窥镜下通过操纵器械进行的，远程手术可以让"内窥镜"和"仪器"的长度变长。当然，这种操作对专家的操作技能和相关设备也有很高的要求。

远程手术作为远程医疗的主要部分，在新5G时期将有更多的应用。目前远程手术分为远程手术教学、远程手术指导和远程操作控制等几个主要发展阶段。其中，远程操作控制是指由医务人员通过远程操作控制装置，对远程病人进行的远程实时操控。远程手术的效率在较大程度上依赖数据延迟和服务质量，从而给数据传输网络带来了巨大挑战。

5G网络提供的低延迟和高可靠性将打破4G网络无法实现高精度远程控制服务的局限性，为远程手术控制服务的发展打下基础。这不仅有助于基层医疗机构提供更好的服务，还可以在紧急情况、灾难现场和其他情况下提供远程医疗援助。如图4-18所示为远程手术实例。

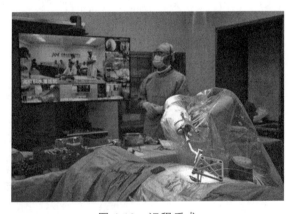

图 4-18　远程手术

5G 远程手术实践

2019 年 3 月 16 日，中国移动帮助解放军总医院顺利进行了中国国内的首次 5G 远程体内治疗手术——通过"脑起搏器"的种植治疗帕金森病。脑起搏器手术用于治疗神经系统疾病，如帕金森病、特发性震颤、肌张力障碍和癫痫。这项手术要求医生具有较高的专业知识和临床经验，在基层医院往往难以实施。5G 网络高速、大带宽、低延迟的特点有效保证了 3 000 km 远程操作控制的稳定性、可靠性和安全性。4K 高清音视频交互系统帮助专家随时控制手术过程和患者病情。中央电视台对 5G 远程手术的术前准备、手术及术后恢复进行了专题采访和新闻报道，人民网、新华社、网易等多家媒体对手术进行了报道。

手术室的视频设备、手术控制设备和医生侧控制设备分别接入本地 5G 基站，通过中国移动 5G 核心网、传输网和骨干网实现 5G 远程手术业务数据传输和信号交互。网络架构采用非独立组网方式。解放军总医院北京医院、海南医院分别部署 5G 房间分站，开通 2.6G 频段，确保网络覆盖区域准确可控。在本次 5G 远程手术中，5G 网络主要承载电极操作和患者生理监测数据、4K 高清视频信号和四方会诊型号的传输。

在远程操作过程中，远程控制信号、生理体征监测数据以及各种音频和视频信号顺利传输。5G 网络峰值速率超过 700 Mb/s，平均上行速率 71 Mb/s，平均下行速率 500 Mb/s，为手术提供超高速带宽。北京手术室到海南会诊室的总延迟约为 90 ms，为手术提供超低延迟数据传输。没有发生由于超远距离信息传播带来的信号干扰、处置不及时、反应缓慢等事件，充分验证了 5G 远程手术的可行性。

4.3.4 医疗机器人

医疗机器人技术在过去数十年中发展很快。根据医疗机器人的功能和用途，医疗机器人分为神经外科机器人、骨科机器人、腹腔镜机器人、血管介入机器人、假肢外骨骼机器人、辅助康复机器人和胶囊机器人。

1. 神经外科机器人

在神经外科手术中，机器人主要用于对脑部病灶位置精确的空间定位以及辅助医生夹持和固定手术器械等。目前已投入商业化应用的典型的脑外科机器人有英国 Renishaw 公司的 NeuroMate、美国 Mazor Robotics 公司的 Renaissance、美国 Pathfinder Technologies 公司的 Pathfinder 和法国 Medtech 公司的 Rosa。

用神经外科机器人采用术前医学图像导航的方式对机器人进行引导和定位。由于脑组织在手术过程中会因颅内压的变化而发生变形和移位，不可避免地会导致定位误差。因此，将现有的定位机构与术中导航相结合是神经外科机器人的主要研究方向。如图 4-19 所示为神经外科机器人示例。

2. 骨科机器人

机器人技术在骨科手术中的应用研究始于 1992 年。主要目的是完成髋关节置换过程中的手术计划和定位。随后，骨科机器人的功能和应用范围不断扩大。

（a）NeuroMate

（b）Renaissance

（c）Pathfinder

（d）Rosa

图 4-19　神经外科机器人

　　Robodoc 主要用于膝关节和髋关节置换手术，由加州 Curexo 有限公司设计生产，其原型最早诞生于 1998 年 IBM 公司与加州大学联合的一个项目。Robodoc 主要包含两部分：手术规划软件和手术助手，分别完成 3D 可视化的术前手术规划、模拟和高精度手术辅助操作。RIO是由美国 Mako Surgical 公司开发，主要面向膝关节和髋关节置换手术的机器人。iBlock 是一款全自动的切削和全膝关节置换的骨科机器人，手术时，它可以直接固定在腿骨上，这样可以保证手术的精度。另外，跟其他骨科机器人不同的是，它不需要术前 CT 和 MRI 的扫描。Sculptor RGA 利用机械臂辅助医生操作切削工具，并通过设置安全区域以保护该区域不被切削，植入物可以根据病人实际情况个性化定制。在手术时，通过参考术前 CT 图像来保证植入物与切削面完全配合。Navio 是一种手持式的膝关节置换机器人，不需要术前 CT 扫描进行手术规划，它借助于红外摄像头在手术过程中进行实时引导。如图 4-20 所示为骨科机器人示例。

　　骨科机器人涉及三维图像配准、视觉定位与跟踪、路径规划等关键技术。为了获得较高的定位精度，手术中经常采用侵入性方法固定患者的组织，这也增加了患者的痛苦，在一定程度上延迟了手术恢复时间。因此，在保证定位精度的同时，改进固定和配准方法，进一步减少创伤是当前研究的主要方向。

（a）Robodoc

（b）RIO

（c）iBlock

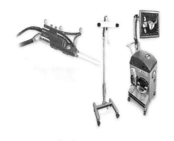

（d）Sculptor RGA   （e）Navio

图 4-20　骨科机器人

3. 腹腔镜机器人

腹腔镜机器人用于完成心脏外科、泌尿外科、胸外科、肝胆胰外科、胃肠外科、妇科等相关的微创腹腔镜手术。与传统的开放手术相比，腹腔镜机器人手术可以有效地减少患者的创伤，缩短术后的恢复时间，在一定程度上缓解医生的疲劳。但在手术过程中，医生不能直接接触患者和手术器械，也不能直接观察手术区域，获得的信息相对较少，这就需要改变手术方式。当前，代表性的腹腔镜机器人有 da Vinci（美国，Intuitive Surgical 公司）、FreeHand（英国，Freehand 公司）、SPORT（加拿大，SPORT 公司）、Telelap ALF-X（意大利，SOFAR S.p.A公司）。

da Vinci 是目前应用最为广泛的医疗机器人系统，在全球范围内完成超过 200 万例手术，售出 3000 多台。目前已开发出五代系统。最新的 Xi 型系统进一步优化了 da Vinci 的核心功能，提升了机械臂的灵活性，可覆盖更广的手术部位。此外，da Vinci Xi 系统和 Intuitive Surgical公司的萤火虫荧光影像系统兼容，这个影像系统可以为医生提供实时的视觉信息，包括血管检测，胆管和组织灌注等。da VinciXi 系统还具有一定的可扩展性，能有效地与其他影像和器械配合使用。

FreeHand 具有结构紧凑、体积小巧、安装方便、价格低廉等优点，但其不足是机械臂为被动式设计。它主要用于对摄像头固定和支撑，为医生实施腹腔手术过程中提供实时高清图像，医生可以根据需要手动调节摄像头位置和姿态。

SPORT 是一款结构简单的腹腔手术机器人系统，它只有一个机械臂。由主端控制台和执行工作站组成。主端控制台包括 3D 高清可视化系统、交互式主端控制器；执行工作站包括3D 内窥镜、机械臂、单孔操作器械等。因整个系统结构较 DaVinci 简单，占用的手术室空间相对较小，价格也较便宜，是目前 Da Vinci 的主要竞争者。

Telelap ALF-x 的手术功能与 Da Vinci 类似，与 Da Vinci 形成竞争。其主要特点在于力觉感知和反馈，使医生能够感觉到手术器械施加在手术组织上的力，这将使得手术操作更加安全可靠。另外，系统还可以对医生的眼球进行追踪，以自动对焦和调节摄像头视角范围，显示医生眼睛感兴趣的区域。

da Vinci 的核心技术在于其高清 3D 可视化系统，高度灵活的末端执行器和机械臂，临床感的手术操作体验，但是售价和维护成本较高，目前 da Vinci 的主要市场还是在美国。因此，更加低廉的、更加专用的腹腔机器人系统还有很大的市场需求。如图 4-21 所示为腹腔镜机器人示例。

（a）Da Vinci

（b）FreeHand

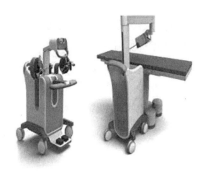
（c）SPORT

（d）Telelap ALF-x

图 4-21　腹腔镜机器人

4. 血管介入机器人

　　血管介入手术是指利用数字减影血管造影（DSA）技术，由医生操纵导管（带导丝的刚性软管）在人体血管内移动进行相关病变治疗，从而溶解血栓并扩张狭窄血管。与传统手术相比，这种治疗方式具有出血少、创伤小、并发症少、安全可靠、术后恢复快等优点。但同时，由于医生需要在辐射环境中工作，长期手术对身体会造成危害。另外，手术操作的复杂性、手术时间过长、医生的疲劳程度、人工操作的不稳定性等因素，都会对手术质量造成直接影响，这就限制了血管介入手术的广泛应用。机器人技术与血管介入技术的有机结合是解决上述问题的重要途径。

　　相比较脑外科、骨科、腹腔镜机器人，血管介入机器人的研究起步较晚，20 世纪末才刚刚开始。经过十几年的发展，已出现一些商用化的血管介入机器人系统。例如，Sensei Xi 用于心血管介入手术时，医生通过操作力觉反馈设备，控制远程的导管机器人完成对导管的推进。导管末端装有力觉传感器，可以让医生感触到导管对血管壁的作用力，以实现对导管的操控。EPOCH 通过磁力推进一种特殊的柔性导管，来实施血管介入手术。柔性导管的使用使得血管介入手术更加安全，降低了血管被捅破的危险。

　　血管介入机器人的核心功能是导管的推进和导航，以及导管推进过程中的力反馈和感知。国内北京航空航天大学和中国科学院自动化所等研究机构就导管推进机构、导管末端力反馈等方面进行了相关内容的研究。如图 4-22 所示为血管介入机器人示例。

（a）Sensei Xi

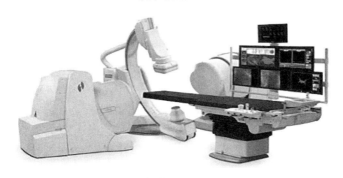

（b）EPOCH

图 4-22　血管介入机器人

5. 医院服务机器人

医院服务机器人包括三类：远程医疗机器人、物品运输机器人和药房服务机器人。

2013 年，美国 iRobot 公司与英国 InTouch 集团合作开发的 RP-VITA 远程医疗机器人通过了美国联邦食物药品监督管理局验证。RP-VITA 还具备了主动引导控制功能，能根据远程指令自主运动、避障、进出电梯等。

到目前为止已有很多商用化的物品运输机器人在医院使用，如 Helpmate、Hospi、TUG、Swisslog 等，他们的功能基本类似，能实现自主路径规划、避障、充电、物品运输等功能。以 TUG 为例（美国，Aethon 公司），它用激光测距仪实现避障，用无线通信的方式乘坐电梯，用于输送血液、药品、手术耗材工具等。

随着条形码、二维码、射频识别技术的成熟，药房数字化程度也在不断提升，这也为机器人在药房工作的效率和正确率提供了保障，使得药房机器人的应用更容易普及。

6. 胶囊机器人

胶囊机器人是一种能进入人体胃肠道进行医学探查和治疗的智能化微型工具，是体内介入检查与治疗医学技术的新突破。美国 HQ 公司的 CoreTemp 是最早通过美国食品药品监督管理局认证的胶囊机器人。它采用无线通信方式进行体温的实时监测和记录，至今已有 20 多年的应用历史。

以色列 Given Imaging 公司的 PillCam 机器人于 2001 年通过美国食品药品监督管理局认证，其最新系统能以 14 帧/s 的速度发送高清彩色图像，全球已有超过 25 万患者在使用，是目前使用最为广泛的胶囊机器人。

中国安翰光电技术公司研发的 NaviCam 机器人于 2013 年获得国家药监局颁发的医疗器械

注册证，目前已在国内十余家医院使用。NaviCam 由巡航胶囊内窥镜控制系统与定位胶囊内窥镜系统组成，采用磁场技术对胶囊在体内进行全方位的控制。由中国金山公司开发的胶囊机器人，采用 MEMS 技术，医生可对机器人的姿态进行控制，对可疑的病灶进行多角度观察，并可以采集病变组织样本、释放药物等。

目前，商用化的胶囊机器人还只局限于诊断与检测。将胶囊机器人运用到手术处理中是当前正在开展的重点研发方向。

4.4　智能物联

人类获取信息之后通过消息做出判断和选择，从而进行下一次动作。由于个体差异，不同的人会对同样的消息做出不同的判断。此外，"事物"在获得信息时通常无法进行决策。如何使事件在获得信息后，再次产生决策能力呢？智能分类与优化技术就是解答这一问题的一种技术手段。在获得信息后，它可以根据历史经验和理论模型迅速做出最有价值的决策。而数据挖掘与优化方法在工业化与信息化的融合中也有着巨大的需求。

智能工业主要通过对物联网技术的渗透与运用实现，并与未来先进生产技术相结合，以建立全新的智慧生产体系。所以，智能工业的核心技术就是物联网技术。

4.4.1　智慧水利

4.4.1.1　水联网的概念

水联网（Internet of Water）是在物联网（Internet of Things，IoT）基础上提出的，它是根据供水、需求和分配的典型特征开发的。为了同时表达水运动的物理过程和水信息的循环过程，需要对来自不同来源、性质和尺度的水信息数据进行同化和转换，以满足模拟、预测、分配和评价的要求。为了描述水资源系统的变化，需要对不同过程、要素和尺度的数学模型进行耦合和集成，以事件驱动为背景，以云处理为支撑，进行综合模型计算和结果分析。"实时感知、水信息互联、过程跟踪、智能处理"是水网络化的技术标志，它对应着水资源供需关系的动态性、相关性、预期性和不确定性。

目前，信息技术的发展正在经历第三次浪潮——云计算和物联网技术突飞猛进并得到广泛应用。云计算、云服务具有"超大规模、高可靠性、按需服务、绿色节能"的技术特点，显示出其高效率、低成本的巨大优势。以"感知、互联、智能"为技术特征的物联网直接推动了传统产业的升级。利用云计算技术和物联网理念建立"水联网"，实现对流域自然和社会水循环（如大气水、河流湖泊水、土壤水、地下水、植被水、工程蓄水和供水分配等）的实时监测和动态预测，实现智能识别、跟踪和定位，水资源的模拟预测、优化配置、监测和管理，为水资源的优化调度和高效利用提供了可能，快速提高了水资源的利用效率。

智慧水利（Smart Water）是水联网的另一种表达，其更加通俗，更加易懂，更有号召力。后文中将水联网与智慧水利视为一体，互为代表。

水联网及智慧水利不同于现有水信息系统。它以节约用水为主体，直观地跟踪和监测水循环和水利用的全过程。通过实时在线智能处理水信息，支持水资源供需关系的准确预测和风险控制，实现水资源的精细配置和高效管理。水联网和智能水利体系结构包括物理水网（真正的江湖连接和供水渠道系统）、虚拟水网络（物理水循环通道及其边界的信息表达）和市场水网络（水资源供需的市场信息、优化配置机制和互动反馈），图 4-23 展示了一个智慧水利监控平台。

图 4-23　智慧水利监控平台

　　总体来说，水联网和智能水利是基于监测水循环状态和用水过程实现"实时感知"的实时在线前端传感器。它基于 web2 0 实时采集和传输水信息，确保"水信息互联"；基于拉格朗日描述的水信息表达，"过程跟踪"各种水的赋存形式（如大气水、河流和湖泊水、土壤水、地下水、植被水、工程蓄水、工业用水、农业用水、城市用水等）；基于市场决策和拓扑优化的云计算功能，"智能处理"各类水事件，触发自动云服务机制，及时准确地将用户订单水量推送给相关用户。如图 4-24 所示为智慧水利物理层的示意图。

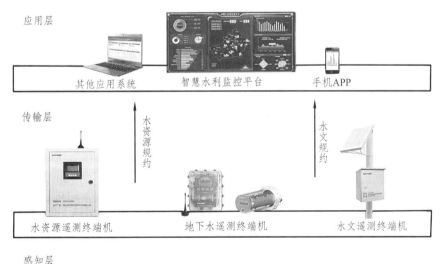

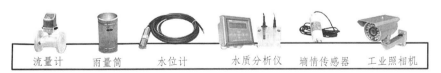

图 4-24　智慧水利物理层

4.4.1.2 关键技术

1. 智能感知技术

智能感知技术利用各种先进和灵活的信息传感装置和网络系统，如无线传感器网络和射频标签读取装置，监测、收集和分析各种所需信息，如防洪、供水、航运和工程信息。因此，RFID 技术的运用能够通过在流域内的水工建筑、水文站和监测装置上安装射频标记，自动收集水工建筑的特征数据和水文站信号。无线传感器网络利用安装并嵌入同一流域中的多个集成微型感应器，通过协同检测，理解并即时获取不同流域环境信息或观测的对象信号，然后再把这种信号以无线方式转发或以自组织多跳网的形式传送到客户端，从而实现物理流域、计算流域和人类社会的互联，是自然水循环和社会循环过程中感知水情信息的重要组成部分。

2. 三维 3S 技术

3S 信息技术是遥感信息技术（Remote SenSing，RS）、地理信息（Geography Information System，GIS）和国际定位（Global Positioning System，GPS）的统称。它是利用遥感、空间地理信息、卫星定位导航、通信网络等技术收集、分析、传输和应用空间信息的现代信息技术。随着 3S 技术的不断发展，将遥感、全球定位系统和地理信息系统紧密结合的"3S"集成技术显示出更广阔的应用前景。智能化水利系统设计扩展了现有的水利技术，集成了 RS、GIS 和 GPS，形成了强大的技术体系，增加了三维分析和可视化技术，更加直观、准确地实现了快速、准确、可靠的采集，对各类水利工程空间信息和环境信息进行处理和更新，为防洪抗旱决策提供参考，为水资源调度管理决策、水质监测与评价等业务系统提供决策支持。

3. 云计算与云存储技术

云计算（cloud computing）通过虚拟化、分布式处理、宽带网络等技术，使互联网资源能够随时切换到所需的应用，用户可以根据个人需要，按照"即插即用"的方式访问计算机和存储系统，实现所需的操作。其强大的计算能力可以模拟水资源调度、预测气候变化、发展趋势等。云计算的应用将使任何大规模、高精度的实时仿真成为可能。通过云计算，流域或河流模拟程序被划分成无数更小的子程序，由分布式计算机组成的庞大系统通过网络进行交换。通过搜索、计算和分析，将处理结果返回给用户，使流域局部河段或干流的高精度三维模拟从理想变为现实。现有的大部分"半分布式"系列模型将转变为"全分布式"系列模型，其中水循环过程的模拟采用二维或三维水动力及其相关过程模型。

云存储是在云计算概念的基础上扩展和发展起来的一个新概念。它是一个以数据存储和管理为核心的云计算系统。通过云存储技术，流域内海量原型观测、实验数据；数学模型计算的历史、实时数据，以及流域管理的自然、社会和经济数据的存储将不再受制于硬盘空间。

4. 物联网技术

物联网具有基于标准操作通信协议的自组织能力，其中物理和虚拟"事物"具有身份、物理属性、虚拟特征和智能接口，并与信息网络无缝集成。流域内的主要应用是在各种水利工程或设施中嵌入和安装传感器，如水质监测断面、供水系统、输水系统、用水系统、排水系统、大坝和水文站，并通过互联网将它们连接起来，形成所谓的"流域物联网"（见图 4-25）。

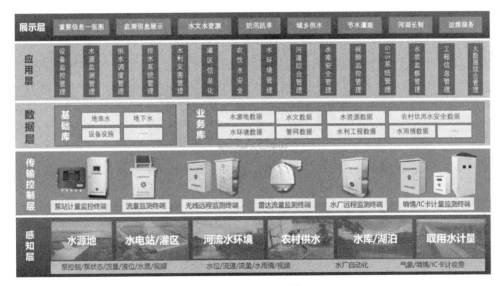

图 4-25　智慧水利应用

4.4.1.3 "互联网+智慧水利"的实际案例

1. 省、市、县三级防汛防旱综合指挥平台

防洪建设一直是水利工程建设的重点工作内容。在现代防洪工作中，"互联网+智能水利"的工作理念为防洪工作提供了更为专业的支持。智能水利的应用实现了防洪信息的实时在线监测，构建了更加全面的防洪建设体系，为防洪工作的正常开展提供了便利，在一定程度上大大提高了防汛站的工作质量和效率。

2. 水利工程标准化管理平台

我国普遍实施了水利工程的规范化项目管理，其中工程信息管理是整个工作最关键、最核心的内容。在实际工程中，全国各水利建设部门都在水利工程管理现场使用于管理的网络平台，而这些方法都对提升水利工程信息化管理效率起了十分关键的作用，都可以有效提升工程现代管理技术水平，提高项目的实际效益。

3. 城市洪涝灾害预警预报系统

我国大部分大中城市偶尔会遭受洪涝灾害（如郑州特大洪水灾害），这将对城市发展和民众生命财产的安全造成重大威胁。所以，有必要建设更加科学合理的城市洪涝灾害预警预报体系。而随着现代智慧水利理念的发展，城市洪涝灾害预警预报体系可以将信息网络、大数据分析等各类业务系统集成在实际设施中，从而可以更加精准预报洪涝灾害，进一步增强城市抗灾减害工程的服务能力。

4.4.2 智能电网

4.4.2.1 电力通信

电力通信是现代供电系统中至关重要的部分。现代供电系统中的发电、输电、变电、配电和用电系统通常布置在范围较大的区域。电力系统要求通信系统提供专门的配套服务，以保证经济安全的发电和电能的合理分配，实现集中管理、统一调度。此外，通信手段的高质量和可靠性也是保证电网安全稳定发电和供电的重要基础。电力通信的物理结构和服务对象使电力通信与电网的关系密不可分。电力通信主要服务于商业运营、自动化控制和现代化管理。因此，电力通信是电力市场运行商业化的保证，是电网安全稳定控制系统和调度自动化系统的基础，是非电力行业多元化的基础，是实现电力系统现代化管理的前提。随着电力工业的日益发展，电力系统通信网作为现代化电力系统的重要组成部分，发挥着日益重要的作用。

智能电网（Smart Power Grids）即电网的智能化。智能电网是在现有高速双向网络的基础上，运用传感技术、测量技术、设备技术、控制方法和决策支持系统技术，实现可靠、经济、安全、高效、环保、安全的电网建设和运行目标。其主要特点是激励性、自愈性，包括抵抗攻击、提供满足用户需求的电能质量、允许接入不同发电形式的电能、启动电力市场和资产的优化高效运行。

4.4.2.2 信息通信技术

针对当前智慧城市发展对智能国家电网技术发展的重要应用需求，智慧城市智能电网的重要基础关键技术包括：信息通信技术、分布式能源发电与并网技术、绿色输变电工程技术、先进的储能技术、主动配电网和微电网技术、需求响应技术、电动汽车和电网交互技术、智能电力和用户能源行为分析技术、智能电网业务交互技术、城市能源互联网技术等（见图4-26）。

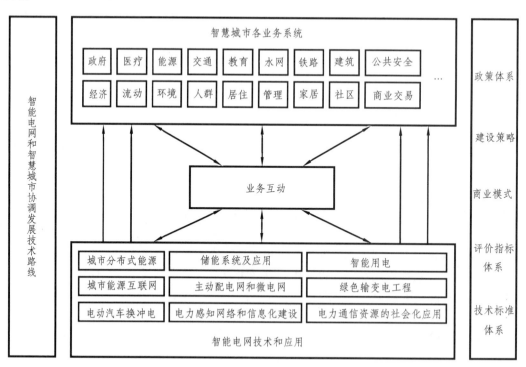

图 4-26 智能电网支撑智慧城市关键技术框架

信息和通信支持技术是智能电网和智能城市互动的基础设施。它不仅包括 4G 网络的公共通信技术，如互联网、移动互联网、互联网+等，在智能城市中也越来越受到关注，还包括电力大数据、电力光纤通信和电力行业特有的其他电力信息和通信技术。

1. 电力大数据技术

电力大数据来自电力生产和使用的各个环节。它与智能电网和智能城市紧密相连，是未来电力发展的重要数据资源。电力大数据具有数据量大、类型多、价值高、处理速度快、精度高等特点，包括数据分析、数据管理、数据处理、数据可视化等关键技术。电力大数据与人民生产生活数据、政企等多行业数据的结合，将激发越来越大的增值潜力，实现电力大数据价值在电网外的延伸和发展。电力大数据挖掘平台在山东德州高速铁路新区智能电网综合建设项目和山东青岛中德生态园智能电网项目中的应用探索已初步展开。

2. 电网感知网络和信息化建设

智能传感技术包括数据传感、采集、传输、处理、服务等技术。城市电力传感网以电力综合通信网、电力调度数据网等电力通信网络建设为基础，主要包括软交换、软件定义网络（Software Defined Network，SDN）应用、流媒体、城市电网中的可视化等信息通信技术，电网内部及与城市其他业务系统集成平台的研究与应用，以及涉及的电力资产生命周期、能源全过程业务和应用系统。

智慧城市建设也高度重视信息化建设，推出数据中心、云计算模式等新的信息应用。加强电网信息化成果在系统外的应用，加强与智慧城市其他业务部门信息化系统的互联互通，提高自动化、智能化水平。

3. 电力信息安全支撑技术

电网信息安全是电网安全运行和城市正常运行的基础。在智能城市中，由于开放性和交互性的要求，电力信息安全问题更为重要。其主要内容包括城市电网信息安全主动防御系统、信息安全运行控制与治理系统、大规模信息安全监测与预警技术、智能电网安全接入平台、智能移动安全终端及相关安全标准规范。

4. 电力通信资源的社会化利用

电力通信资源和技术的社会化利用主要包括光纤复合低压电缆光电分离技术、电力光纤到家庭网络统一承载多业务技术、光纤复合低压电缆及其配套设备电力光纤入户标准化建设和商业运营模式设计等。其目的是促进电力光缆的入户，助力国家智慧电网系统建设以及电信网、广电网、互联网三大网络进行"三网融合"，以满足电力通信资源与信息的社会化利用。

4.4.2.3 电力物联网业务场景分析

为了提高电力能源调度的灵活性和健壮性，推动能源行业改革，建设能源互联网，许多新的电力业务将依托电力物联网技术逐步实现。在电力物联网的支持下，电力系统的发电、输电、配电、用电等环节将推导出新的业务。在内部业务方面，逐步开展实物资产统一身份编码、现代电力企业智能供应链、无人机巡查、运营和配电连接等业务；在外部业务方面，电动汽车服务、源网负载存储协同交互、新能源云建设、综合能源服务、多站集成开发、虚拟电厂运营、能源互联网生态系统建设等业务也在建设中。虽然电力物联网新业务将根据政府政策引导、社会经济发展水平、电网公司运营状况等综合因素动态变化，新业务的发展离不开电力通信网的广泛支持。下面主要以国家电网公司 2020 年重点任务中提到的三大典型业务：电动汽车服务、源网负载存储协同交互和新能源云为例，分析电力物联网的业务场景为例，介绍电力物联网的新服务场景。

1. 电动汽车服务

电动汽车服务将借助于电力物联网更好地实现车-人网络的全面协同交互。一方面，依靠光纤、PLC 等通信技术，实现与电动汽车充电更换相关的电网运行监控业务；另一方面，与大型电动汽车智能充电调度、电动汽车路线规划、电动汽车参与需求响应、电动汽车销售、充电、支付等一站式服务相关的新业务将依托"大、云、物、移、智"（大数据、云计算、物联网、移动互联网、智慧城市）等新技术，通过高频车辆信息采集、智能传感、大数据分析、精确调节等步骤，实现快速发展。

2. 源网荷储协同互动

电力物联网的发展解决了大规模分布式发电、储能设备和电力负荷的广泛接入问题，通过负荷聚合器实现了批量分布式负荷的协同控制。源网负荷存储的刚性调节与电力智能调度系统主要通过电力光纤专线进行通信，可应对大停电故障场景、电网故障应急处置、秒级和毫秒级可调发电资源不足，提供应急服务，确保供电安全。源网络负载和存储的灵活调节通过公共网络/无线技术进行通信。在正常情况下，通过源网负荷和储能协同优化，冷、热、电多能互补，最小水平需求响应等多种灵活调节手段，可以满足电网运行期间的功率平衡需求，或提高新能源的利用率。

3. 新能源云

新能源云通过电力物联网提供强大的数据感知和访问能力。以光伏、风电为典型代表，通过收集规划方案、运行参数等信息，准确掌握风机、光伏组件的运行状态，及时感知设备运行故障，结合地理位置信息、能源气象等数据，在云平台进行多维联合分析，为新能源电站的规划、建设、运行和维护提供了全过程的动态优化方案。

事实上，物联网的服务并不独立。一方面，它们共享相同的基础设施（通信网络、计算设备等），另一方面，多个业务系统之间又相互影响。以上述典型业务为例，电动汽车也可以作为充放电设备参与源网负荷存储交互，新能源云控制的分布式发电设备也可以参与源网负荷存储交互。

4.4.3 智慧燃气

4.4.3.1 智慧燃气控制系统

近年来，高新技术的不断发展和完善不仅为燃气行业提供了更多的发展可能性，也使"智能燃气"有了足够的理论和技术支持。互联网+技术包括物联网、大数据、云计算和信息系统，可用于远程计量、智能监控、智能查询、在线支付、阶梯式气体价格、消费预测、大数据分析、安全知识学习和安全体验、燃气管网安全检测、燃气工程监督管理、燃气应急指挥调度等目标，最终实现"一键、自动化、信息化、预警、安全、远程、体验"等智能应用（见图 4-27）。

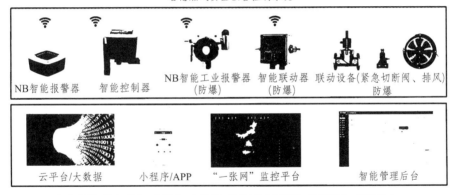

智慧燃气安全预警控制系统

NB智能报警器　　智能控制器　　NB智能工业报警器　　智能联动器　　联动设备(紧急切断阀、排风)
　　　　　　　　　　　　　　　　　(防爆)　　　　　(防爆)　　　　　　　　防爆

云平台/大数据　　　　小程序/APP　　　"一张网"监控平台　　　　智能管理后台

智能硬件+核心算法+云平台+大数据+手机APP/小程序+监控平台+智能后台

> 当智能报警器探测到燃气泄漏报警达到设定报警浓度时，及时发出声光报警并自动关闭紧急切断阀和启动排风功能，报警信息通过云平台发送到用户手机上以智能管理后台和"一张网"的监管平台上，管理人员指挥线下的应急工作人员及时到达报警地点并检查泄露的根本原因，采取有效的预防措施，进而从根本上消除安全隐患。该系统为线上预警监测与线下应急处理相结合的智能化、信息化、人机联防系统。

图 4-27　智慧燃气控制系统

1. "互联网+"智能制造

"互联网+"的出现可以使燃气企业向大规模、个性化、智能化和服务化转型升级。在降低制造成本的同时，它还可以提高设备制造的效率，从而加强市场需求方和装配生产终端之间的相互关系，最终增强智能制造业的竞争力。

2. "互联网+"燃气金融

通过研发移动支付平台，通过 App 账号和中国燃气公司交易管理系统平台的联系，将继续延伸出缴费、理财产品、投资、众筹等产品。这样能整合燃气公司的财务资源，加强资本集中管理，从而把握市场机会，提升资金运用效益。

3. "互联网+"智能监测

所有"智能燃气"产品均有一个独立的编号，可以直接把用户的信息数据上传到"燃气云"中，以了解用户的用气状况，并监测用气异常数据。

4. "互联网+"便捷交通

根据国家碳达峰、碳中和目标，在大力发展低碳出行的条件下，加强高速公路加油站和主要交通道路的布局。可在燃气企业中建立官方账号，并与 App 直接相关。使车主可以直接使用微信或实现"燃气一卡通"的账户充值和查询处理，改善生态环境，降低运输成本。

5. "互联网+"燃气安全

重点建设"智能燃气管网"，大力发展"燃气云"大数据战略，进一步完善管道数字管网系统建设，做好各类经济技术数据的分析、收集和应用工作，确保开发、传输与分发、存储环节与用户的紧密联系，实现燃气数据的实时传输，实现信息共享，形成快速响应的有机统一整体。

6. "互联网+"绿色生态

燃气公司也可协助地方环保部门进行"煤改气"的工作，使用应用程序筹集资金，以缓解环境成本问题。同时通过打造"智能环保"网络平台，把环境监测的空气质量数据和 App 关联，并直接传递给使用者，从而增强使用者的环境保护意识。

7. 气表二维码

通过张贴燃气表的二维码，客户可以直接与燃气表连接。制造商还可以使用二维码查询煤气表的位置。燃气公司在安装燃气表时，还可以扫描燃气表的二维码，实现客户与燃气表的关联。客户可以通过二维码直接扫描 App，获得各种燃气服务。

8. 无线终端的服务

无线终端提供的服务主要包括微信、App 等，为客户提供一系列用气数据查询服务。一旦客户需要支付或维修，施工人员到达施工现场后，可通过 App 或微信为客户提供实时报价，客户也可直接使用微信或支付宝来支付安装维护费用。此外，客户还可以通过 App 或微信查询包装应用的具体状态。

9. 一体化终端的服务

集成终端即触摸屏交互系统，可直接安装在燃气公司营业厅、社区或公共场所。客户可以通过综合终端查询相关服务。此外，综合终端还具有安全知识宣传、公益广告、商业广告等服务，可以带来一定的经济效益和社会效益。

4.4.3.2 关键技术

1. 管网仿真技术

目前，城市燃气公司既能够使用数据采集与监视控制（Supervisory Control And Data Acquisition，SCADA）系统和地理信息（Geographic Information System，GIS）系统查看管线信息和监测状况，也能够进行阀门的远程启闭。城市智慧煤气的发展直接把 SCADA 系统、GIS 系统与管线模拟系统融合在一起，可适应智能管控的需求。在城市智慧煤气运营中，管线仿真技术的运用主要涉及管线压力平衡仿真、新建管线建设、管网技术改造、气源预警、完整性管控等。过去只有设计部门通过仿真技术来进行管线工程设计，而现阶段也可通过管线仿真技术实现科学管理，以适应管网智能管理的需求。目前，外国许多燃气公司都使用仿真技术进行管理工作，而我国使用得较少，主要原因是国内管网管理的现代化尚处在起步阶段。与静态 GIS 系统比较，通过仿真技术的管理带来了智能化的显著提高。通过仿真技术可以模拟 GIS 数据的不精确性和 SCADA 系统的误差，找出问题所在。因此，利用管网仿真技术可以满足智能化管理的需求。

2. 全面 SCADA 系统监控

实现智能管网有必要扩大 SCADA 系统的监控范围。传统系统仅包括重要客户、管网末端和监测站，为真正满足智能管网的需要，有必要将受限空间、管网重要设备、管道地质沉降纳入 SCADA 系统监控，以满足全方位管理的需要。

3. 智慧化的管道完整性管理

对燃气公司来说，管道的完整性管理是其重点管理工作之一，直接关乎着管线的运营安全。通过自动收集管线的实际运营数据，可以分析管线的实际运营状况，这是实现整体性管理智能化的重要核心。整体性管理工作还需要巡线数据、阴极保护作用数据、GIS 数据、工程建设数据、安全隐患数据等基础数据，通过计算机系统集成，最终形成完整的数据管理平台。选择风险评估模型后，可以对收集到的数据进行完整性管理系统内部分析，然后给出管网的风险指数。通过该系统，燃气公司人员可以了解实际运行风险和管网的各种信息。通过智能数据采集和风险评估，可以满足管道完整性系统对燃气管道风险状态的实时呈现，从而实现最终的智能化管理。

4.4.3.3 燃气行业的实例应用

1. 太阳能智能井盖在燃气安全中的应用

1）地下管网燃气泄漏无线监控系统

在以往的工作中，气阀井采用人工检查的方式，效率低下，无法在第一时间发现气体泄漏。通过城市地下燃气泄漏无线监测系统，利用 GPRS 等无线传输技术和燃气检测技术，实现了燃气管网泄漏检测的自动化。与人工检测相比，地下管网燃气泄漏无线监测系统能够在第一时间检测到燃气泄漏，并在第一时间通过 GPRS 网络将检测到的数据传输到监测中心。相关负责人将在第一时间接收气体泄漏信息，以便在第一时间处理气体故障。

然而，在实际应用中，由于燃气管线井分布广、分布零散、深埋地下等原因，尚有两大难题限制了地下管网监测系统的发展：一是供电不足，二是信号不稳。

目前多数地下管网燃气泄漏无线监控系统采用电池充电。电池蓄电量小，不稳定，容易造成燃气泄漏检测中断，进而成为燃气安全隐患。

在地下环境中，信号的传递向来是一大难题，所有信息都需要通过信号进行传递，一旦传递出现偏差或中断，其他一切设施设备都会变得毫无意义。

2）太阳能智能井盖

太阳能井盖的出现是高新技术充分发掘新能源在实际应用中的重要标志。将太阳能转化为电能的技术早就以多种形式应用到了各个行业，而在燃气行业中，以赋能井盖的形式恰好可以解决地下管网监测系统的两大难题。

太阳能井盖最大的特性是将太阳能转化为电能，可以及时为蓄电池充电，进而避免井下仪器因断电而无法工作，保障燃气泄漏检测的及时性和稳定性，保障燃气管网安全。通过在太阳能井盖上架设微型信号转接设备，就可以使得信号实现无障碍传输，充分保障信息的稳定与准确，进而为其他设备提供正常运行的基础条件。另外，太阳能井盖在安全方面也起到重要作用。因为一旦燃气井盖破损或者被盗，不仅会殃及地下管网燃气泄漏无线监控系统的工作环境，同时，敞开的井口也将成为马路杀手。太阳能井盖上装有井盖监控器，可进行轨迹分析和倾角检测，从而判断并监控井盖的运动状态。当井盖发生翻转或是移动时，太阳能智能井盖会在第一时间启动报警功能，通知监控中心。同时，基于 RFID 的电子标签为井盖建立了唯一的身份标识，工作人员也可以在第一时间了解井盖位置，并完整复位。有效避免了因燃气阀井损坏或者被盗而造成的井下仪器破坏。

2. VR仿真技术在燃气行业的应用

1）燃气输配调压站

近年来，VR仿真技术的逐渐成熟，给很多行业带来了革命性变化，从前一些难以解决的问题，或者说难以实现的模式，在VR技术的加持下，现在都有了新的解决和实现方法。燃气输配管网、储备站、计量调压站、运行操作和控制实施等共同组成了城市燃气输配系统，在这个系统中，调压站的主要作用是调节和稳定系统压力，并控制燃气流量，防止调压器设备被磨损和堵塞，进而对整个系统进行一定程度的保护。

在以往的工作中，由于调压站设备体系的复杂与封闭性，难以做到信息的实时反馈。现在通过虚拟现实技术，可以对城市中所有门站进行1∶1的VR/AR技术开发，在仿真大数据平台中体现每一个系统中各种设备的组合方式及链接原理，通过模拟介质的流动效果，半透、虚化、隐藏地面的形式展示工艺流程。同时在应用的过程中，还可以不断优化设备体系，如调压关断系统、加臭系统、监控系统、计量系统等，都可以在一定程度上进行数据升级，真正实现每一个时刻的信息反馈。

2）可视化作业

三维可视化系统与VR/AR技术的结合必然是未来的一大发展方向。通过将封闭空间内的信息进行可视化，人们可以更加简洁直观地了解真实情况。每一个城市的地下都遍布着各种管线，其中自然也包括燃气管线。以往当某一区域的燃气管线出现问题时，维修人员大多只能凭借其个人的工作经验进行排查与维修，并且只能够简单地对维修情况进行记录。

现在通过VR/AR技术完全可以实现可视化作业。工作人员可以通过VR/AR技术监视系统内部运转，其内容甚至可以涵盖整个管网系统，并实现实时管控。同时，结合GPS的卫星定位系统，巡检人员和维修人员也可以通过掌上操作在工作中随时从云端调用基于其位置的相关信息，以便精准地完成作业。同时，云端会自动记录相关操作信息，并进行信息迭代，促进系统优化。

3）实训和演练

人才培养向来是一个企业的重中之重，燃气行业自然也不例外。在以往的培训中，要使一个燃气行业的新人由懂得理论知识提升到掌握实践能力，这个过程的成本非常高，学员需要使用昂贵的真实部件进行不断的、反复的训练，尤其是这个训练过程还具有一定的风险。现在通过虚拟现实技术，可以模拟出设备正常运行的工作情况，并且以三维动画的形式介绍设备的工作原理，更加直观地帮助学员学习理论知识。同时，在实训时，学员可以通过头戴式VR头盔等设备，在虚拟空间中进行拆卸、维修等练习，在经过大量的模拟练习并且通过考试之后，再进入真实环境实战就可以事半功倍，既节约成本又能够有效降低风险，提升实训效果。

在燃气行业中，应急演练的重要性不言而喻。然而在以往的工作中，常常因为演练的人力物力成本过高，这种演练只得简单进行。结合VR仿真技术搭建的三维应急演练平台，就可以完美地解决演练成本难题。通过预案管理系统，可实现应急预案数字化，集平时的预案编制管理、预案推演验证及战时救援指导功能于一体，相关人员只需一些操作终端及头显等设备，就可以在虚拟环境中进行演练，并且能够通过与系统的交互，不断完善应急预案和应急程序的不足之处，最终达到磨合机制、检验预案、锻炼队伍、提高应急处置能力的作用。

4.5 北斗卫星导航系统

北斗卫星导航系统（BeiDou Navigation Satellite System，BDS）是中国自行研制的全球卫星导航系统，也是继 GPS、GLONASS 之后的第三个成熟的卫星导航系统。北斗卫星导航系统（BDS）和美国的 GPS、俄罗斯的 GLONASS、欧盟的 GALILEO 同为联合国卫星导航委员会认定的供应商。随着我国北斗卫星导航系统的发展，其功能早已不只是局限于定位，而是在各个领域被广泛运用，如海上救援、电力防护等。短报文通信功能使北斗成为全球首个通信一体化的全球导航定位系统，相关技术有望在未来进一步推广。

20 世纪后期，我国开始探寻更符合国情的卫星导航系统发展路线，并逐步形成了三步走发展的策略：在 2000 年年底，建立北斗一号系统，向我国提供公共服务；2012 年年底，建成北斗二号系统，向亚太国家提供服务；2020 年，建成北斗三号系统，向世界提供服务。

2020 年 7 月 31 日，习近平总书记向世界宣布北斗三号全球卫星导航系统正式开通，标志着北斗"三步走"发展战略圆满完成，北斗迈进全球服务新时代。

北斗卫星导航系统由空间段、地面段和用户段三部分组成，可在全球范围内全天候、全天时为各类用户提供高精度、高可靠定位、导航、授时服务，并且具备短报文通信能力，已经初步具备区域导航、定位和授时能力，定位精度为分米、厘米级别，测速精度 0.2 m/s，授时精度 10 ns。

空间段由若干地球静止轨道卫星、倾斜地球同步轨道卫星和中圆地球轨道卫星组成。地面段包括主控站、时间同步/注入站和监测站等若干地面站，以及星间链路运行管理设施。用户段包括北斗及兼容其他卫星导航系统的芯片、模块、天线等基础产品，以及终端设备、应用系统与应用服务等。

北斗卫星导航系统在通信中的关键技术主要包含：

1. 信号的捕获

接收机得到中频信号后，捕获处理是第一步，通过测距码将糅杂的卫星信号区分开来。信号捕获的目标是获取扩频码的码相位和多普勒频移参量。前者是北斗信号解扩的基础；后者是载波剥离的基础。只有先对信号进行解扩和载波剥离，才能得到导航电文。常用的信号的捕获算法有：并行频率搜索法、线性搜索法和并行码相位搜索算法。

（1）并行频率搜索法。即在一个码相位中，搜索其所有频率。算法步骤如下：首先接收机将收到的中频信号与相载波进行混频，得到一路结果；将收到的中频信号与内部载波发生器正交得到一路结果。将以上两路结果分别与本地产生的测距码进行相关处理得到相关结果；然后将相关结果变换到频域，由此得到在不同的频率下不同大小的相关结果；最后求频域信号在不同频率上的幅值，多普勒频移值即为幅值最大的点所在的频率值，捕获到的码相位就是对应的码相位。在实际应用中，对搜索的速度要求较高，可以借助并行相关器，在时域和频域分别进行并行处理。

（2）线性搜索。首先确定频率搜索范围的中间值，然后从这个中间值开始，搜索这个频带上所有的码相位，然后到下一个频率值，再搜索这个频率带上所有的码相位，这样一直进行下去，直到捕获到了符合要求的结果。线性搜索的优点是应用范围广，原理易于理解，各种不同的信号搜索都可使用。其缺点是搜索速度最慢。

（3）并行码相检索。该方法是在某个频率下对所有的码相位并行搜索。这种算法的优势是可以将相对复杂的运算转变成频域的相乘运算，降低了运算的复杂度，提高了运算的速度。

2. 信号的跟踪

为了得到更为精确的载波频率和伪码相位，需要对信号进行更进一步的捕获，也就是跟踪。从整体来看，信号跟踪是一种自适应反馈机制的环路算法，以得到更为精准的信号状态和更为稳定的处理方式。其包含了两个环路，即码环和载波环，两个环路相互合作，相互耦合。

3. 二次编码解调

二次编码能够改善原序列的相关性。在北斗导航系统中，为了提高北斗的工作性能，通常将测距码码长定为 2 倍的 C/A 码，但是该方式会增长捕获的时间，使接收机的效率降低。

为了解决上述问题，减少捕获代价的同时提高北斗工作的灵敏度，可以通过两种不同类型的码进行调制得到新的扩频码，例如，将周期短、码率高的 CB1I 码和相反的 NH 码进行调制，得到一个码率高且周期长的扩频码。另外，在信号总功率不变的前提下，二次编码还可以通过加载 NH 码减少信号功率谱的谱线宽度，提高窄带的抗干扰能力。二次编码解调一般采用后置解调算法，在信号跟踪后，对 NH 码进行解调处理。利用 NH 码的自相关性，将 NH 码和导航信号进行自相关，得到其自相关值，通过比较阈值的算法，可以判断信号中的 NH 码和本地的 NH 码是否匹配。

近年来，在社会经济高速发展的同时，我国科学技术也取得了长足的进步，这也使得北斗卫星导航系统的功能愈发完善。在此背景下，如何将北斗卫星导航系统有效地应用于各个领域，成为社会各界人士重点探究的内容。以下将举例说明北斗卫星在社会各领域及各行业中的具体应用（见图 4-28）。

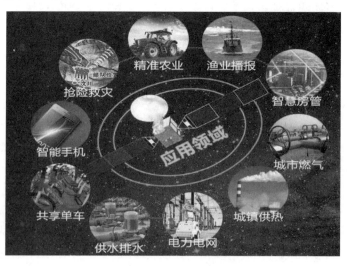

图 4-28　卫星导航的应用

4.5.1　海上作业

通信技术在海上作业方面应用极广，包括船舶进出港、确认航线、海上搜救和船舶调度指令的接收等。GPS 虽然本身没有通信功能，但是集成了主流通信系统例如 GSM 等来实现通信功能。短报文服务为北斗系统提供了通信功能，其一体化构造，可方便地实现船载通导系统的可操作性，有利于船载通导系统的推广。

北斗系统的短报文通信信息一般分为两种：静态信息和动态信息。其中，静态信息包括船长的个人信息（姓名、国籍），船的相关信息（MMSI 号、英文名、宽度）等，动态信息大多是指船舶的位置信息（位置的经纬度、行进速度和方向）。北斗系统考虑到系统的性能和资源的合理分配，限制了短报文服务。例如，静态信息的通信间隔一般要求 10 min 以上，目前为了提高通信效率，可以在其他平台利用船舶的 MMSI 号来获取部分静态资料。动态信息的通信频率一般为 1 次/min，并且可以根据船舶是否在港区进行动态调整。由于短报文通信的丢码率较高，发送单报文有十万分之一的丢包危险，若是同时传输大量数据，丢包的概率还会大幅度增加。因此，为了确保在通信中的连续性和降低丢包的概率，在船舶使用中，会加入数据验证和重发机制。

基于北斗的航标遥测遥控系统为航标维护管理提供了一种新的信息化手段，对于维护管理无移动信号覆盖的地方的航标，起到了减少航标作业人员劳动强度，提高了工作效率和航标管理维护质量的作用。

航标遥测遥控终端将收集到的灯器的工作电压、工作电流、航标位置等数据转换为北斗卫星能接受的短报文形式，通过北斗卫星传送数据收集中心，再通过互联网技术将收集到的数据呈现在用户显示终端上。同时，用户显示终端上也可以显示并实现对航标遥测遥控终端的操作指令（如开关，更改灯质等操作）。这些操作指令也将转化为短报文，通过北斗卫星实现对航标遥测遥控终端的远程监控。

针对海员、渔民在海上无公网信号区域与亲友联系困难的问题，市面上已有相关的基于北斗短报文产品，例如，基于北斗导航卫星独有的短报文通信技术实现即时通信的北斗海聊。使用者只需下载安装其 App，注册完成后，打开手机蓝牙连接装有 RD 模块的北斗终端就可实现该功能。相较于北斗手持终端机来说，它具有小巧易携的优势。

北斗海聊具有通信稳定、性价比高的特点。一般海事卫星电话的费用为 1 分钟几元钱，而基于北斗的北斗海聊，发送一条短信只需 0.29 元，并且其微信海聊信箱通信不收取费用。

中国海洋渔业水域面积广，约为 300 多万平方公里，据《2019—2025 年中国渔业行业发展前景预测及投资战略研究报告》，2018 年我国渔业人口为 1 878.68 万人，海洋渔业涉及保障渔民的生命安全、国家海洋经济安全、海洋资源保护和海上主权维护等，是北斗在民用领域中应用规模最大的板块。基于北斗的安全生产信息服务系统保障了渔船的出海安全，发展了渔业生产。例如，农业部南海区渔政局建立了"南沙渔船船位监控指挥管理系统"，监控中心能够通过该系统随时获知渔船方位，有利于相关职能部门对渔船的管理。渔民可以利用船上的卫星导航通信系统与监控中心取得联系，特别是在通信网络无法覆盖的海上遇到危险时，能够及时发送遇险报告，监控中心根据其报告信息可确定遇险地点，然后寻找离出事地点最近的船只，向其发送求救信息，组织搜救。

与其他全球卫星导航系统相比，北斗系统具有短报文通信功能技术优势。GPS 系统没有设计双向通信的功能，因此在航海事故搜救中只能进行定位，然后借助海事卫星来发送位置信息，操作复杂且通信费用昂贵。与 GPS 不同，北斗卫星导航系统在为用户提供定位导航服务的同时可提供基于卫星的双向数字报文通信的服务。该系统的短文通信功能是海上事故应急与搜救的一把"利器"，在紧急情况下，该系统在快速获取海上遇险人员位置信息的同时，会向救援人员发送实时海事报警信息，这大大提升了系统信息传递的便利性。因此，北斗短报文通信对海上应急与搜救系统的发展具有重要意义。随着北斗三代系统的建成，基于北斗短报文通信的海上应急搜救系统将面向全球提供服务，北斗卫星导航系统必将在远航中的应急与搜救方面发挥越来越重要的作用。此外，北斗系统具有较高的可靠性和实用性。GPS 系统采用的是双频载波相位信号，而北斗系统采用的是三频信号，这使得北斗在一个频率信号出现故障时，仍可利用另外两个频率信号和传统方法进行定位。同时，三频信号更好地消除了高频电离层延迟对定位的影响，提高了定位精度和模糊度固定的效率。北斗系统是全球首个也是唯一向用户提供三频信号的系统，可更加灵活方便地实现高精度定位。

北斗系列的建成，为全球范围内开展海上搜救工作提供了新的技术手段，将北斗应用到海上搜救领域，是国家战略提出的新要求。北斗卫星导航系统在海上搜救领域应用极广。自2004 年，起国家海洋技术中心就参与了多项全国性的近海海洋综合调查与研究项目，其中负责完成的国家防灾减灾专项民方立体监测网用到的深海锚系浮标、ARGO 浮标、表面漂流浮标、浅海潜标和海洋站观测系统等都用到了北斗卫星导航系统的相关终端，用于进行位置及观测点的数据上报。

2010 年，北斗星通导航科技股份有限公司联手成都国星通信公司，率先在中国南海海域渔船上配备了北斗船载卫星导航终端，实现了包括船只的进出港、确定航道、海事搜索，以及对船只调度命令的接受等功能。自 2017 年开始，浙江、江苏、山东、福建等海洋大省都陆续开展了北斗卫星导航系统海上救生示范点项目，利用北斗卫星导航系统的位置服务和短报文功能，在海上作业人员发生落水、撞船等海难事件时，开展及时、准确的救援、调配、处理，将事故损失最小化。

舟山作为国家"十三五"首批海洋经济创新发展示范城市，也积极发展海洋基础网络、平台、数据等建设，开展海上搜救系统的部署等工作。

如图 4-29 所示为北平卫生海鲜渔业综合信息服务系统的组成图。

4.5.2 交通运输监管

1. 北斗系统在公务车监管中的应用

公务车是"三公"消费中的一员，由于缺乏统一管理和监督力度，导致公务车在使用的过程中存在大量问题，如公车私用现象严重等。为了响应国家加大公务车管理号召，降低"三公"经费，杜绝公车私用、乱停乱放、违规驾驶等行为，实现公务车辆使用的准确记录、查询、统计和分析管理，可将北斗卫星导航定位技术应用于公务车管理系统中，以有效地降低甚至杜绝公务车违规使用的情况，加强公务用车的管理与调度。

为了加强公务车监控管理与合理调度，利用北斗系统结合 GIS、计算机技术等多种技术建立的公务车管理系统实现了车辆管理的自动化与智能化，极大地减少了公车违规使用的情况。该管理系统主要功能如下（见图 4-30）。

（1）车辆监控。利用北斗卫星定位系统全面监控车辆，在电子地图上清晰、实时地了解公务车的位置和速度，将采集到的用车人信息直观地在电子地图上标识并实时更新指定车辆的具体位置及相关信息。同时，记录车辆的行车轨迹及状态，以便查询公务车的使用状态，回放车辆的历史行车轨迹。通过在电子地图上设置电子围栏，可查看指定区域的实时车辆信息。

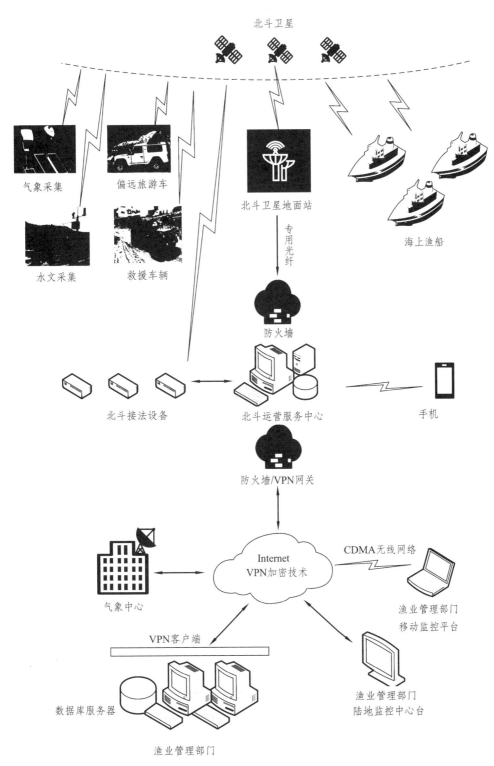

北斗卫星

气象采集　偏远旅游车　北斗卫星地面站　海上渔船

水文采集　救援车辆

专用光纤

防火墙

北斗接法设备　北斗运营服务中心　手机

防火墙/VPN网关

气象中心　Internet VPN加密技术　CDMA无线网络

渔业管理部门移动监控平台

VPN客户端

数据库服务器　渔业管理部门陆地监控中心台

渔业管理部门

图 4-29　北斗卫星海洋渔业综合信息服务系统组成图

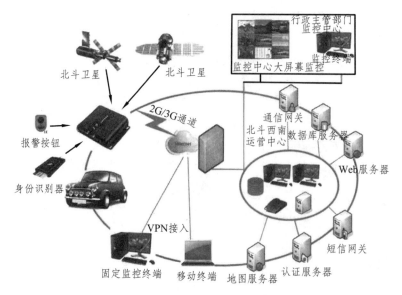

图 4-30 公务车监管系统

（2）提示信息。车辆提示信息包括未插卡提示、越界提示、节假日用车提示、超速提示和紧急报警等功能。

（3）用车核销。包括节假日用车、禁区用车、越界停车、超时用车核销等情况。

（4）区域限行功能。各类公务车原则上限制在本市范围内行驶，北斗终端实时定位监控车辆位置，如有跨区域行驶须经单位批准，否则监控中心会收到报警。

（5）紧急调度功能。如遇紧急突发事件需要使用公务车，通过北斗实时监控车辆，可获得全市公务车的分布情况，及时调度全市各类公务车辆，及时处理突发事件。

通过北斗系统在公务车管理系统中的应用，可以实时监控公务车实际使用情况，做到公车私用有效监管，提高公务用车效率；结合北斗导航定位信息，更好地调度分配，提高公务车管理水平；通过北斗系统在公务车系统中的监控，对车辆进行油耗管理，延长车辆使用寿命。

2. 北斗系统在出租车运营监管中的应用

出租车是城市交通发展中不可或缺的一部分，被冠以"城市名片""流动风景"之称，我国出租车行业目前仍然存在很多问题，如黑车拉活抢活；燃油涨价，运营成本上升；因公交降价失去部分客户；各种收费太高；出租车公司及政府争夺经营权等。加强出租车行业的运营管理刻不容缓，北斗卫星导航系统在城市交通运输领域中的实际应用，可使出租车监控调度更加准确、安全、高效，不断向智能化、规范化的方向发展。

为了提升出租车行业的智能化和规范化，建立了集北斗和计算机、GIS 等多种技术于一体的出租车管理系统，加强对出租车的监控管理和合理调度。

通过北斗定位终端可实现车辆的实时定位功能，并将车辆的位置信息（包括状态、速度、方向）传送至调度管理中心并在电子地图上显示出车辆行驶轨迹，方便调度管理中心实时监控车辆的运行状态。根据市内出租车长期的历史轨迹分析，可得到出租车需求在市内的分布情况，合理调度指挥车辆。对于电话叫车，根据客户需求，提供定时定点的用车服务，避免出现空驶率过高或者乘客约不到车的状况，使资源能够得到充分利用，从而达到节能减排的目的。通过北斗定位信息可以帮助出租车司机知道当前所处位置，前方路况，合理规划自己的行进路径，实时的语音提示可以让司机快捷方便地到达目的地，乘客也可通过导航查看司机是否绕路，查看附近是否有空载车辆以方便预约。

对于出租车司机超速行驶、超时停车、越界行驶、疲劳驾驶等违规驾驶车辆的行为进行监督和告警，可保证出租车行驶过程中司机与乘客的生命安全。在北斗终端设备上配备一键报警功能，在车辆遇到意外事故或者被抢劫时，可通过按键报警，调度管理中心自动跟踪监控车辆位置并采取相应的措施，避免造成重大生命财产损失。

出租车行业是一个传统的行业，是一个需要考虑多方面利益需求的行业。通过北斗定位系统，我们可以更加全面地统计该行业的各种数据，帮助管理部门协调满足各方需求，使得出租车行业在今后焕发出更多的活力。

3. 北斗系统在物流车辆监管中的应用

物流业的快速发展，使得货物运输量和物流车辆的数目日益增多。如何有效地保证货物准确、按时、保质、保量送达？如何对车辆进行有效的调度？如何对车辆进行有效的实时监控？成为物流企业运输管理的重中之重。北斗系统在物流领域的推广，能够满足管理者对物流车辆的跟踪和监管需求，从而达到节约企业成本、降低空载率的目的。作为提供时间、位置定位、导航以及信息通信的基础技术，北斗实现了物流过程透明化管理的需求，尤其在传统通信信号网络无法覆盖的沙漠、草原、山地、江河湖海等地带，北斗优势更为明显。

在物流行业，通过北斗技术集成其他多种技术建立的智慧物流运输管理系统改变了传统物流运输行业，使物流运输朝着智能化、自动化的方向发展。北斗在物流运输中的作用和影响主要有以下几个方面：

（1）保障运输安全。通过北斗系统，定位运输车辆的行驶线路和途经区域，避免车辆行驶在路况差、能见度低、弯道坡道过多的线路上，以及在居民生活区、靠近火源的区域停车，以保证运输安全。对于司机超速行驶、疲劳驾驶、超时停车等违规驾驶车辆的行为及时告警，避免造成生命财产损失。

（2）保障运输时效。通过北斗系统，将运输车辆途经各个站点的时间记录下来，并与企业规定时间对比，以做出车辆能否准时到达的判断，帮助企业保障运输时效。

（3）提升运输品质。例如，冷链运输企业可以通过北斗技术再配合温度采集设备，全程监控影响冷链货物品质的最主要的因素——温度，并定位温度异常的时间和地点。

（4）管控运输成本。例如，在公路干线运输，通过北斗技术再配合车辆油量采集设备，可实现对运输过程的全程油耗监控，避免运输过程油耗异常，增加企业成本。

（5）敏感区域监控。在物流运输的过程中，某些区域经常发生货物丢失、运输事故等状况，在监控到车辆进入该区域时可加强对车辆和货物的监控。

（6）短报文通信。在物流车辆行驶至偏远地区或山区时，由于网络信号无法覆盖，车辆无法与调度管理中心取得联系，当发生意外状况时，车辆可通过北斗定位终端的短报文功能与调度管理中心取得联系，使调度管理中心及时了解车辆状态并采取及时的救援措施。

卫星数字化管理已经成为运输行业必须进行的一项改革，可以帮助运输企业降低成本。在物流领域，特别是在北斗与 GIS、GPRS 结合方面，会体现出越来越大的价值和想象空间。

物流平台融合多种信息源，对于优化车辆运输线路、保证车辆运输时效、提升物流服务品质等方面的作用将日益显著。

4.5.3 航空安全

1. 北斗系统在民用航空导航中的应用

北斗系统作为我国自己可控的主要导航源，从当前的备用到未来的主用，直至成为空中航空系统的核心与关键技术是大势所趋。

1）北斗卫星导航系统在 PBN（Performance Based Navigation，基于性能的导航）飞行程序的应用

北斗系统可适用于航空器的起飞、离场、航路、终端区、进近着陆等所有飞行阶段，是支撑所需导航性能和区域导航规范的重要导航源。

2）北斗卫星导航系统在国产民机的验证试飞工作

北斗卫星导航系统在国产民机的验证试飞工作，是在民航局和中国卫星导航系统管理办公室的共同指导下，由中国商飞公司北京民用飞机技术研究中心牵头，结合国内科研界、高校、工业界多家单位共同组织实施的。

2017 年 10 月 10 日至 15 日，在民航局指导下，商飞利用 ARJ21-700 飞机在山东东营机场完成了北斗卫星导航系统搭载测试飞行。将"北斗+大飞机"两个国家重大专项结合，正式拉开了国产卫星导航系统在国产民用客机应用的序幕。

本次试验完全按照国际民航组织相关标准及中国民航有关技术要求实施，成功完成了机载北斗卫星导航接收机功能和性能验证，基于北斗的地基增强系统实现 I 类精密进近的性能验证，以及北斗短报文功能运输航空应用验证等三项重要飞行测试验证。

2. 北斗系统在民用航空监视中的应用

北斗系统独有的卫星无线电导航系统（Radio Navigation Satellite System，RNSS）和卫星无线电测定系统（Radio Determination Satellite Service，RDSS），将为通用航空器的导航和监视提供一体化解决方案。北斗短报文业务是授权服务，要求相关单位必须通过资质审查方可开展服务。

中国民航科学技术研究院正在牵头开展基于北斗系统的低空空域监视系统建设。系统分为空间、机载、地面三个部分。2016 年 8 月，获得民航局批准："代表民航局负责民航行业北斗卫星无线电测定业务授权"。2017 年 1 月，获得中国卫星导航定位应用管理中心批复的"北斗导航民用分理级服务试验资质"。

3. 北斗系统在机场场面监控中的应用

机场场面监视和管理包括监视和跟踪管理机场上的车辆（机场大巴、出租车、紧急情况车辆、燃料配送车辆）和飞机，最大效率地利用机场，保证飞行安全和效率。以卫星增强系统（Satellite-Based Augmentation System，SBAS）和地基增强系统（Ground-Based Augmentation System，GBAS）为参照，使用广播式自动相关监视（Automatic Dependent Surveillance-Broadcast，ADSB）系统和飞机显示系统（综合场景地图），飞行员可以在低能见度下完成在机场滑行的自主引导，以支持机场场面调度管理。航科院中宇（北京）新技术发展有限公司

研发的机场场面监视与航班保障管控系统分为两个平台，根据机场需求，既可集成在一起同时运行，又可以分开独立运行。

4.5.4 电力行业

由于人们对电力的需求日益增长，电力业务中的问题日渐明显。北斗系统在电力行业的应用，可有效解决电力业务中的多种问题：第一，在电力系统的诸多设备中都备有时钟，时间同步是系统稳定运行的关键因素，但由于信号传播时延、电磁干扰等因素造成时间上的误差，使得一些对时间精度要求非常高的电力业务无法正常进行，如电力调度、事故记录等；第二，电力杆塔常由于地形变化发生沉降、倾斜，造成电力传输网络故障，尤其在地势恶劣的偏远地区，一旦突发状况，将给人们生活带来不便；第三，在电力巡检时通常需要消耗大量的人力、财力，工作周期长，同时还受到环境的影响；第四，在无公网覆盖的地区，电能数据无法实时采集、传输，运行状态无法实时监测。

针对以上问题，利用北斗系统的精密授时、高精度测量、定位导航和短报文通信的功能结合电力应用的关键技术，可有效解决电力业务中的难题，保证电网的正常安全运行，提高电力系统的管理水平。

1. 北斗精密授时在电力系统中的应用

电力行业作为一种特殊行业，其系统的安全运行事关国家安全。而在电力系统中，因电力业务对时间的需求，全网时间同步至关重要。电力系统时间同步是保障电力系统调度控制和故障分析的重要基础，其核心功能是为暂态、动态、稳态数据采集和电网故障分析提供时间同步服务。

目前，实现电力系统时间同步的方式有：脉冲对时、网络对时和卫星对时等。

脉冲对时是通过脉冲上升沿或下降沿进行对时，精度达秒级。网络对时中的网络时间协议（Network Time Protocol，NTP）对时是通过软件时间戳实现标记，一般适用于毫秒级精度的业务，精确时钟协议（Precision Time Protocol，PTP）对时采用硬件时间戳，精度可达到亚微秒级。而对于时间精度要求严格的业务则采用卫星对时方式，目前的卫星授时主要以北斗系统为主，GPS 为辅。

北斗授时具有覆盖范围广、精度高的特点，授时精度为 20 ns（95% 置信度），为整个电网提供可靠时钟源。

北斗授时技术在电力系统中的应用，保证了纳秒级的时间精度。在电网领域，截至 2017 年底，已有 11 类近 900 套调度自动化主站以及全部的新建和改造调度主站/变电站时间同步装置接收了北斗授时信号。在电力通信频率同步网方面，截至 2017 年底，已有 20% 重要节点接收了北斗授频信号，各省公司的基准时钟源全部接入了北斗信号，各地市公司接入工作也在稳步进行中。

2. 北斗高精度测量在杆塔形变监测中的应用

在输电过程中，杆塔起着支撑、安全保障的作用。日常情况下，当杆塔等较高电力设施持续向一个方向倾斜或扭曲 1~2 cm/周（或天），将存在塔倒的危险。研究显示，电力系统故障所带来的附加损失超过其本身故障损失的 400 倍。为保证输电效率和质量，减少线路维修成本，解决杆塔沉降倾斜的安全隐患，需要建立电力北斗杆塔形变监测系统，对杆塔进行全天候在线监测。

传统的杆塔形变监测的方法主要采用目测和铅锤法，这种方法误差较大且效率低，浪费了大量人力、物力。目前常用的方法有传感器检测法、经纬仪、平面镜法、三维激光扫描、北斗系统等。其中，基于北斗系统可用于实现杆塔的实时在线监测采用实时动态（Real-Time Kinematic，RTK）技术，精度可达到实时厘米级、事后毫米级，尤其在巡检困难的地区，有助于工作人员在第一时间掌握输电塔的各种情况，及时进行抢修以避免重大损失，保障输电线路安全稳定运行。

各基准站接收机实时接收定位信号后采集并存储数据，经光纤专网将数据传回到数据中心。同时各个监测站接收机实时接收定位信号，采集并存储数据，再通过APN通信方式将数据传回到数据中心。数据中心根据解算方式解算数据，目前采用虚拟参考站 VRS、主辅站 MAC、区域改正数 FKP 等方式进行解算。在基准站获得的解算结果基础上对监测站传回的数据进行改正、纠偏，从而得到监测站的精准定位数据。当形变超出设定阈值时，发布警报，如采用声光、邮件、短信或远程网页监视报警，将危险降到最低。

北斗 RTK 相位差分高精度定位技术的应用，使杆塔监测更为快速可靠，水平精度达±8 mm+1 ppm（RMS），垂直精度为±15 mm+1 ppm（RMS）。

3. 北斗定位导航在电力巡线中的应用

输电线路常因自然灾害、自身老化、人为外力破坏导致无法正常供电，作业人员巡线确定故障点需要耗费大量人力、物力，且周期长，效率较低，存在一定危险性。

基于北斗系统的无人机电力巡线极大地推动了电力行业的发展。无人机在电力巡线应用中前景广阔，它充分利用了北斗系统的定位导航功能，实现了安全可靠的巡线作业。基于北斗定位导航的无人机电网巡线系统示意如图 4-31 所示。

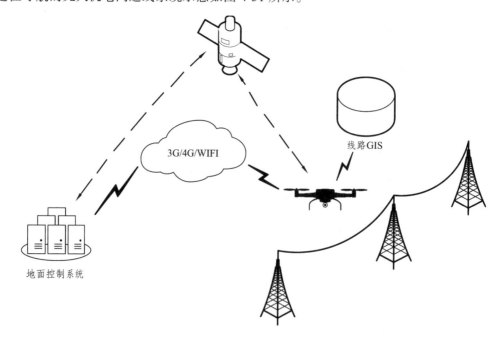

图 4-31　基于北斗定位导航的无人机电网巡线系统示意

巡线系统工作原理如下：

（1）地面发出指令，无人机自动飞向目的电塔，航线依据线路GIS确定。

（2）北斗定位导航模块获取无人机实时位置，并与目的电塔坐标进行比较，当差值小于某一阈值时，向地面发送到达指令。

（3）地面接收指令，经判断分析后，发送确认指令，操控无人机飞行模式转为人工模式。

（4）控制无人机进行巡检监控，实时将内容信息传回地面。

（5）地面收到信息判断有无故障或安全隐患，根据实际情况做出相应措施。

目前，对输电线路的可靠指标要求越来越严格，无人机在电力巡检系统的需求量日渐增加。据统计，仅2017年，无人机采购的适用省份已推广到28个，采购总量达300多架，较2014年同比增长5.82倍。

无人机结合北斗系统在巡线方面的应用，使巡检操作更加简单，维护检修效率大大提高，约高出人工巡检40倍，降低了劳动强度，同时大大减少了成本损失。

4. 北斗短报文在用电信息采集中的应用

在无公网覆盖地区，如小水电站、偏远山区的居民用户等，其用电数据常无法远程回传，对数据无法实时采集、分析，无法灵活进行电网管控。

而基于北斗短报文的用电信息采集，保证了数据的实时性，是现阶段北斗短报文在电力行业终端数量最多、成熟度最高的应用。目前，可使用北斗短报文采集的数据（包括用电信息、配电网电压电流等）。基于北斗短报文通信的用电信息采集系统示意如图4-32所示。

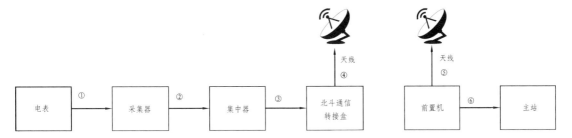

图4-32 基于北斗短报文通信的用电信息采集系统示意

图中，主站与集中器之间的通信，按照主站约定的数据采集项进行采集。采集器采集电表数据的方式有3种：RS485、微功率无线和载波方式。其中①、②采用的协议为DL/T645，③、⑥采用1376.1协议。北斗终端负责协议封装转换，并以短报文方式通过卫星实现数据转发。在民用领域，单次报文容量为78字节，当数据长度较长时，采用拆包方式分组转发。前置机模拟原采集终端登录用电信息采集系统，对数据进行解析组包。主站负责对采集的数据进行业务管理。

2015—2018年，各省电力公司共安装8000多台北斗数传终端。通过对电能数据的在线采集和分析，实现了实时线损监控、终端上线情况监控等功能，加强了应急预警能力，同时很大程度上节省了人力、物力和财力，具有良好的社会、经济效益。

除上述介绍的典型业务外，北斗系统在配电网信息管理、移动智能巡检、车辆管理调度等方面均有应用，实现了电网的安全、稳定、高效运行。

未来通信技术

现代科技的飞速发展离不开通信技术的支持。通信的发展从最初的人力到现在使用电、光、无线电波作为媒介传输信息，摆脱了空间地域的限制，保密性和抗干扰性逐步提升。未来的无线通信的传输速率更高，保密性、抗干扰性、智能性、灵活性也将进一步提升。本章介绍在未来通信系统中将用到的几种通信技术。

5.1 6G 无线通信

5.1.1 6G 的研究现状

2019 年，我国实现了 5G 的预商用后，2020 年开始了大规模的商用，与此同时，对 6G 的初步探索也正在开启。如果说从 1G 到 4G 主要改变的是"生活"，5G 将改变"社会"，那么 6G 相比于 5G 将更大程度地改变"社会"——万物互联始于 5G，发展于 6G。以此可见，6G 的战略重要性必将更甚于 5G，未来也将成为国之重器。6G 网络将构建地面无线与卫星通信集成的全连接世界，将卫星通信整合到 6G 移动通信中，让网络信号可以抵达任何一个偏远地方，并以超快的速度实现万物互联，让人类享受到前所未有的沉浸式场景、逼真式体验（见图 5-1 ）。

在 2018 年 9 月，欧盟 NetWorld 发布了《下一代因特网中的智能网络》白皮书。韩国是全球第一个实现 5G 商用的国家，同样也是最早开展 6G 研发的国家之一。2019 年 6 月，韩国政府电子与电信研究所与芬兰奥鲁大学签订了 6G 网络合作研究协议。基于 6G 峰会专家的观点，奥卢大学发布了全球首份 6G 白皮书，提出 6G 将在 2030 年左右部署，其服务将无缝覆盖全球，人工智能也将与 6G 网络深度融合；同时还提出了 6G 网络传输速度、频段、时延、连接密度等关键指标。2020 年，日本政府发布 6G 无线通信网络研究战略。

美国作为在空天海地一体化通信特别是卫星互联网通信方面遥遥领先的国家，早在 2018 年，美国联邦通信委员会（FCC）官员就对 6G 系统进行了展望。2018 年 9 月，美国 FCC 官员首次在公开场合展望 6G 技术，提出 6G 将会使用太赫兹频段，6G 基站容量将可达到 5G 基站的 1000 倍。美国现有的频谱分配机制将难以胜任 6G 时代对于频谱资源高效利用的需求，基于区块链的动态频谱共享技术将成为发展趋势。2019 年 3 月，FCC 宣布开放 95 GHz ~ 3 THz 频段作为实验频谱，未来可能用于 6G 服务。2020 年的 5 月，美国建议政府给 6G 的核心技术研究投入额外研发资金，鼓励政府与企业积极参与制定国家频谱政策。欧盟制定了在 2021—2027 年产学研框架项目下，6G 战略研究与创新议程和战略开发技术，并于 2021 年世界移动通信大会上正式成立欧盟 6G 伙伴合作项目。

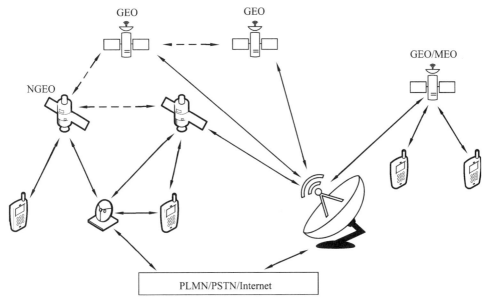

图 5-1　6G 移动通信网络

我国在国家层面已经正式启动 6G 的研发。2019 年 11 月，工业和信息化部已将原有的 IMT-2020 扩展到 IMT-2030 用于开展 6G 需求、愿景、关键技术与全球统一标准的可行性研究工作；科技部也牵头启动了由 37 家产学研机构参与的 6G 技术研发，开展 6G 需求、结构与使能技术的产学研合作项目。

在技术研究方面，华为在加拿大渥太华成立了 6G 研发实验室，6G 的研发将与 5G 一起并行推进。华为提出，6G 在频谱上应该更宽，在速度上应该要更快，并且能拓展到海陆空甚至是水下空间。在硬件方面，天线将变得更为重要；在软件方面，人工智能在 6G 通信中将扮演重要角色。在太赫兹通信技术领域，中国华讯方舟、四创电子、亨通光电等公司也已开始布局。2019 年 4 月 26 日，毫米波太赫兹产业发展联盟在北京成立。华为已经开始联合各大高校及科研机构着手开展 6G 技术的预研工作，目前处于场景挖掘和技术寻找阶段。

中国电信、中国移动和中国联通三大运营商均已启动 6G 研发工作。中国移动和清华大学建立了战略合作关系，双方将面向 6G 通信网络和下一代互联网技术等重点领域进行科学研究合作；中国电信正在研究以毫米波为主频，太赫兹为次频的 6G 技术；中国联通也开展了 6G 太赫兹通信技术研究。

数据显示，当前 6G 通信技术领域全球专利申请总量超过 4 万余项，近 20 年全球专利申请量总体呈上升趋势，尤其在 2011 年之后，6G 通信技术相关专利年申请量大幅增加，增速明显提高。中国作为 6G 通信技术专利申请的主要来源国，专利申请占比 35%，位居全球首位，在全球 6G 通信技术专利申请中贡献率超过三成。从中国专利申请来看，国内高校和科研机构占据 6G 通信技术专利申请的前十位，它们引领着 6G 通信技术的基础研发，是 6G 通信技术创新的主要力量。

5.1.2 6G 关键技术

无论 5G 有多么的强大，仍会有些地方无法完全覆盖到。在一些气候环境恶劣或者地理环境复杂的地方建立 5G 基站的难度很大，如一些高远山区和海洋。而 6G 可以通过卫星互联网弥补 5G 的空缺，也能在重点尖端科技领域提供有力支持。

1. 太赫兹技术

6G 的一个显著特点就是迈向了太赫兹时代。作为 6G 关键技术，太赫兹技术被业界评为"改变未来世界的十大技术"之一，发达国家将它列为频谱的科技战略制高点，美国则将它列为改变人类的前四大技术之一。太赫兹泛指频率在 0.1 ~ 10 THz 内的电磁波，在太赫兹波通信系统研究中，太赫兹波传输是一个重要组成部分。太赫兹技术最重要的用处就在于对空间通信的优化，它将使传输变得极快。目前，进入商用阶段的 5G 频段已从 450 MHz 扩展到 60 GHz，而进入太赫兹频段（95 GHz 以上）的 6G 无疑将对全球的通信世界带来翻天覆地的改变。

太赫兹波相较于微波和无线光通信有许多优势：

（1）更适合高速短程无线通信。太赫兹波在空气中传播时，容易被空气中的水分吸收，更适合高速短程无线通信。

（2）抗干扰能力强。太赫兹波光束窄、方向性好、抗干扰能力强，在 2 ~ 5 km 可实现安全通信。

（3）高频谱带宽。太赫兹波的高频宽带可以满足无线宽带传输的频带要求。

（4）更适合于空间通信。与无线光通信相比，太赫兹波光波束宽，接收机易于对准，量子噪声低，天线连接器可小型化、扁平化。

目前，太赫兹通信关键技术研究还不够成熟，很多关键器件尚未研制成功，需要持续突破。

2. 超大规模天线技术

超大规模天线技术是更好发挥天线增益，提升通信系统频谱效率的重要手段。当前 6G 太赫兹频谱特性研究还处于初级阶段，超大规模天线在理论和工程设计上面临大范围跨频段、空天海地全域覆盖理论与技术设计、射频电路的高功耗和多干扰等问题，需要从以上问题出发，建立新型大规模阵列天线设计理论与技术、高集成度射频电路优化设计理论与实现方法，以及高性能大规模模拟波束成型网络设计技术、新型电子材料及器件研发关键技术等机制，研制实验样机，支撑系统性能验证。考虑到 6G 的要求，大规模天线技术需要在以下主题研究和取得突破：一是研究可配置的大规模天线射频技术，突破低能耗、高集成度的射频电路，解决面临的高效率、低噪声、抗干扰等重要挑战；二是解决跨频段、高效率、全空域覆盖天线射频领域的理论和技术实现；三是研究新型大规模阵列天线的设计理论和技术，高集成度射频电路的优化，高性能大规模波束成形网络的设计技术。

3. 网络技术

有观点认为，6G 网络是 5G 网络、卫星通信网络及深海远洋网络的有效集成。卫星通信网络涵盖通信、导航、遥感遥测等各个领域，实现空天海地一体化的全球连接。空天地海一体化网络将优化陆（现有陆地蜂窝、非蜂窝网络设施等）、海（海上及海下通信设备、海洋岛屿网络设施等）、空（各类飞行器及设备等）、天（各类卫星、地球站、空间飞行器等）基础设施，实现太空、空中、陆地、海洋等全要素覆盖。当前，卫星通信纳入 6G 网络作为其中一个重要子系统得到普遍认可，需要对网络架构、星间链路方案选择、天基信息处理、卫星系统之间互联互通等关键技术进行深入研究。

在传统蜂窝网络的基础上，空间、陆地和海洋的综合通信分别与卫星通信和深海通信深度融合。海陆空综合通信网可分为两个子网：一个子网由陆基（即地面、非蜂窝网络等）、空基（无人机、飞艇、飞机等）和天基（各类卫星、卫星链等）组成；另一个子网由水下、海上、深海通信设备，结合天基的深海通信子网组成。构建 6G 系统的挑战之一是如何解决地面网络（TN）和非地面网络（NTN）的集成问题。

4. 区块链技术和人工智能技术

5G 网络运营商为了优化服务，采用网络切片等技术控制和处理流量，开展用户差异化质量服务。6G 网络将持续完善用户个性化制定服务，采取更为丰富的手段，针对流量管理、边缘计算等进行每个用户的智能化柔性定制服务，整个网络体系采用自动化分布架构，网络更加趋于扁平化，这就使得新兴的区块链技术备受期待。区块链是分布式数据库，可以利用其分布式信息处理技术，通过数据的去中心化传输和存储保证用户信息不被第三方窃取，稳步提升网络服务节点之间的协作效率，提高不同运营商网络协同服务能力，甚至改变未来使用无线频谱资源的方式。

区块链层次架构图主要包括：数据层、网络层、共识层、激励层、合约层和应用层。数据层主要是由多个事务交易信息和子块信息组成的数据账本，包含了储存数据的区块、时间戳、非对称加密技术以及哈希函数。网络层为分布式网络，因此采用对等网络的组网模式，网络中的每个节点都可以扮演路由节点的角色，传递收到的信息。共识层是在一个互不信任的分布式系统，每个节点很快就达成了所谓的全网共识。激励层采用特定的激励机制，保证分布式系统中的所有节点都能参与数据块的验证过程。合约层包括各类算法、智能合约和合约脚本。应用层包括多中心应用程序和基于公共服务平台的应用程序。

近年来，随着大数据时代的到来和各种软硬件计算资源的不断完善，人工智能已经成为一个具有多个实际应用和活跃研究课题的领域。深度学习的出现促进了语音识别、计算机视觉、机器翻译、生物信息学等领域的快速发展。将人工智能集成在无线通信系统中极大地提高了无线通信系统的效率，其主要思想是在无线资源管理和分配领域引入人工智能，尤其是引入深度学习技术。

6G 网络不可避免会涉及高密度网络、天线阵列和数据量等通用问题。高度自主智能化的超灵活网络是其最为明显的特征之一。6G 智能化也许会贯穿网络端到端的每一个环节，人工智能将通过网络数据、业务数据、用户数据等多维数据感知学习，高效实现地面、卫星、机载等设备之间的无缝连接，并可进行实时高速切换，络的自主管理和控制学习，系统将持续得到优化升级，最终实现如"无人驾驶"一样的自主自治网络。6G 智能化的关键技术包括智能核心网和智能边缘网络、自组织和深度学习网络技术、基于深度学习的信道编译码技术、基于深度学习的信号估计与检测技术、基于深度学习的无线资源分配技术等。

5G 能做到信息急速传输，却做不到真正全面的万物互联。而 6G 时代则标志着真正物物通信的开始，可满足无所不知的任意设备之间信息传输，人类将真正告别互联网，进入物联网时代。总之，6G 网络将构建地面无线与卫星通信集成的全连接世界，通过将卫星通信整合到 6G 移动通信中，让网络信号能够抵达任何一个偏远之处，并以超快的速度实现万物互联，让人类享受到前所未有的沉浸式场景、逼真式体验。这就是 6G 的全新未来，而要抢占未来，必须未雨绸缪提前布局 6G 网络，抢占先机。

5.1.3　6G 愿景

目前，移动通信网络的覆盖还远远不够，未来的 6G 需要构建一张无所不在的海陆空一体化覆盖网络，实现任何人在任何时间、任何地点可与任何人进行任何业务通信或者能与任何物体进行信息交互。

6G 以 5G 为基础，将会全力支持全社会的数字化转型，实现从万物互联到万物智能互联的转型。6G 也将实现比 5G 更强大的性能，专注于满足 5G 网络难以满足的应用场景和业务需求。与 5G 相比，6G 将进一步改善现有的关键性能指标，最大峰值速率将可以达到 100 Gb/s ~ 1 Tb/s，用户体验速率将大于 10 Gb/s，端口延迟将小于 0.1 ms。

6G 将遵循立体发展思路，从"线"到"面"再到"体"拓展，而不仅仅是某个维度或某个平面的提升，将在信息速度、信息广度和信息深度上综合提升。在未来的 6G 系统中，网络与用户将被看作一个统一的整体。用户的智能需求将被进一步挖掘和实现，并以此为基准进行技术规划和演进布局。6G 的早期阶段可能是对 5G 的扩展和深入，以 AI、边缘计算和物联网为基础，实现智能应用与网络的深度融合，实现虚拟现实、全息应用、智能网络等功能。在人工智能理论、新兴材料和集成天线等相关技术的驱动下，6G 的长期演进将产生新突破，甚至构建新的虚拟世界。

AI 在 6G 中的应用是大势所趋，但仅把 AI 当作 6G 中一种与移动通信简单叠加的技术是不够的，一定要深入挖掘用户需求。4G 改变生活，5G 改变社会，随着 5G 应用的逐步渗透、科学技术的新突破、新技术与通信技术的深度融合等，6G 必将衍生出更高层次的新需求，产生全新的应用场景（见图 5-2）。

在技术方面，6G 技术应包括扩容战略，以向用户提供高吞吐量和连续连接。虽然 5G 网络的设计支持超过 10 万个连接，但随着信息技术的发展以及人民生活需求的增多，每平方千米的移动通信量将会快速增长，物联设备的种类和部署范围会进一步扩大。部署于深地、深海或深空的无人探测器、中高空飞行器，深入恶劣环境的自主机器人，远程遥控的智能机器设备，以及无所不在的各种传感器设备等将移动设备的数量推向极端。这一方面会极大地扩展通信范围，另一方面也会对通信连接提出更高的要求。估计不久，全球将有超过 1250 亿个连接设备，给本已拥挤的网络带来巨大压力，导致网络无法保证所需的服务质量。此外，新 5G 无线系统提供的数据速率可能不符合完全由数据驱动、即时、超高吞吐量、连续连接的要求。

6G 时代的媒体交互形式很可能会从现在的以平面多媒体为主，发展为以高保真 VR/AR 交互甚至以全息信息交互为主。高保真 VR/AR 将普遍存在，而全息信息交互也可以随时随地进行，从而人们可以在任何时间、任何地点享受完全沉浸式全息交互体验，这就是"全息类业务"。典型的全息类业务包括全息视频通信、全息视频会议、全息课堂、远程全息手术等。这类业务需要极高的带宽和极低的时延，对通信网络提出了更高的要求。

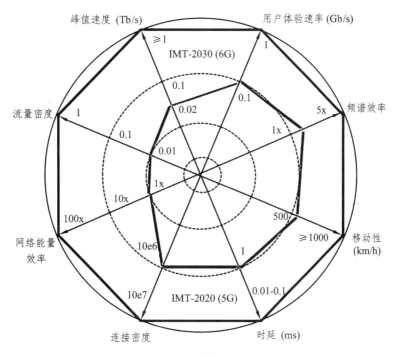

图 5-2 6G 能力愿景需求示意图

时延一般是指端到端的时延，即从发送端的用户发出请求到接收端用户接收到请求的时间间隔。从 2G 到 4G，移动通信网络的演进主要以满足人类视听感受的诉求为主，因此时延取决于人类视觉和听觉两大感官的反应时间。在 5G 时代，端到端时延要求最低可达 1 ms。到 6G 时代，由于引入嗅觉、触觉、味觉等感官以及情绪、意识，对时延的要求将会进一步提高，如全息类业务中的远程全息手术等，因此 6G 的时延目标为小于 1 ms（见表 5-1）。

表 5-1 5G 多媒体类业务与 6G 全感知类业务对网络的需求指标

需求指标	5G 多媒体业务	6G 全感知类业务
峰值速率	20 Gb/s	110 Tb/s（102 410 240 Gb/s）
人体体验速率	100 Mb/s	1 Gb/s（1 024 Mb/s）
时延	125 ms	1 ms
抖动	50 ms	1 ms
网络对业务的感知	部分感知	精细感知
算力	—	高
可靠性	99.9%	99.99%

工业方面的制造也将拥有更高的精度，将以 5G 为基础，通过网络物理系统和物联网服务实现制造业的数字化转型。打破物理工厂和网络计算空间之间的界限，从而使基于互联网的诊断、维护、操作和直接机器间通信具有成本效益、灵活性和高效率。VR/AR 应用之类的工业控制需要实时操作并保证微秒的延迟抖动和 Gb/s 峰值数据速率，如这种在可靠性和同步通信方面的要求，6G 将通过太赫兹通信等技术来解决。

6G 也将彻底改变医疗保健行业，例如，通过远程手术消除时间和空间的障碍，并保证医疗保健工作流程的优化。除了高昂的成本外，当前阻碍通信技术在医疗领域应用的难题主要表现为缺乏实时触觉反馈。此外，电子健康服务激增将对其满足服务质量要求的能力提出挑战，即持续的连接可用性（可靠性为 99.999 99%）、超低延迟（亚毫秒级）和移动性支持。由于毫米波信道固有的可变性和拥塞，5G 系统不太可能实现电子健康服务。6G 将通过移动边缘计算、虚拟化和人工智能等创新，释放电子健康应用的潜力。

近年来发展态势较好的无人驾驶在 6G 的大环境下也将更为安全。6G 将向完全自主交通系统的发展提供更安全的出行、改进的交通管理和对娱乐信息的支持，市场规模高达万亿美元。连接自主车辆需要前所未有的可靠性和低延迟（即高于 99.999 99%，低于 1 ms），即使在超高机动性情况下（高达 1 000 km/h），也必须保证乘客安全，这是现有技术难以满足的要求。此外，每辆车上传感器数量的上升将使得车辆要求的数据速率超过当前网络容量。另外，飞行器在各种情况下（如建筑、急救人员）都具有巨大的潜力。6G 对各行业赋能的示意图如图 5-3 所示。

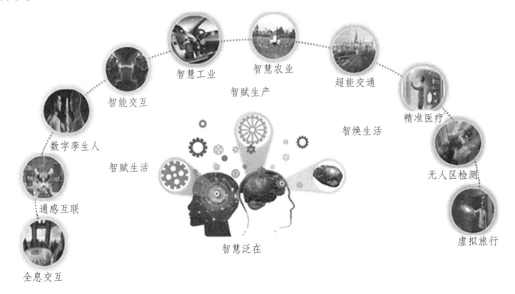

图 5-3　6G 赋能场景

总的来说，6G 将不仅仅是简单地从某个维度或某个平面进行能力提升，而是从信息的速度、广度以及深度上进行综合提升。6G 至少能实现以下 4 个方面的愿景。

1. 能够实现全球覆盖

实现此目标需要跟非地面基站，如卫星网络和无人机网络结合。卫星网络可以有效扩展地面通信网络，极大限度地解决地面基站覆盖难题，为用户提供无缝的无线覆盖，是实现全球无缝覆盖、全覆盖的重要组成部分。在未来，卫星通信将在以下几个方面进行研究：① 高中低轨星座立体化覆盖；② 提高频谱利用率；③ 星际组网与新型路由协议设计；④ 无线通信物理层技术；⑤ 增强星上物理技术；⑥ 与人工智能的应用。未来的卫星通信系统将会与地面移动通信系统进行深度融合，朝着立体化覆盖、高通量、软件化以及智能化的方向发展。随着无人机近年来应用场景不断扩展，市场规模不断增大，逐渐向各行各业渗透，在空中基站、物流、搜救、监控、巡查、农业植保以及气象领域中发挥着越来越重要的作用。无人机通信主要应用的研究在以下几个方面：① 作为空中基站提供无缝覆盖；② 作为移动中继提供通信连接；③ 作为信息采集和传播设备。在 6G 时代，无人机通信也需要做出它的"贡献"，为了支持 6G，未来在无人机通信方面的研究方向可包括：① 新型传输技术：研究无人机的干扰控制技术、研究高速移动状态下的业务接入和碰撞避免机制以及研究新型多址技术以支持未来大连接的物联网应用需求等；② 动态部署及轨道控制：研究应用深度学习的方法对用户或目标的移动性以及相应区域的业务负载进行预测，从而动态优化无人机的部署以及运行轨迹；③ 无人机能耗，确保网络连续覆盖和良好通信；④ 无人机的管控和安全机制，包括无人机性能及告警监测、无人机智能优化调度、无人机计算存储通信能力的协同管理等，此外，还涉及无人机的窃听和干扰问题，因为用户的安全和隐私问题也决定着这一通信方式的实用性。除了这两个通信网络的结合之外，还有其他通信方式的配合也不能忽视。

2. 利用更多的频谱资源

对于目前的移动通信而言，使用的频段主要在 6 GHz 以下，目前无线电频谱的低频部分已趋近于饱和，由于频谱资源的匮乏，我们需要针对更高频段的通信技术进行研究。为了满足未来 6G 网络的全息全感官场景应用需求，6G 网络将是涵盖 6 GHz 以下毫米波、太赫兹、可见光等全频段的通信系统。

3. 引入人工智能和大数据技术

未来通信技术将与人工智能、大数据技术"紧紧相依"。伴随着大数据、人工智能时代的到来，实现不同维度的能源生成、调度、存储、共享需求，实现源供给智能化的智能电网，都需要依托 6G 的信息通信基础设施，以超低时延、超高可靠、高速灵活的通信技术作为支撑，实现电力系统的高度精确控制。自动驾驶、全息视频会议、远程全息手术、远程智能养老、沉浸式购物、身临其境游戏等也需要在通信技术中引入人工智能和大数据。在 6G 时代，可以利用其极大的带宽、极高的可靠性和极低时延的通信能力将车上采集到的信息与云端进行交互，实现协同决策，靠计算机判断、发出指令实现"脱脑"的高度自动驾驶，实现双手双脚甚至是人脑的"解放"。对于老龄化的问题，6G 时代的远程智慧养老可以通过高度智能化的陪护机器人来完成。首先，老人健康状态会得到全方位监测和诊断防护；其次可以实现对老人的精神陪伴。该场景也可应用于小孩或者行动不便的病人的陪伴。在引入人工智能和大数据技术的 6G 时代，全息类业务、全感知类业务、虚实结合类业务等都将得到进一步发展。如图 5-4、图 5-5 所示就是一些应用实例。

4. 能拥有更好的安全性

6G 网络需要考虑的安全问题涉及层面更广泛，技术更先进，从应用层面来看，涉及的数据和隐私种类更多、数据量更大、数据结构也更复杂；从网络层面来看，涉及无线空口安全、用户层完整性、用户漫游安全和基础设施安全等几个方面；从用户层看，涉及如何收集个人信息和选择信息交流的方式、如何保护个人隐私等。6G 网络应能够针对安全隐患迅速做出自我决策、及时响应、避免人为干预，网络的信息安全级别也应达到更高层次。

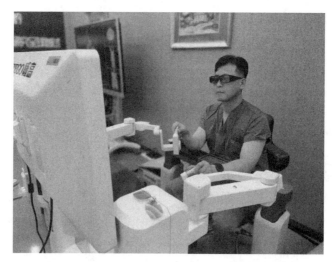

图 5-4　远程手术

图 5-5　智能互动

5.2　光通信

5.2.1　基础概念

光通信（Optical Communication）是以光波为载波的通信方式。根据不同的属性，光通信有多种分类方式。

例如，根据光源特性，光通信可分为激光通信和非激光通信。激光是一种方向性极强的相干光，激光通信就利用它来传输信息。非激光通信则是利用普通光源（非激光）传输信息，如灯光通信。

按传输介质来分类，光通信可分为无线激光通信和光纤通信。大气激光通信不需要铺设线路，更为机动，但易受气候和外界影响，适用于地面近距离通信和通过卫星反射进行的全球通信。采用激光器作光源的光纤通信不受外界干扰，保密性好，使用范围广，适用于陆上和越洋的远距离大容量的干线数字通信。

按传输波段来分类，光通信可分为可见光通信、红外光通信和紫外光通信。可见光通信利用可见光（波长 0.76 ~ 0.39 μm 微米）传输信息。早期的可见光通信采用普通光源，如火光通信、灯光通信、信号弹等。由于普通光源散发角大，通信距离近，只能作为视距内的辅助通信。近代的可见光通信有氦氖激光（红色）通信和蓝绿激光通信。红外光通信利用红外线（波长 1 000 ~ 0.76 μm）传输信息。紫外光通信则利用紫外线（波长 0.39 ~ 5×10^{-3} μm）传输信息。红外光通信和紫外光通信均为非激光通信。

1880 年，美国科学家贝尔（Alexander Graham Bell）发明了光电话。第二次世界大战期间，光电话曾在军事上得到应用，光源是非相干光源，在大气中传输受气候影响大，可靠性差，通信距离短，通信质量差，从而限制了它的发展和应用。1960 年，激光器的问世解决了光通信的光源问题。由于光在大气信道传输时存在的问题，促使人们转向传光线路的研究，探索了各种空心式波导管和透镜式线路，同时也开始了对光纤的研究。1966 年，华人科学家高锟曾预言光纤损耗可降低到 20 dB/km 以下。1970 年，美国康宁玻璃公司生产出损耗为 20 dB/km 的光纤，使光通信进入以光纤为传输介质的新阶段。随着半导体激光器寿命的不断延长和光纤损耗的不断降低，各种类型的光纤通信系统开始大量投入使用。

5.2.2　系统组成

最基本的光通信系统由数据源、光发送端、光学信道和光接收机组成。其中数据源包括所有的信号源，它们可以是话音、图像、数据等业务经过信源编码所得到的信号。光发送机和调制器则负责将信号转变成适合在光学信道上传输的光信号。光学信道包括最基本的光纤、中继放大器等。而光学接收机则接收光信号，并从中提取信息，转变成电信号，最后得到对应的话音、图像、数据等信息。

5.2.3　关键技术及应用

随着我国通信技术及互联网技术的发展，人们对通信的需求不断增加，电磁波频率资源已无法满足社会发展及人们生活的需要。可见光由于具有频率高、不易被干扰、储量丰富、且无污染等优点，已逐渐被应用到通信技术中，可见光无线通信技术也就应运而生。

可见光通信（Visible Light Communication）是一种以照明可见光（光谱 400 ~ 700 nm）为调制载波传输信息的无线光通信系统。可见光通信将照明光用于通信实现信息传送可以节省能源，而且相较于射频技术利用现有的照明系统更为绿色环保。可见光通信应用包括在室内作为 WiFi 和蜂窝无线通信等技术的补充手段、智能交通系统中的通信系统、医院使用的无线通信系统、玩具和主题公园娱乐系统中的通信系统，以及利用智能手机摄像头提供动态广告信息等，涵盖了室内点对点通信、智能交通系统、智慧城市、智能物流与仓储、定位系统、可穿戴设备、公共卫生等诸多领域（见图 5-6）。具备可见光通信技术功能的车辆可以通过该技术实现车辆之间以及与交通基础设施之间的通信，实现车辆间高速数据传输、车辆定位、车辆安全驾驶和避障等。

由于人们会同时使用多个无线设备，如智能手机、笔记本计算机、智能手表、智能眼镜以及可穿戴计算机等，每个设备所需的数据带宽也将呈指数增长。因此可见光通信在室内用作 WiFi 和蜂窝无线通信的技术补充手段已成为一种必然需求。更何况在城市里，人们大部分时间都待在室内，它的实用性更是不言而喻。在室内我们只要对现有的通信结构做简单的改造就可以增加额外的通信容量。

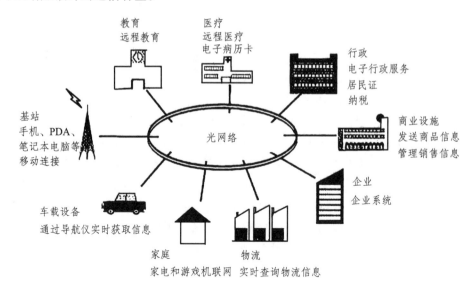

图 5-6　可见光通信

　　智能交通是一种提高道路安全、减少道路伤亡、提高交通效率的新兴技术，可见光通信可以作为一种提供车辆间通信的手段，同时也可以使车辆与道路基础设施（如交通灯和广告牌）进行互联，该技术使用汽车的前灯和尾灯作为发射机，交通信号灯也相当于发射机，相机和探测器作为接收机，整个系统用于提供专门面向汽车领域的单向或双向中短程无线通信链路（见图 5-7）。

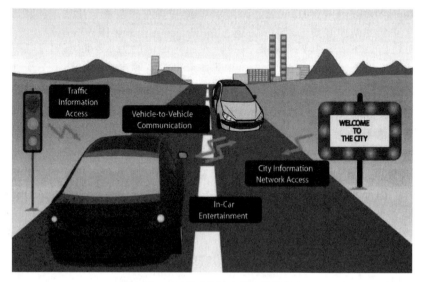

图 5-7　智能交通与可见光通信

　　可见光通信在玩具和主题公园娱乐业领域的应用也非常又前景。因为可见光通信充分应用了两个主要的特点：一是具备视线或半视线通信能力，这使得通信仅限于特定的区域，可以在主题公园中提供基于位置的信息，带给观众一种多维的、多感官的体验，还可以使用现有的 LED 在玩具市场上实现玩具之间的互动；二是可以低成本地在玩具和公园娱乐中实现该技术。

可见光通信拥有适用性广、安全私密、速度快以及资源丰富等诸多优势。可见光通信技术无电磁污染，安全范围广，对设备的损伤和对人体的伤害微乎其微。同时，可见光频率非常高，具有更宽的频带，是无线电的 105 倍，这意味着其频谱资源丰富，可在很大程度上缓解无线电频谱紧张的情况。可见光无法绕过或穿透不透明物体，其信息传输范围局限于照明范围，因此传输范围容易控制，只要遮住光源，照明区以外就没有信息泄露，安全性大幅度提高。2011 年，德国物理学家哈罗德·哈斯（Harald Haas）教授在英国爱丁堡大学通过暗色纸板遮挡可见光通信技术的光源实现了视频的播放与暂停，验证了可见光通信技术的安全性。

无线激光通信（Wireless Laser Communication，WLC）又称自由空间通信或者大气激光通信，是一种以激光为载体的点对点通信。激光通信最突出的优点是信道容量大、保密性好，显然也有很多缺点和难点需要克服。但随着科技的发展，激光通信的硬件单元能够向着小型化、轻便化的方向发展，从而突出其优点，使之成为复杂电磁环境与特殊情境下的一种可靠的保密通信方式。

无线光通信是当今在地面上可以与光纤通信形成鼎足之势并潜力巨大的通信方式。无线光通信既承袭了光纤通信的巨大优越性，又克服了光纤通信系统固定不能移动、需要铺设光缆、施工期长、造价高等诸多不足。无线光通信有着频带、容量大、适用任何通信协议、适合于各种地理环境、部署快、机动灵活、特别适合于应急要求、传输保密性能好、频谱资源丰富、不需要申请频率使用权、设备体积小、重量轻、特别适合于搬运架设等优点。

无线激光通信以激光束作为信息载体，不使用光纤等有线信道的传输介质。最简单的无线通信系统可以被归结为发射和接收两个主要的子系统。大气信道的特性使得激光在大气中的传输有衰减，大气湍流效应会引起激光在传输过程中时间和空间上的随机起伏。在激光通信中，瞄准捕获与跟踪系统（Acquisition，Pointing and Tracking，APT）至关重要，决定着通信链路的建立速度、维持能力以及通信质量。在国外，基于大气激光通信的研究主要综合了地面、飞机、卫星等方面，美国、日本、欧洲处于领先地位。国内在基于大气激光通信的系统研究方面起步较晚，不过近年来进展迅速。无线激光通信还有很多潜在的应用场景，如深空光通信、水下激光通信、单兵无线激光通信等。无线激光通信的框图如图 5-8 所示。

空间激光通信技术可作为一种应急通信方案，应用于抗震救灾、突发事件、反恐、公安侦查等领域。具体来看，空间激光通信技术可为多兵种联合攻防提供军事保密信息服务，在局部战争、战地组网和信息对抗中优势突出。另外，受益于带宽高、传输快速便捷及成本低的优势，空间激光通信技术是解决信息传输"最后一千米"和 5G 小微基站传输的最佳选择。

美国在国家航空航天局（National Aeronautics and Space Administration，NASA）和空军支持下是最早开展空间激光通信技术研究的国家。2000 年，NASA 依托喷气推进实验室完成了激光通信演示系统试验；2013 年 10 月的月球激光通信演示验证计划实现了月球轨道与多个地面基站 4×105 km 的激光双向通信。欧洲的主要国家和地区也较早地开展了空间激光通信技术的研究。日本更是开展了一系列星地激光通信演示验证，如工程试验卫星计划和光学在轨测试通信卫星计划都完成了激光通信测试，实现了世界首次低轨道卫星与移动光学地面站间的激光传输。此外，日本的相关研究已逐步向激光通信终端小型化、轻量化、低功耗方向发展，如通过空间光通信研究先进技术卫星计划，并在 2014 年完成了小型光学通信终端对地激光通信的在轨测试，它的总质量仅为 5.8 kg，最远通信距离可达 1 000 km，下行通信速率为 10 Mb/s。如图 5-9 所示为可用于军事通信的无线激光通信示意图。

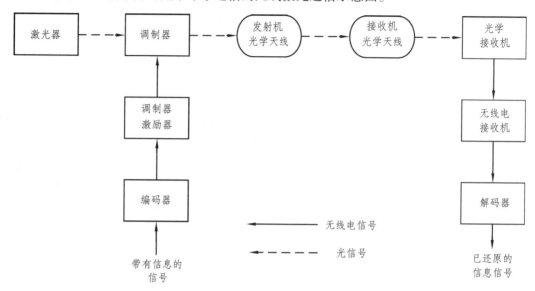

图 5-8　无线激光通信框图

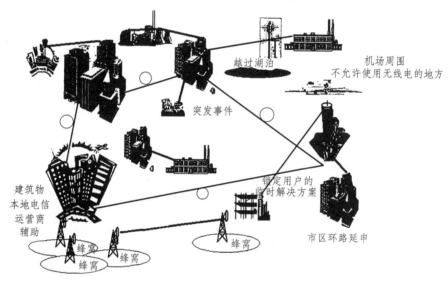

图 5-9　可用于军事通信的无线激光通信

　　我国虽然在空间激光通信技术领域的研究起步较晚，但近年来成果显著，在通信系统技术和端机研制方面取得了重大突破，在激光通信单元技术领域取得不少研究成果。2007 年，我国首次完成了"动中通"空间激光通信试验，突破了双动态光束瞄准跟踪技术，传输速率达 300 Mb/s，并逐渐将速率提高到 1.5 Gb/s、2.5 Gb/s、10 Gb/s，陆续开展了空地、空空等链路的演示验证；2013 年完成了两架固定翼飞机间远距离激光通信试验，传输速率为 2.5 Gb/s，距离突破 144 km，超过了欧洲、美国等国家和地区同类型演示验证的最远距离；2011 年，通过"海洋二号"卫星开展了我国首次星地激光通信链路的数据传输在轨测试，最高下行速率为 504 Mb/s；2017 年，利用"墨子号"量子科学实验卫星开展了我国首次星地高速相干激光通信技术在轨试验，最高下行速率达到 5.12 Gb/s；2017 年，搭载"实践十三号"高通量卫星的星地激光通信终端成功进行了我国首次高轨卫星对地高速激光双向通信试验（见图 5-10），40 000 km 星地距离最高速率为 5 Gb/s。这些空间通信试验在系统设计、捕获跟踪技术和光波的大气传输特性等方面为我国空间激光通信技术的研究提供了宝贵的经验。

图 5-10　实践十三号卫星在轨示意图

随着激光、光学和光电子元器件技术的发展进步，空间激光通信技术不断取得突破。按照系统功能，空间激光通信技术主要可分为捕获跟踪、通信收发、大气补偿和光机电设计 4 类技术。在空间激光通信方面，以后的发展会更多地呈现出高速化、深空化、网络化、一体化、集成化趋势。激光通信具有高速率、抗干扰、抗截获、轻小型和保密性好等优点，在军事保密通信、民用应急通信、电磁干扰下通信以及天地一体化信息网络建设等方面具有广泛的应用前景。

5.2.4　未来的挑战

我国十分重视光通信器件的研发，通过国家技术发展计划安排专题，组织技术攻关，跟踪国际先进技术等措施的实施，极大地推动了光通信器件的研究开发和产业化工作。随着光器件产业逐渐向中国转移，光通信行业基础设施建设进一步加快，中国已成为全球光电元器件的重要生产销售基地。然而，在光通信市场和系统设备商大放光彩的背后，却隐藏着我国光通信产业大而不强、产业链发展不均衡的一面。因此，光通信产业发展前景巨大。

5.3　中微子通信

5.3.1　基本概念

中微子于 1930 年由德国物理学家沃尔夫冈·泡利（Wolfgang E.Pauli）提出，到了 20 世纪 50 年代才被实验所观测到。中微子又被称为微中子，是轻子中的一种，也是组成自然界的最基本的粒子之一。中微子均不带电，以接近光速运动且几乎不参与电磁相互作用，即使参与其相互作用也极其微弱。因此中微子的检测非常困难，人们对中微子的了解也最晚。

中微子的穿透力极强，几乎没有任何东西能阻拦它，在此过程中它所携带的能量也很少有损失。因此，它是一种十分理想的信息载体。由于中微子束方向性好、传输距离长、不受各种辐射干扰，使得中微子通信（Neutrino Communications，NC）可以成为最为安全、保密、迅捷的现代通信手段，特别是在军事领域的应用前景更为广阔。将中微子用于军事指挥可以准确地进行点对点的通信，保密性极好，不易被截获。

中微子通信是一种利用中微子束运载信息的通信方式。在地球范围内的所有无线电通信都离不开各类中继设备，例如，通过通信卫星和地面基站等的转发来延长传输距离。但如果采用中微子通信，传输距离的这个问题便可迎刃而解，它的通信传输距离可以足够远、本身的能量损失也很少，并且几乎不与任何物质反应。所以，当需要长距离通信时，只需要将要传输的信息对中微子束加以调制，让它包含有用信息，即可以实现两点之间的直接通信。其实，中微子的工作原理与其他通信方式的工作原理几乎没有差别，都是将我们需要传输的信息例如语音、图像或数据等通过"调制"这一技术载入中微子束上，再凭借中微子的极强穿透力将信息传送到目的地；在到达后再用"解调"这一技术将传输的信息从中微子束中分离出来，还原最初需要传输的信息。中微子通信的设想已提出多年，但如何方便地发射和探测中微子束，又怎样把传输的信息调制和解调，让中微子束包含有效信息？目前还在积极探索中。

虽然中微子通信还有许多亟待解决的难题，但不可否认它也有着很高的应用价值。若在军事领域中采用中微子通信，将会为海军对潜艇进行保密通信提供强有力的保证；在地球范围内的通信领域使用中微子通信则可以实现任意两点之间的点对点通信，而无须高成本且复杂的卫星或微波站；新兴的中微子通信技术也很适用于宇宙中星际间的通信。

未来的中微子通信也可以按网络分布的位置进行分类，分为在地球范围内的中微子通信网络、近空中微子通信网络以及深空中微子通信网络。在地球范围内的中微子通信网络即绕地球的大气层之内的中微子通信网络，它又分为室内型和室外型两种；近空中微子通信网络即地球大气层之外人造卫星与人造卫星之间、人造卫星与地面之间的中微子通信网络；至于深空中微子通信网络即为进入广阔宇宙中的中微子通信网络，包括进入月球或者太阳系。中微子通信网络中现有的信息载体仅有三种类型：电子中微子信息载体、μ中微子信息载体以及τ中微子信息载体。值得注意的是水下的中微子通信所使用的信息载体可与近空和深空的中微子通信网络相同。

5.3.2　系统组成及主要性能

与光通信类似，中微子通信过程中也有发射端装置和接收端装置。在通信时，发射端装置和接收端装置均可分为三个部分，每个部分都拥有特定的功能。

发射端装置的三个功能分别为：①产生中微子束，以此来作为中微子通信的信息载体；②作为调制器，将需要发送的信息载入中微子束；③作为发射装置，将已被调制好的中微子流发射到中微子通信的传输信道。中微子通信系统如图5-11所示。

接收端装置的三个功能分别为：①前端接收，从传输信道中接收被调制好的中微子流，并去掉传输过程中受到的干扰和衰落，恢复在原来发射端发送到信道的调制中微子流；②作为信息的解调装置，从接收到的中微子流中将载入的信号解调出来；③恢复原信号的装置，将以上解调出来的信号进一步恢复为发射端信号的本来面貌。

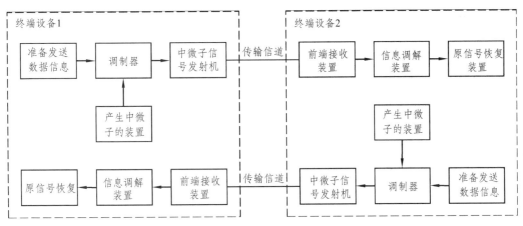

图 5-11　中微子通信系统图

5.3.3　关键技术及应用

1. 采用的关键技术

无线电通信虽然在当今应用广泛，但常常会受到来自外界的干扰，使得通信具有一定的局限性。中微子具有非常强的穿透力，可以不受无线电频段的电磁波干扰，即抗干扰能力强，即使在恶劣的气候下也可以不受干扰；不仅可以高速率地工作，还能确保有良好的传输保密性能。

在中微子通信中涉及的关键技术主要是为了确保中微子通信系统的正常运行以及良好的通信。使用中微子通信首先要产生通信的载体——中微子束，在宇宙中产生中微子束的方法很多。例如，宇宙大爆炸中产生的原生中微子、恒星核反应产生的中微子、在合并电子和质子过程中产生中微子、高能宇宙线粒子与大气层中的原子核出现核反应产生中微子、π 介子衰变产生的中微子（由这个产生的中微子能量极高）、β 衰变产生的中微子（β 是地球上的物质裂变的产物）等。如图 5-12 所示为中微子探测器。

图 5-12　已安装就位的中微子探测器

利用核聚变反应产生中微子束的几个关键技术要求在于：① 要保证核聚变反应的绝对安全，绝不能有任何核泄漏的情况存在，因为一旦发生核泄漏对人的精神和心理带来的恐惧不安，以及身体上带来的伤害都是巨大的，带给自然环境的危害也是巨大的；② 保证安全的同时也要保证产生的中微子有一定的中微子密度；③ 源设备的可靠性要足够高，设备的体积不应太大，重量也不应太重，要便于移动。以上要求也带来了一些问题，要防止设备损坏而造成核泄漏，设备造价就很昂贵，且体积较大，投入的人力物力也较大，这也就造成中微子通信难以实现商业化。

在光通信中对于波束的调制解调主要采用对于设备光源的调制技术。光通信系统中采用强度调制/直接检测以及外部调制/外差接收两类调制方式。和光通信类似，在中微子通信中，也会在发射源即发送设备中利用调制器对中微子束进行调制，然后利用磁场控制载有信息的中微子束向既定方向传输。在接收设备中，同样需要将中微子束所载的信号进行解调，恢复出原来的信号。但在中微子通信系统中是采用模拟调制解调还是数字调制解调？调制技术是使用和光通信类似的调制技术还是找出它特有的一种调制技术？这些都是实现中微子通信的关键技术。

在中微子通信系统的接收端，其接收装置具有三个功能：首先从通信的信道中接收已调制的中微子流，去掉其中的干扰；其次是解调，将载入到中微子流的信息解调；最后是恢复原信号，得到发送端未进行调制的原始信号。

2. 中微子通信的应用

中微子通信从通信的范围来看可分为"近空中微子通信"以及在宇宙太空中的"深空中微子通信"，具体为在地球范围内的中微子通信、人造卫星之间的中微子通信以及卫星和地球之间的中微子通信。

在某些资料中，将地球范围内的中微子通信统称为"近空中微子通信"；将太空宇宙星际即人造卫星之间及卫星与地球范围内之间的中微子通信称为"深空中微子通信"。无线通信是海上通信和空中通信的重要方式，而现在的海上通信和空中通信主要借助普通的无线电波，但普通无线电波通信容易受到干扰，用它进行远程通信时可能还需借助地面的中转站或中继通信卫星，容易带来不便。而中微子的穿透力很强，速度基本接近光速，所以面对高山、海水等复杂地理自然环境的阻挡，它基本不会受到影响。对于未来的通信网络，中微子具有"天生的优势"，可以取代普通无线通信的"先天不足"。

由于中微子通信具有穿透力强、保密性好以及速度快等优势，使得其非常适于军事通信。例如：由于中微子极弱的相互作用，在大概 100 亿个中微子中只有一个会与其他物质发生反应，具有极强的穿透力，而且检测中微子非常困难，因此特别适合安全保密性要求很高的军事通信任务；同样，中微子通信也适合水下战争、热核战争以及宇宙空间战争的需要。当潜艇入水工作后，潜艇的通信就属于地下通信的范畴，潜艇在水下工作时其通信的隐蔽性及其重要，运用中微子通信可以实现其他通信设备或水下潜艇之间的直接通信，也基本无须考虑通信过程中的信息损耗，并且可以与任何位置的指挥中心进行通信，保证安全可靠的通信质量。在热核战争中，我们现有的无线通信手段可能会由于收发中继遭到破坏或者干扰等原因无法通信，但中微子通信很好地解决了这一问题，若使用安置在岩石深处的中微子通信系统，其收发设备不仅不会遭受破坏，还能保证良好的工作状态。因此，中微子通信适于宇宙空间战争，适用于星际之间的通信，能够为人类了解宇宙、探索宇宙服务。

5.3.4　未来的挑战

中微子通信是一个新兴的分支科学，虽然我们已经认识和了解了中微子的运动及变化规律，但它仍有许多谜团尚未解开。存不存在中微子振荡？宇宙中的中微子如何探测？中微子存不存在磁矩？此外，中微子的质量尚未监测到，还存在一些现实的挑战以及难题，例如，怎样控制中微子束的能流密度，是否把所有的信息加载到中微子束上，即可实现任意距离的点到点通信并与计算机并网对装备进行遥控遥测等。中微子通信设备的基本通信性能、设备的可靠性和有效性、设备的可移动性和可管理性等都远未达到成熟的技术水平；且在小型通信系统特别是家用场合，中微子通信所占用的空间、系统成本和维护上的费用都使其本身的优势丧失，显得性价比极低。中微子通信虽然可以应用到宇宙通信中，成为人类探索宇宙、了解宇宙的重要手段，但捕捉中微子尤其是数量稀少的高能中微子也成为一项非常困难的工作。以上一些问题以及谜团会使中微子通信在地球范围内的运用以及在宇宙星体间的运用具有局限性。

5.4　量子通信

5.4.1　基本概念

人类历史上出现过三次科技革命。第一次是工业革命，建立在经典物理学的牛顿力学的基本原理上，以瓦特（James Watt）的蒸汽机为代表；第二次是电力革命，也称为第二次工业革命，利用的是法拉第的电磁感应原理，开始大规模使用电力，有了电灯、电报；第三次为信息革命，从 20 世纪的中期一直持续到现在，以大规模的各类电子计算机的应用为代表。在第三次科技革命中，人类的信息技术突飞猛进，出现了质的飞跃，虽然是以凝聚态物理学、量子光学以及核物理为物理基础，但这些都建立在量子力学的原理上。信息革命从它的"诞生地"贝尔实验室开始，经过了硅谷崛起、电子计算机和遍布全球的互联网，人类文明一步步地全面进入信息时代。

提到信息革命，就不得不提到美国的贝尔实验室。贝尔实验室的前身是伏特实验室，由电话的发明人贝尔建立，隶属于他自己所创建的"美国电话电报"公司。在贝尔逝世后，为了纪念他将实验室更名为"贝尔实验室"。美国电话电报公司对贝尔实验室投入了大量资金用于研发、引进人才，所以在二战后，贝尔实验室也迅速成为美国的科技中心。也是在这里，巴丁（John Bardeen）、布莱顿（Walter Brattain）和肖克利（William Shockley）发明了晶体管，香农发表了信息论，成为了信息革命的开端。

信息时代的重要发明贝尔实验室就独占了一半以上（见图 5-13）。这些发明最终也塑造出了移动电话和互联网。但成也萧何败也萧何，移动电话和互联网让固定电话变得不再是必需品，通话的费用急剧下降，公司也就无法再支撑实验室的巨大开销，人才流失严重，随即实验室被拆分。

之后硅谷开始"崛起"，半导体出现。应该说硅谷的崛起离不开仙童半导体公司，正因为从这家公司走出去的杰出人物在硅谷各地成立了公司，成就了硅谷的崛起。随后集成电路的发明更是给这场技术革命带来了飞跃。

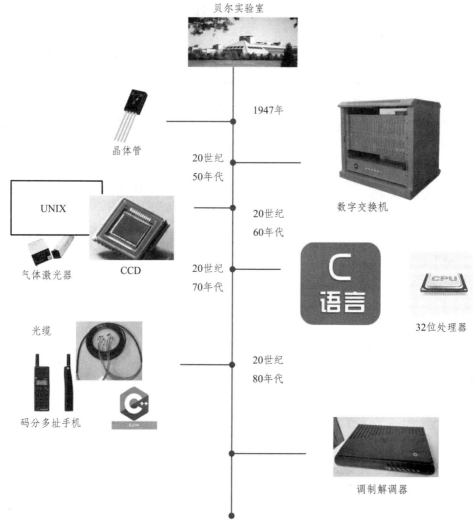

图 5-13   贝尔实验室主要发明

1976 年苹果公司成立，并在 1977 年推出了第一台个人计算机，在 2007 年更是推出了一款划时代的产品，将计算机与无线通信工具（手机）结合的智能手机。我国的华为公司也通过智能手机从通信设备巨头变成了整个半导体产业的巨头。现在，智能手机也使得互联网扩展到了连接移动设备的移动互联网。

总而言之，信息革命可以归结为物理学家负责发明东西，计算机的软硬件公司负责做大市场，互联网公司负责盈利。这也反映了从集成电路到计算机再到互联网的历程。

经典物理学促使了前两次工业革命的出现，第三次科技革命的源头也由一众物理学家开创，将人类文明带入了信息时代，所传输信息的载体也是物质呈现的经典状态，而不是量子状态，量子信息学、量子通信也就粉墨登场了。

表 5-2 从各个角度展示了人类的四次科技革命，前两次较偏向能量，后两次偏向信息。而我们正处于第四次科技革命即第二次信息革命的前夜。其中量子通信和量子计算扮演着极其重要的角色。

表 5-2　人类历史上的四次科技革命

	第一次 科技革命	第二次 科技革命	第三次 科技革命	第四次 科技革命
别名	第一次 工业革命	第二次 工业革命	第一次 信息革命	第二次 信息革命
物理学 基础	经典力学		量子力学	
物理学 分支	热力学、刚体力学、 流体力学	电动力学（电磁学、 波动光学）	凝聚态物理学 量子光学	量子信息学
发明	蒸汽机	内燃机、发电机、电灯、 电报、无线电通信等	半导体集成电路、电子计 算机、光纤通信、LED 等	超导量子计算、 光量子通信
新能源	煤炭	石油	核裂变	可控核裂变
新核心 材料	钢铁	铜、磁铁、橡胶、 塑料、化纤	半导体、超导体、 光纤、巨磁阻材料	拓扑量子材料

量子通信（Quantum Communications，QC）是指利用量子纠缠效应进行信息传递的一种新型通信方式，也是量子光通信的简称。量子纠缠是多粒子的一种量子叠加态，是指在微观世界里，有着共同来源的两个微观粒子之间存在着纠缠关系，两个处于纠缠状态的粒子无论相距多远，都能"感应"对方状态，即随着对方状态变化而变化，就如同我们所说的"心电感应"一样。

量子通信的两位创始人是美国物理学家本内特（Charles H. Bennett）和加拿大密码学家吉列斯布拉萨德（Gilles Brassard）。在研究过程中，两人发现量子态的不可克隆和测量坍塌性质可以用在密码学上，即直接生成无法复制或截获的密码。于是两人成功结合了量子力学和密码学，在 1984 年发表了第一个量子密钥分发方案——BB84 协议。之后又有了 B92 协议、E91 协议以及连续变量协议等。虽然现在连续变量协议还不够成熟，有许多问题亟待解决，但仍具有非常光明的前景。

量子通信在通信安全性、计算能力、信息传输通道容量、测量精度等方面突破了经典技术的极限，与目前传统的通信技术相比，量子通信具有多个优势：

（1）极高的安全性。经典通信的安全性和高效性都无法与光量子通信相提并论。量子通信绝不会"泄密"，其一体现在量子加密的密钥是随机的，即使被窃取者截获，也无法得到正确的密钥，因此无法破解信息；其二，分别在通信双方手中具有纠缠态的 2 个粒子，其中一个粒子的量子态发生变化，另外一方的量子态就会随之立刻变化，并且根据量子理论，宏观的任何观察和干扰，都会立刻改变量子态，引起其坍塌，因此窃取者会因为干扰使之得到的信息已经破坏，并非原有信息。被传输的未知量子态在被测量之前会处于纠缠态，即同时代表多个状态，例如一个量子态可以同时表示 0 和 1 两个数字，7 个这样的量子态就可以同时表示 128 个状态或 128 个数字：0～127。光量子通信的这样一次传输，就相当于经典通信方式的 128 次。

（2）隐蔽性好。量子通信没有电磁辐射，第三方无法进行无线监听或探测。

（3）应用广泛。量子通信与传播媒介无关，传输不会被任何障碍阻隔，量子隐形传态通信还能穿越大气层。因此，量子通信应用广泛，既可在太空中通信，又可在海底通信，还可在光纤等介质中通信。

（4）抗干扰性能强。量子通信中的信息传输不通过传统信道，与通信双方之间的传播媒介无关，具有完好的抗干扰性能。量子通信由光量子态来携带信息，在量子通信中一个光量子在常温下可携带几十比特信息，而在现阶段的传统通信系统中，一个光量子在常温下仅能携带几十分之一比特信息。这也就使得量子通信的容量要比传统的光通信要大得多。量子通信的信息安全是基于量子密码学，具有极强的不可复制性，在理论上的绝对安全性。也因此量子通信比传统的光通信具有更强的安全保密性。在进行量子通信时，为了保证通信安全，密文的发送端和接收端均会共享几乎完全一致的光子，根据量子力学，有共同来源的两个微观粒子之间会存在着跨越时间和空间的某种纠缠关系。因此，当发送端在密文上加上一个光子时，接收端的纠缠光子几乎会同时获知到发送端的状态变化，密文的发送端开始发送，其接收端不管相距多远都能知道量子的状态，密文的长度决定了发送端和接收端需要多少几乎完全一致的成对光子，但是作为载体的光子不会在该过程中被传输。

量子通信按照所存在的空间可分为适于陆上、水下和高空的系统，适合地球范围内的系统以及适合于宇宙太空的量子通信系统等；按照传输介质的不同可分为无线和有线量子通信系统，有线通信系统又可分为电缆和光缆量子通信系统；按照采用技术的不同也可分为一般量子通信系统和纳米量子通信系统等。

尽管量子通信还很"年轻"，但国内外都非常重视量子通信的发展。从 1994 年开始，美国国防高级研究计划局致力于用 3～5 年的时间推进量子通信技术方面的研究，美军实施了"以不加外力传输的方式向战场和全球传输报文能力"的量子通信计划。2002 年，美国制定的"10年发展规划"中明确提出："到 2012 年发展一套可行的带有足够复杂度的量子计算技术"，美国全国科学基金会投资 5 000 万美元对量子通信进行研究。同年，日本三菱电机成功进行了传输距离为 88 km 的量子加密通信试验，延长传输距离加速了量子加密通信实用化进程。到了 2011 年，美国的白宫和五角大楼安装了量子通信系统并投入了使用。

目前，我国量子通信的发展处于世界的领先水平。1998 年，中国的青年学者潘建伟与荷兰学者波密斯特等人合作，首次实现了未知量子态的远程传输。这是国际上首次在实验上成功地将一个量子态从甲地的光子传送到乙地的光子上；2003 年，韩、中、加等国学者提出了诱骗态量子密码理论方案；2006 年，潘建伟团队实现诱骗态方案，同时实现超过 100 km 的量子保密通信实验；2007 年，中国科技大学利用自主创新的量子路由器，在合肥建成中国第一个量子通信局域网；2008 年，该团队研制了基于诱骗态的光纤量子通信原型系统，组建了世界首个 3 节点链状光量子电话网；2009 年，该团队建成世界首个全通型量子通信网络，并且首次实现了实时语音量子保密通信；2012 年，潘建伟团队首次实现百公里自由空间量子隐形传态和纠缠分发；2013 年，首次实现携带轨道角动量、具有空间结构的单光子脉冲在冷原子系统中的存储与释放；2014 年，潘建伟团队与中科院和清华合作，结合诱骗态方法将安全距离突破至 200 km；2015 年，我国研究小组在国际上首次实现多自由度量子体系的隐形传态；

2016 年，"京沪干线"建成交工，这是世界第一条量子通信保密干线，传输距离达 2000 多千米，途经北京至上海多个城市，主要承载重要信息的保密传输；2017 年，成功研制出世界首台超越早期经典计算机的光量子计算机；2017 年，"墨子号"量子科学实验卫星成功发射，并完成预定试验任务。

京沪干线实现了高可信、可扩展以及军民融合的广域光纤量子通信网络，推动了量子通信技术在国防、政务、金融等领域的应用，也带动了相关产业的发展。2017 年我国所发射的"墨子号"量子科学实验卫星是中国科学院空间科学战略性先导专项的首批科学卫星之一（见图 5-14）。其科学目标是进行星地高速量子密钥分发实验，并在这个基础上进行广域量子密钥网络实验，以望在空间量子通信实用化方面取得突破。

图 5-14   "墨子号"量子卫星与地面站通信试验照片

5.4.2 系统组成及主要性能

与一般光通信系统网络类似，量子通信网络系统的组成也是由通信的发送端、信息传输通道和接收端组成。根据需要，在信息传输通道中也可加入中继站点。组成量子通信网络系统的主要设备有发射端装置和接收端装置，基本部件包括量子态发生器、量子通道以及量子测量装置等。量子通信的关键技术有光子计数技术、量子无破坏测量技术，以及亚泊松态激光器等。

为了量子通信可以应用到更远的距离，有三种方式可以选择：第一种是像京沪干线一般，在光纤中利用可信中继，这也是目前国际上建设量子通信网络的主要方法；第二种是在光纤中利用量子中继建设全量子网络，虽然量子中继技术在飞速发展，但离实际应用还是有一段距离的；第三种则是利用自由空间信道的低衰减特性，用卫星作为终端来扩展量子通信距离。"墨子号"量子科学实验卫星就是世界上第一颗卫星量子通信终端。

"墨子号"卫星于 2016 年 8 月 16 日发射成功。它一共配置了四个主载荷：量子密钥通信机、量子纠缠发射机、量子纠缠源和量子实验控制与处理机，也突破了很多的关键技术，例如，同时与两个地面站的高精度星地光路对准、星地偏振态保持与基矢校正、高稳定星载量子纠缠源、卫星平台复合姿态控制、天地高精度时间同步技术等。

量子纠缠源是卫星上产生纠缠光子的源头，将纠缠光子对分发给两个发射光机载荷，是纠缠分发实验的核心。它可以产生高亮度的纠缠光子对，但难点就在于如何在空间复杂环境下保持系统内各光学组件的稳定性和可靠性。如图 5-15 所示为量子纠缠原样机。

图 5-15　量子纠缠原样机

量子密钥通信机和量子纠缠发射机与地面建立双向跟瞄链路，实现光信号的传递。量子纠缠发射机基于轨道预报数据及卫星姿态机动，对地面站进行大范围初始指向完成捕获，实现高精度跟踪与瞄准；具备量子密钥信号产生与发射功能；具备量子纠缠光极化检测与校正功能，实现纠缠光发射；具备信标光、同步光的产生发射功能。量子密钥通信机在卫星姿态机动基础上实现对地面站的捕获、跟踪与高精度瞄准功能；具备量子密钥通信信号产生与发射功能；具备量子纠缠光的极化检测与校正功能，实现纠缠光发射；具备量子隐形传态信号接收与探测功能；具备信标光、同步光的发射与接收探测功能。如图 5-16 所示为量子纠缠发射机。如图 5-17 所示为量子密钥通信机实物。

图 5-16　量子纠缠发射机

图 5-17　量子密钥通信机实物图

量子通信的发射端装置的功能分为 3 个部分：① 将产生的量子流作为量子通信的信息载体的装置；② 调制器；③ 发射装置，将在调制器中调制好的量子流发送到量子通信信息的传输通道。

量子通信的接收端装置的功能也分为 3 个部分：① 前端的接收装置，主要用来从量子通信信息的传输信道接收已调制好的量子流，并去掉传输过程中受到的干扰和衰落，恢复成原来发射端装置发送到信道中的调制量子流；② 解调装置，将接收到的载入量子流中的信号解调出来；③ 原信号的恢复装置，将解调出来的信号进一步整形放大恢复出发送端信号的本来样子。

量子通信系统网络主要性能参数的选择包括网络规模和网络组成基本部件的性能参数等。

量子通信系统网络的规模涉及系统网络的大小、网络的拓扑结构以及类型等基本情况，说明量子通信系统网络采用的是哪种网络，是已存在的现成经典光通信网络还是新建的专用网络，所采用网络所属的拓扑结构，系统网络的传输距离，系统网络的容量大小以及使用的是经典信道还是量子信道的技术性能等。

量子通信系统网络所采用的传输介质可能包括光纤、空气、海水甚至是真空环境。其中光纤的通信网使用的传输介质主要是光缆，在光纤通信这门课中可能会提到光缆的传输介质又分为多模和单模。主要的传输特性是传输损耗和传输带宽。在量子通信系统网络中经常会用到光纤通信网。上述的传输损耗是指在传输信息时传输每个单位距离长度信号能量的损耗即信号幅度的降低；传输带宽主要反映信息传输时每个单位距离长度信号失真的情况。如图 5-18 所示为量子通信系统网络的原理框图。

在量子光通信网络中可借用多址接入的方式实现多维用户的通信，以充分利用信道。多址接入技术的种类包括时分多址（TDMA）、频分多址（FDMA）、波分多址（WDMA）、码分多址（CDMA）和空分多址（SDMA）等。在量子光通信中主要采用的是时分多址接入方式（TDMA）和空分多址接入方式（SDMA）两种通信方式。

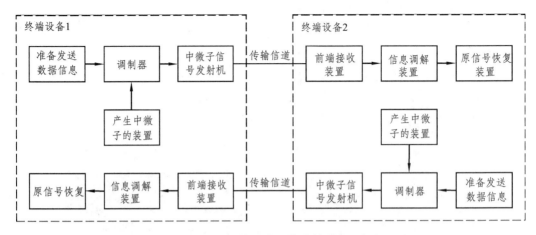

图 5-18　量子通信系统网络的简单原理框图

　　量子通信的系统网络同样也会涉及光电器件与集成技术。网络采用的关键器件技术主要包括了光子计数技术、无量子无破坏测量技术和亚泊松态激光器技术等。

　　光电子器件是量子通信技术的核心，亚泊松态激光器又是量子光通信所使用的专用器件，它输出的激光为亚泊松态并且大幅提高了信噪比，主要的性能和基本情况包括可调制带宽、发射光谱宽度、激光辐射的空间分布与输入光功率要求、发光机理以及发射光功率与工作电流的关系等。

　　在量子通信的接收端，光子计数设备是非常重要的接收量子信息的装置。光子计数器用来检测信息，只对入射的光量子反应，然后将其变换为相应的光电脉冲并加以计数。它主要的性能参数是光量子计数的量子效率和信噪比。光子计数信噪比的提高量与量子效率、光子速率及计数时间长短等成正比关系。光子计数是由光量子作用光电倍增管或雪崩光电二极管，产生光电脉冲，经放大后输出，进入电子脉冲甄别器，幅度满足甄别器门限范围的经整形进入光子计数器计数。其中甄别器门限需设置适当，若设置偏低，一些噪声脉冲将被计数，若设置偏高，一些信号脉冲将会遗失。

　　量子测不准测量在光量子通信中起着重要作用，这指的是不破坏"物理量"的测量，而不是指不破坏"状态"的测量，这里的状态通常包含光量子数与相位的信息。量子无破坏测量技术不是指任何量都不破坏的测量，并且任何量都不破坏的测量是不可能的，但是以相位的破坏作为补偿，来获得光量子数的不破坏是可能的。

5.4.3　挑战与应用前景

　　量子通信的研究具有广阔的应用前景，现阶段，量子通信已取得了飞速的发展，量子通信的理论框架已经基本形成，理论体系也日趋完善。而且随着量子通信理论研究和实践应用的不断突破，量子通信产业化为期不远，市场前景也是不可估量的。在业界，量子通信在技术研究和产品研制方面都取得了进展，也研制出了较为成熟的单光子探测器、量子密钥分发产品、纠缠源、量子随机数发生器、量子数据加密系统等。量子通信和量子计算潜在的重要科学价值和应用价值正在引领着科学家研发未来的量子计算机。

虽然量子通信和量子计算的应用前景广阔，但在现实应用中不可避免地会遇到一些难题。首先，量子信号在商用光纤上传输的不稳定是量子保密通信技术实用化的主要技术障碍；其次，量子信号的绝对安全路由问题则是实现量子通信网络的主要难题。

理论上，最理想的量子通信光源是单光子源，因现有技术的制约性，存在光子的发射特性、光谱的单色性控制等方面的困难，使其还未成功研发出来。此外，处于纠缠态的两个粒子不会被距离所局限，那么量子中继过程就变得格外重要，该过程所需的设备较复杂，未来仍需要一定的时间进行实验。

目前，量子通信的理论研究和实际应用方面还存在一些争论。

5.5 人体通信

5.5.1 基本原理

人体通信技术（Human Body Communication，HBC）是一种很有前途的无线技术，它利用人体组织作为信号传播媒介。在人体通信过程中，信号从电极通过静电场或静磁场耦合到身体，并使用类似的电极在身体的另一部分被捕获。人体通信比传统的射频方法具有更低的功耗，因为它在较低的频率下工作，通常为 0.1～100 MHz，避免了身体阴影效应、复杂和耗电的射频电路和天线。此外，信号主要局限于人体，保证了数据通信的高安全性和网络利用的高效率，为自主的能量收集动力设备铺平了道路。凭借这些特性，HBC 有助于减小电池体积，从而减小手表、耳机、眼镜、鞋子或衣服等可穿戴设备的尺寸和重量。总的来说，HBC 将自己作为实现人体传感器网络（Body Sensor Network，BSN）或人体区域网络（BodyArea Network，BAN）的一个有趣的替代方案，特别是它得到了 IEEE 标准 802.15.6 的支持，用于人体附近或人体内的短程、低功率和高可靠性无线通信系统。

在 HBC 中，使用与人体接触或接近的电极代替天线。施加到人体的信号通过人体内流动的电流以及收发器和人体之间的电容耦合来传输。利用人体作为传输路径的一部分有助于在几十兆赫或更低的频率下减少路径损耗，与现有的无线通信方法如蓝牙相比，HBC 预计具有更低的功耗。HBC 还被期望具有高安全性，因为有助于信号传输的电场仅在该频率范围内分布在人体周围。这些特征对于医疗保健领域的数据传输来说是理想的。HBC 不限于单个用户佩戴的可穿戴设备之间的通信，还可以扩展到两个用户佩戴的可穿戴设备之间的通信或者可穿戴设备和固定设备之间的通信。

目前，已经提出了三种将 HBC 信号耦合到身体的方法：电流耦合、电容耦合和磁耦合。在电流耦合 HBC 方法（GHBC）中，使用与皮肤接触的两个发射器（TX）电极差分施加信号。使用接收器（RX）中类似的一对电极（也与皮肤接触）捕获受激电流。这种电极配置将信号限制在体内，使这种方法独立于环境，适用于植入式设备。然而，它只能在发射机和接收机之间的短距离（大约 15 cm）和低于 1 MHz 的频率下工作，限制了数据传输速率。

有研究将重点放在可穿戴设备和固定设备之间的 HBC，并构建手表式发射器和用户手指或手触摸的固定接收器之间的通信。这种类型的通信是"通过动态 HBC 的人机交互"。这种通信方法可以应用于自动检票机或自动售货机的认证。

作为一种新兴的短距离无线通信方式，人体通信最大的特点在于利用人体作为信息传输的媒介。由于人体通信有着连接方便、不易受外界噪声干扰、对外辐射较小、没有频段限制以及低功耗等诸多优点，使得它非常适合于需要长期、多参数监测生理信号的情况，例如慢性疾病、老年性疾病或者是失能人员监护等。

其实所谓的人体通信就是把人的身体当作电缆，再利用通信装置进行双向的数据通信。这就标志着人类不仅仅是共享信息的受众，同时也将成为信息传输的载体。向人体体内输入微弱的电信号，将其作为通信网络的一部分使用，从而实现 6 ~ 10 Mb/s 的通信。

人体通信可依据传输方式的不同划分为三种类型：简单线路方式、电容耦合方式，以及把人体作为波导的电流耦合方式。

5.5.2　研究进展

人体通信的概念最早由美国麻省理工于 1996 年发表的"将人体作为可佩戴计算设备之间新的连接手段"论文提出。20 世纪 90 年代中期，麻省理工学院（Massachusetts Institute of Technology，MIT）媒体实验室提出了个人区域网络（Personal Area Network，PAN）技术的概念，并展开了相关技术研究。随后，日本东京大学和本田（Honda）研究中心共同开展了人体通信技术的实验研究，并证明在调制频率、收发模式完全相同的条件下，以人体为介质的信号传输在速率、稳定性方面明显优于无线信号传输。随后，MIT 提出了一种基于电子检测方法的 PAN 通信装置，并获得了 400 kb/s 的传输速率，从而证明了以人体为介质进行数字通信的可行性。此后，美国国际商业机器公司（International Business Machines Corporation，IBM）公司也加入了 PAN 技术的研究，并提出了 PAN 的电路模型。

MIT 和 IBM 的研究是完全以电子检测方法为基础。由于接收器的输入阻抗较低且抗干扰能力较弱，所以难以对微弱电信号进行高精度检测。依据香农-哈特利（Hartley-Shannon）定律，在信噪比为 10 dB 的条件下，采用电子检测方式的人体信号传输速率的极限值为 417 kb/s。因此，基于电子检测方法的人体通信技术难以满足现代计算机网络高速、低误码率信号传输的要求。随后，美国的华盛顿大学、纽约大学，日本的松下电器（Matsushita Electric）、SONY公司相继开展了人体通信技术的相关研究，但由于采用的是电子检测方法，在传输速率和通信距离等方面均未能取得突破。到了 2003 年的 5 月，日本的电报电话公司（Nippon Telegraph & Telephone，NTT）微型系统集成实验室发表了基于电光调制的人体通信技术。该技术基于电光调制实现人体传输信号的检测，可获得高达 100 MΩ 的输入阻抗，且无须直接接地即可实现人体传输信号的非接触检测。

2005 年 2 月，NTT 发表了一种基于电光调制技术的人体通信收发器。这种名为 Red Tacton的收发器可在人体任意两点之间支持速率为 10 Mb/s 的 TCP/IP（10BASE）半双工通信。2006年 2 月，韩国科学技术研究院（Korea Advanced Institute of Science and Technology，KAIST）也发布了旨在通过身体将耳机相连的人体通信装置，其功率为 10 mW，速率为 2 Mb/s。通过以上研究现状可以看出，基于电光调制技术实现以人体为介质的信号传输具有多种优势，包括：① 通过非接触测量方式获得相对较高的检测精度及灵敏度；② 可较大幅度地提高速率和带宽。因此，电光调制技术为解决人体通信中的传输速率、误码率等问题开辟了新的途径。

在国内，北京理工大学就人体通信的技术理论、方法及关键技术开展了研究，这也是国内最早开始研究人体通信技术研究的机构。目前，已取得了一定的成果：① 提出了一种支持多路径仿真的高分辨率人体通信数学模型，并克服了美国麻省理工学院提出的人体通信模型的缺陷，实现了低频和中频段人体通信的精确仿真；② 建立了面向人体通信的完整多层介质有限元人体模型，实现了静电耦合型和波导型人体通信的多路径仿真；③ 提出了一种基于 Mach-Zehnder 电光调制的新型人体通信方法，获得了 35 Mb/s 的人体通信速率，优于日本 NTT 集成微系统实验室发表的结果（10 Mb/s）等。此外，香港科技大学进行了基于有限元方法的静电耦合型人体通信仿真研究，澳门大学也进行了人体通信的相关理论研究。

5.5.3 应用领域

人体通信技术的主要应用包括人体局域网、医疗领域、智能家居、ID 验证、数码产品、娱乐领域，以及商业、工业、军用、舰船和飞机等其他用途。

伴随着微电子技术的发展，人体通信的人体局域网技术已应用到可穿戴、可植入、可侵入的服务于人的健康监护设备和各种病症监视设备中。例如，穿戴于指尖的血氧传感器、腕表型睡眠品质测量器、腕表型血糖传感器，以及可植入型的身份识别组件等。这些设备只能独立工作，必须自带各自的通信部件。所以，系统资源的有效利用率不高。借助人体通信技术可将这些整合到一个系统，极大地提高系统的资源利用率。

目前，人体通信技术在医疗健康方面的应用比较广泛，主要包括（见图 5-19）：基于人体域网（Body Area Network，BAN）的人体健康监测系统的设计、基于 CC2530 模块的体温参数采集系统的设计、基于 CDMA 和 2.4G 通信的无线远程血糖监护网络、基于无线体域网（Wireless Body Area Network，WBAN）的多参数健康监护系统、基于 WBAN 的智能康复护理系统、基于体域网的个人健康监护系统、基于体域网的医疗监测系统、基于无线传感器网络的远程医疗监控系统、基于无线体域网的老年人生理信号监测系统，以及基于无线体域网的人体日常行为检测等。归纳起来主要就是移动医疗、监护、诊断、介入式治疗以及数据通信等方面。

2014 年，中国科学院深圳研究院申请专利——《基于人体通信的智能家居交互系统及方法》，提出基于人体通信的智能家居交互系统，包括若干分布于人体及家居上的节点、分布于家居上的节点将获得的信息通过所述通信链路传送至分布于人体上的节点，并由分布于人体上的节点进行相应的处理。随后，业界一直在探索人体通信技术在智能家居系统中的应用。例如，我们日常生活中会看到有些业主回家时只要用手触摸一下自家的大门，物业的计算机系统便会实时登录他的个人信息，门锁便会自动打开，这是因为业主携带有人体通信装置；跨进家门，房屋的中央空调系统便会自动打开，这是因为室内的地板安装了有固定接收信号的感知装置，发送信号装置所发送的信息会通过人体传送到地板或地面的信号接收装置；还有我们可以按照个人的喜好控制电视，自动选择节目等。

人体通信在军事方面的应用也很广泛，随着信息技术的不断发展，现代战争对单兵作战能力的要求越来越高，一个士兵身上往往会挂满各种设备，如武器系统、通信电台、侦察装置、定位装置、防护装置等。同时，这些装置也需要通过一定的通信技术连接成一个系统，才能在战场上发挥出最佳效能。但在战争中，无线通信设备常常会受到电磁干扰导致传输质量降低，因此，国外将人体通信技术应用于士兵系统，可以建立一个以士兵身体为信号传输介质的军用人体通信网络，即在无须导线的条件下，通过人体自身将单兵武器系统、通信电台、侦察装置、定位装置、防护装置等连接起来，形成一个完整的网络系统，从而可达到较大幅度降低单兵系统重量、体积，以及提高信息传输质量和安全性的目的。同时也可通过人体通信技术实现植入式单兵生理信息监测。战地医生通过肢体接触，即可获取每一位士兵的生理状态信息；也可通过触摸金属导体（坦克、装甲车辆等），分布于不同部位的"体域网"就能进行数据通信，实时交换数据信息。

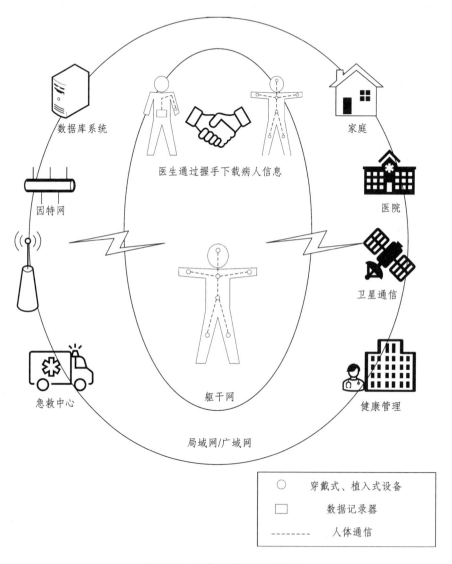

图 5-19　人体通信的医疗应用

5.5.4　挑战和未来发展

　　人体通信已经历了多年的发展，在信号质量、通信距离、能量利用率等方面都有了大幅度提升，在医学、安全、娱乐、军事等领域有着广阔的应用前景。目前，人体通信的研究重点除了继续致力于减小设备体积、降低传输功耗、探索信道特性外，探索人体通信技术具体商业化的应用也至关重要。

在人体通信方面，我们也面临着许多的挑战，在信号采集、数据融合，节点的数据处理、轻量级的数据融合算法、系统的分类学习及推理和情景感知架构的建立都亟待更好的解决方案。

第 6 章

通信工程专业课程体系

　　本章主要以长沙理工大学通信工程专业为例介绍通信工程本科专业涉及的主要学科知识和课程体系、专业人才培养基本要求等，使学生能系统地、完整地了解学校课程及其相关安排，有利于学生对今后工作与学习做出进一步规划。

6.1　概述

6.1.1　专业介绍

　　通信相关专业的一般专业门类为工学，专业类为电子信息类（专业代号：080703），在 2021 年《普通高等学校本科专业目录》的第五次修订中，增补了近年来批准增设的目录外新专业，电子信息类专业类由 18 类增补为现在 20 类。相关专业包括：电子信息工程、电子科学与技术、通信工程、微电子科学与工程、光电信息科学与工程、信息工程、广播电视工程、水声工程、电子封装技术、集成电路设计与集成系统、医学信息工程、电磁场与无线技术、电波传播与天线、电子信息科学与技术、电信工程及管理、应用电子技术教、人工智能、海洋信息工程、柔性电子学、智能测控工程。

　　正如郝俊慧在《通信十年》中所说："在当今热火朝天的互联网时代，如果没有一张强大的通信基础网络做支撑，互联网便如同无源之水、无本之木，无法成为决定未来的必然力量"。如今通信业飞速发展，从 20 世纪 80 年代的 BP 机到如今的智能手机，再到由智能手机派生的各种行业，通信业的发展为互联网企业的发展提供了广阔平台，在国家提倡加快数字化发展的今天，提升通信设备产业水平、提高通信的质量和效率仍是现在以及未来努力的方向。

6.1.2　培养目标

　　通信工程专业遵循"德育为先、知识为本、能力为重、全面发展"的育人理念，培养德智体美劳全面发展的社会主义事业合格建设者和可靠接班人，主动适应国家、地方与行业社会经济发展需要，培养具有高尚品质、社会责任感、良好职业道德、创新思维、科学素养、国际视野和环保意识，掌握并能够应用通信工程基础理论、基本方法以及专业技术知识，具有良好的交流与沟通能力，团队合作意识强，具备复杂工程问题分析研究和设计开发的工程实践能力、自主学习能力，能在通信工程相关领域从事硬件设计、软件开发、生产制造、运行维护和管理等工作的高素质复合型专门人才。

毕业生经过 5 年左右的工作锻炼，应具有职业素养、专业知识、项目协调与管理能力及职业提升能力，其具体含义为：

（1）具有高尚品质、社会责任感、良好职业道德、创新思维、科学素养、国际视野和环保意识。

（2）掌握并能够在实际工程问题中创新地应用通信工程基础理论、基本方法以及专业技术知识。

（3）具有良好的交流与沟通能力，能够与跨文化背景的同事、客户等进行有效交流与沟通，团队合作意识强，能够在多学科背景下的团队中承担协调与管理工作。

（4）具备针对多学科交叉融合的复杂工程问题进行分析、研究和设计开发的工程实践能力，并能在工程项目实施过程中考虑社会、健康、安全、法律、文化以及环境等因素，能够主动跟踪信息行业技术发展，具备自主和终身学习能力。

6.2　毕业要求及其实现途径

6.2.1　毕业要求

通信工程专业要求学生能够理解社会主义核心价值观，了解国情，热爱祖国，具有推动民族复兴和社会进步的责任感。

1．工程知识

能够掌握数学、自然科学、工程基础和专业知识，并用于解决通信领域复杂工程问题。
（1）能将数学、自然科学、工程科学的语言工具用于工程问题的表述。
（2）能针对工程问题建立数学模型并求解。
（3）能够将相关知识和数学模型方法用于推演、分析通信工程问题。
（4）能够将相关知识和数学模型方法用于通信工程问题解决方案的比较与综合。

2．问题分析

针对通信领域复杂工程问题，能够应用数学、自然科学和工程科学的基本原理建立数学模型，并进行分析以获得有效结论。
（1）能运用相关科学原理，识别和判断通信复杂工程问题的关键环节。
（2）能够针对一个复杂工程问题选择适当的数学模型。
（3）能够结合工程实际分析问题，通过文献研究寻求合适的解决方案。
（4）能从工程科学的角度，结合复杂工程问题，对解决方案的影响因素进行分析，获得有效结论。

3．设计/开发解决方案

能够针对通信复杂工程问题设计解决方案，并能够在设计环节中体现创新意识，考虑社会、健康、安全、法律、文化以及环境等因素。
（1）能够运用通信工程设计和产品开发全周期、全流程的基本方法和技术，并综合考虑各种制约因素，对方案进行分析设计。

（2）能够对通信工程中复杂问题进行功能设计，设计满足特定要求的电路和单元模块。

（3）具有创新思维，能够针对通信系统中的复杂工程问题进行系统设计与仿真。

（4）能够在法律、健康、安全、文化、社会以及环境等现实约束条件下，通过综合评价分析设计方案的可行性。

4. 研究

能够基于科学原理并采用科学方法对通信复杂工程问题进行研究，包括设计实验、分析与解释数据、并通过信息综合得到合理有效的结论。

（1）能够运用文献研究或相关方法对信号处理、通信系统设计等复杂工程问题的解决方案进行分析。

（2）能够针对通信领域复杂工程问题，基于通信基本原理和科学方法设计、选择合适的仿真或实验方案。

（3）能够对实验方案进行软硬件系统实现，正确地获取实验数据，并在实验过程中考虑安全因素。

（4）能够对仿真或实验结果进行分析和理解，通过信息综合得出有效的结论，分析结论的合理性并用于调整功能单元模块或系统参数。

5. 使用现代工具

能够开发、选择与使用恰当的技术、资源、现代工程工具和信息技术工具，对通信工程问题进行预测与模拟，并能够理解其局限性。

（1）能够了解通信专业常用的现代仪器、信息技术工具、工程工具和模拟软件的使用原理和方法，并理解其局限性。

（2）能够针对具体的对象，选用满足特定需求的仿真软件和工程工具，对通信复杂工程问题进行分析、计算与设计。

（3）能够开发、选择与使用恰当的技术、资源、现代工程工具和信息技术工具，对通信领域复杂工程问题进行预测与模拟，并能够理解其局限性。

6. 工程与社会

能够基于工程相关背景知识进行合理分析，评价通信工程问题解决方案及工程实践对社会、健康、安全、法律以及文化的影响，并能够理解应承担的责任。

（1）了解通信行业的特性与发展历史，以及相关领域的技术标准体系、产业政策和法规，理解不同社会文化对通信领域工程活动的影响。

（2）能分析和评价通信专业工程实践对社会、健康、安全、法律、文化的影响，并能够理解应承担的责任。

7. 环境和可持续发展

能够理解和评价针对通信工程问题的专业工程实践对环境、社会可持续发展的影响。

（1）了解通信工程问题的专业工程实践对环境和社会可持续发展的影响。

（2）能根据环境保护和社会可持续发展原则，评价通信工程实践活动对人类和环境造成的影响。

8. 职业规范

具有人文社会科学素养和社会责任感，能够在工程实践中理解并遵守工程职业道德和规范，履行职责。

（1）理解世界观、人生观及个人在历史、社会及自然环境中的地位，了解中国国情。

（2）具备科学素养，能够理解通信工程师的职业性质与责任。

（3）理解并遵守工程职业道德和规范，并能够在通信工程实践中履行责任。

9. 个人和团队

在多学科背景下的团队中能够承担个体、团队成员以及负责人的角色，并发挥积极作用。

（1）理解团队中个体、团队成员以及负责人角色的定位与责任，具有团队合作意识。

（2）在多学科背景下，能够与团队成员有效沟通，能够在团队中独立、合作或组织开展工作并承担相应角色。

10. 沟通

能够就复杂工程问题与业界同行及社会公众进行有效沟通和交流，包括撰写报告和设计文稿、陈述发言、清晰表达或回应指令，并具备一定的国际视野，能够在跨文化背景下进行沟通和交流。

（1）具有良好的口头和文字表达能力，能够进行有效沟通，理解与业界同行和社会公众交流的差异性。

（2）在撰写报告和设计文稿中体现通信工程专业知识，能够明确表达观点，并能够就相关问题陈述发言、清晰表达或回应指令。

（3）具备一定的国际视野，能够主动跟进前沿专业知识，并能在跨文化背景下进行基本的沟通和交流。

11. 项目管理

理解并掌握工程管理原理与经济决策方法，并能在多学科环境中应用。

（1）理解并掌握通信工程涉及的管理原理和经济决策方法。

（2）了解通信工程及产品的成本构成，理解其中涉及的工程管理与经济决策问题。

（3）在多学科背景下，在设计开发通信工程项目的解决方案过程中，运用工程管理与经济决策方法。

12. 终身学习

具有自主学习和终身学习的意识，有不断学习和适应发展的能力。

（1）在社会发展的大背景下，正确理解自我探索和终身学习的必要性，并主动跟进通信前沿技术。

（2）具有自主学习的能力，包括对技术问题的理解能力、归纳总结的能力和提出问题的能力等。

6.2.2 实现途径

通过合理的课程设置和形式多样的各类教学活动（包括理论教学、实验、实习实训、课

- 153 -

程设计、毕业设计、第二课堂、课外科研与学科竞赛活动、社会实践等环节）来实现毕业要求。毕业要求及实现途径如表 6-1 所示。

表 6-1　毕业要求及实现途径

序号	毕业要求	能力实现的教学过程
1	工程知识：能够掌握数学、自然科学、工程基础和专业知识，并用于解决通信领域复杂工程问题	课程：高等数学 A、大学物理 B、概率论与随机过程、复变函数与积分变换、线性代数、离散数学结构、电路分析基础、数字电路与逻辑设计、模拟电子电路、信号与系统 A、离散数学结构、电磁场与电磁波 A、通信原理、数字通信原理与技术、数字信号处理 A、通信电子电路、计算机网络 B、光纤通信原理。 实践环节：电路分析基础实验、模拟电子电路实验
2	问题分析：针对通信领域复杂工程问题，能够应用数学、自然科学和工程科学的基本原理进行识别和表达，并通过文献研究分析，以获得有效结论	课程：离散数学结构、电磁场与电磁波 A、信号与系统 A、数字信号处理 A、通信原理、光纤通信原理、移动通信、选修课（信道编码技术/数字图像处理/语音信号处理/多媒体技术）； 实践环节：大学物理实验 B、计算机网络实验、信号处理课群实习、单片机应用实习、通信系统课群实习（二）、毕业设计（论文）（通信工程）； 竞赛、科技创新：各类学科竞赛，科技创新活动等
3	设计/开发解决方案：能够针对通信复杂工程问题设计解决方案，并能够在设计环节中体现创新意识，考虑社会、健康、安全、法律、文化以及环境等因素	课程：马克思主义基本原理概论、电路分析基础、模拟电子电路、数字电路与逻辑设计、数字信号处理 A、数字通信原理与技术、单片机原理与接口技术、移动通信、通信电子电路； 实践环节：电路分析基础实验、模拟电子电路实验、数字电路与逻辑设计实验、计算机网络实验、硬件基础课群实习（一）、单片机应用实习、信号处理课群实习、通信系统课群实习（一）、通信系统课群实习（二）、毕业设计（论文）（通信工程）； 竞赛、科技创新：各类学科竞赛、科技创新活动等； 讲座：校内外教授论坛、博士论坛、校外企业专家专题讲座等
4	研究：能够基于科学原理并采用科学方法对通信复杂工程问题进行研究，包括设计实验、分析与解释数据、并通过信息综合得到合理有效的结论	课程：MATLAB 建模与仿真技术、数字信号处理 A、通信原理、数字通信原理与技术、光纤通信原理、单片机原理与接口技术； 实践环节：数字电路与逻辑设计实验、计算机网络实验、信号处理课群实习、单片机应用实习、通信系统课群实习（一）、硬件基础课群实习（二）、毕业设计（论文）（通信工程）。 课外：大学生创新实验及研究性学习项目、各类学科竞赛、科技创新活动； 讲座：校内外教授论坛、博士论坛、校外企业专家专题讲座等

序号	毕业要求	能力实现的教学过程
5	使用现代工具：能够开发、选择与使用恰当的技术、资源、现代工程工具和信息技术工具，对通信工程问题进行预测与模拟，并能够理解其局限性	课程：MATLAB 建模与仿真技术、程序设计算法与数据结构（一）、程序设计、算法与数据结构（二）、通信原理、单片机原理与接口技术、选修课（通信电路 EDA/存储技术基础/嵌入式系统 B/通信系统 DSP）； 实践环节：大学物理实验 B、程序设计算法与数据结构（一）实验、程序设计、算法与数据结构（二）实验、通信系统课群实习（一）、信号处理课群实习、硬件基础课群实习（二）、毕业设计（论文）（通信工程）； 课外：各类学科竞赛，科技创新活动、校内外教授论坛、博士论坛等
6	工程与社会：能够基于工程相关背景知识进行合理分析，评价通信工程问题解决方案及工程实践对社会、健康、安全、法律以及文化的影响，并理解应承担的责任	课程：思想道德修养及法律基础、信息类专业导论、电磁场与电磁波 A、计算机网络 B、移动通信、通信工程设计与管理； 实践环节：IT 创新创业认知实习、通信系统课群实习（一）； 课外：第二课堂、社会实践活动、各类学科竞赛、科技创新活动、校内外教授论坛、博士论坛、校外企业专家专题讲座等
7	环境和可持续发展：能够理解和评价针对通信工程问题的专业工程实践对环境、社会可持续发展的影响	课程：形势与政策、毛泽东思想和中国特色社会主义理论体系概论、移动通信、通信前沿技术、通信工程设计与管理、选修课（新一代移动通信技术与标准\通信电力与电磁环境\微波技术基础\物联网技术\无线局域网\卫星通信\网络仿真技术\现代通信网络技术）； 实践环节：通信系统课群实习（二）、毕业实习； 课外：校内外教授论坛、博士论坛、校外企业专家专题讲座、与国外大学合作交流等
8	职业规范：具有人文社会科学素养和社会责任感，能够在工程实践中理解并遵守工程职业道德和规范，履行职责	课程：毛泽东思想和中国特色社会主义理论体系概论、马克思主义基本原理概论、中国近现代史纲要、形势与政策、思想道德修养及法律基础、军事理论、信息类专业导论、数字通信原理与技术、通信电子电路； 实践环节：工程训练 C、工程认知训练、硬件基础课群实习（一）、毕业实习（通信工程）； 课外：第二课堂、社会实践活动、党建活动、文体活动、学生社团活动、志愿义工、公益劳动等
9	个人和团队：在多学科背景下的团队中能够承担个体、团队成员以及负责人的角色，并发挥积极作用	实践环节：体育、军训、工程训练 C、工程认知训练、程序设计算法与数据结构（一）实验、程序设计算法与数据结构（二）实验、单片机应用实习、信号处理课群实习、IT 创新创业认知实习； 课外：各类学科竞赛、科技创新活动、各种社团活动等

序号	毕业要求	能力实现的教学过程
10	沟通：能够就复杂工程问题与业界同行及社会公众进行有效沟通和交流，包括撰写报告和设计文稿、陈述发言、清晰表达或回应指令。并具备一定的国际视野，能够在跨文化背景下进行沟通和交流	课程：大学应用语文、大学英语、大学英语口语、英语应用文写作、通用工程英语听说、信号与系统 A、通信前沿技术； 实践环节：硬件基础课群实习（二）、通信系统课群实习（二）、IT 创新创业认知实习、毕业设计（论文）（通信工程）； 课外：各种社团活动、英语角等
11	项目管理：理解并掌握工程管理原理与经济决策方法，并能在多学科环境中应用	课程：通信工程设计与管理、选修课[项目管理概论（自然科学）/工程项目投融资管理/工程概论与概预算 A/工程项目管理（自然科学）]； 实践环节：工程认知训练、单片机应用实习、硬件基础课群实习（一）、硬件基础课群实习（二）、通信系统课群实习（二）、IT 创新创业认知实习、毕业实习； 课外：第二课堂
12	终身学习：能够与时俱进，具有自主学习和终身学习的意识，有不断学习和适应发展的能力	课程：大学生心理健康、大学生学习方法指导、程序设计算法与数据结构（一）、程序设计算法与数据结构（二）、计算机网络 B、通信前沿技术、选修课（边缘计算/人工智能/机器学习/高级程序设计/高级网站开发技术/专业英语（通信工程）/数据库技术与应用）； 实践环节：毕业设计（论文）（通信工程）； 课外：第二课堂、各类学科竞赛、科技创新活动

6.3 课程体系

课程体系由通识教育、学科基础教育、专业教育、第二课堂四个类别和系列课程组成。通识教育、学科基础教育和专业教育课程设置如表 6-2 所示。

表 6-2 通信工程专业课程体系

公共基础课	学科基础课	专业基础课	专业核心课
高等数学（一）	信息类专业导论	MATLAB 建模与仿真技术	信号与系统
高等数学（二）	离散数学结构	电路分析基础	通信原理
线性代数	程序设计、算法与数据结构（一）	模拟电子电路	数字通信原理与技术
大学物理（上）	程序设计、算法与数据结构（二）	数字电路与逻辑设计	电磁场与电磁波
大学物理（下）	复变函数与积分变换 B	计算机网络	数字信号处理
概率论与随机过程			光纤通信原理
			移动通信

第二课堂必修 16 学分，包括：思政课课外实践、学校统一安排的第二课堂课程与实践环节，以及志愿服务与社会实践、创新创业实践、科研、学科竞赛等课外社会与科技活动。按照学校第二课堂管理办法、创新创业学分认定转换办法，以学科竞赛、科技活动、创新创业训练项目等成果申请学分。具体课程见培养方案。

核心课程是本专业学生必修的重要课程，包括公共基础课、学科基础课、专业基础课、专业核心课等，本专业学生必须修读、考核合格、获得学分，才能毕业和授予学位。本专业核心课程如表 6-2 所示。

以下将对部分课程进行粗略地介绍，以加深读者对通信工程专业整个课程体系的了解。

6.3.1 公共基础课

公共基础课程一般包括大学工学类学科普遍要学习的基础知识，包括从事通信工程专业所需的高等数学、线性代数、概率与随机过程、大学物理等数学与自然科学知识，这些课程一般在大学第一学年中进行学习，其中高等数学和线性代数是工学类研究生考试的内容。

1. 高等数学

通过高等数学的教学，使学生掌握必要的高等数学基础知识和基本能力。通过各个教学环节逐步培养学生具有抽象概括问题能力、逻辑推理能力、空间想象能力和自学能力；培养学生具有比较熟练的运算能力和综合运用所学知识分析问题和解决问题的能力；能够针对一个复杂工程问题选择适当的数学模型，然后建立数学模型并求解；为后续"电路分析基础""信号与系统"和"电磁场与电磁波"等课程打下理论基础。

依据 2017 年培养方案中的毕业要求，考虑本课程与专业毕业要求的支撑关系，制定本课程学习目标。

通过本课程的教学，达到以下课程目标：

（1）掌握函数、极限与连续性、一元函数微分学、一元函数积分学、向量代数与空间解析几何、多元函数微积分学、曲线积分与曲面积分、无穷级数等数学知识，能对后续所学工程类课程及从事工作中所遇到的工程领域的问题进行恰当地表述（支撑毕业要求"能将数学、自然科学、工程科学的语言工具用于工程问题"）。

（2）本课程注重引导学生通过对各种实际问题建立数学模型、求解及分析，掌握数学概念、方法的应用，对后续所学工程类课程及从事工作中所遇到的工程领域的问题选择适当的数学模型并进行求解（支撑毕业要求"能针对工程问题建立数学模型并求解"）。

（3）掌握高等数学中微积分方程、高阶方程组的建立和求解方法，并能够用于后续所学工程类课程及从事工作中所遇到的工程领域的问题选择适当的数学模型（支撑毕业要求"能够针对一个复杂工程问题选择适当的数学模型"）。

2. 线性代数

"线性代数"是通信工程、电气、物电、结构力学等本科各专业学生必修的公共基础课程。其不仅在数学、力学、物理学等基础学科中有重要应用，而且是通信工程设计、密码学、虚拟现实等技术中的基础内容。通过本课程的学习，能够培养学生对研究对象进行有序化、代数化、可解化的处理方法，为其他后续课程打好基础。教学目标为：

1）课程思政教学目标

（1）将数学史融入教学，培养学生实事求是、锲而不舍的科学精神。

（2）通过对我国当代数学家们的卓越成就的介绍，激发学生的爱国情怀；将数学文化引入教学，培养学生的科学审美能力。

2）课程教学总目标

（1）通过本课程的教学，使学生能够运用本学科的基本知识与基本技能来分析问题和解决问题。

（2）逐步培养学生抽象思维和逻辑推理的能力。

3）课程目标与学生能力和素质培养的关系

（1）课程思政目标有利于培养学生科学的审美能力，树立正确的世界观、人生观、价值观，提升学生的综合素养。

（2）课程教学目标有利于培养学生对复杂工程问题进行建模与分析的专业能力。

3．大学物理

"大学物理"是通信工程专业学生的一门基础课程，属于专业基础课程。以经典物理、近代物理和物理学在科学技术中的初步应用为内容的大学物理课程是高等学校理工科各专业学生一门重要的必修基础课，这些物理基础知识是构成科学素养的重要组成部分，更是一个科学工作者和工程技术人员所必备的。大学物理课程在为学生较系统地打好必要的物理基础；培养学生现代的、科学的自然观、宇宙观和辩证唯物主义世界观；培养学生的探索、创新精神；培养学生的科学思维能力；使学生掌握科学方法等方面都具有其他课程不能替代的重要作用。

大学物理是一门古老而又新兴的学科，同时又是一门应用领域非常广泛的学科，对科学技术和社会发展有着巨大的影响。后续涉及的通信工程实践中有关信号处理、信号传输的设计与应用开发课程、专业实训、毕业实习、毕业设计等都需要用到本课程的知识。课程教学目标为：

1）课程思政教学目标

（1）了解物理科学的重要性、国内外物理研究差距现状、国内优势领域。

（2）培养创新意识、家国情怀和责任意识、严肃认真的科学作风。

2）课程教学总目标

（1）大学物理教学应以培养具有一定理论知识和较强实践能力的技术应用型人才为目标。通过大学物理课程的教学，应使学生对物理学的基本概念、基本理论、基本方法能够有比较全面和系统的认识和正确的理解，为进一步学习后续专业课程打下坚实的基础。

（2）在传授知识的同时着重培养分析和解决实际问题的能力，力求与工程实践结合得更为紧密，努力实现知识、能力、素质的协调发展，培养学生能将数学、自然科学、工程科学的语言工具用于工程问题表述的能力，以及能够针对一个复杂工程问题选择和建立适当的数学模型并求解的能力。

3）课程目标与学生能力和素质培养的关系

（1）课程思政目标有利于培养学生的爱国意识、科学和专业素养以及良好的工作作风。

（2）课程教学目标有利于培养学生对通信工程中涉及的物理问题进行分析和设计的能力。

本课程涉及力学、电磁学、热学、振动与波动（机械振动、机械波、几何光学和波动光学）、近代物理基础（狭义相对论基础和量子物理基础）。有了大学物理基础的学生能够更好地了解现代无线通信的相关知识，例如：无线通信是基于电磁波的载波通信技术，如何在一段电磁波上加入编码的信号；如何在尽可能短的波上加载尽可能多的信号；如何提高波的频率来增加波的信号量；如何在收到波的时候去解调这些信号；如何去无损地解码信号；如何优化白噪声对信号的干扰；如何设计让电磁波的信号全区域无死角覆盖等。

4. 概率论与随机过程

"概率论与随机过程"为通信工程、电气、物电、结构力学等本科各专业学生必修的公共基础课程，由概率论与随机过程两大部分构成，在自然科学、社会科学、工程技术和工农业生产等领域有着广泛的应用。概率论部分包括：概率论的基本概念、随机变量及其分布、多维随机变量及其分布、随机变量的数字特征、重要的极限定理及其应用。随机过程部分包括：随机过程的概念、泊松过程、平稳过程及其谱分析、马尔可夫链。概率论与随机过程是学习通信原理、数字信号处理课程、自动控制原理、信号与系统等课程的基础，也是进行数学建模的基础。

通过本课程的学习，使学生掌握随机现象的统计规律性以及描述这种规律性的基本手段：随机变量及其分布；掌握基本概率公式与法则；能熟练掌握基本的统计推断方法：参数估计与假设检验，以对未知分布做出科学推断。学生不仅要对概率统计的理论体系有一个完整的了解，同时还应具有一定的抽象思维能力和概括能力、综合运用所学知识分析问题和解决实际问题的能力。教学目标为：

1）课程思政教学目标

（1）对本课程在中国特色社会主义现代化建设项目（政治、经济、文化、社会民生建设、国防）和未来发展蓝图中的实际应用加以介绍。

（2）激发学生的爱国情怀和学习兴趣。

2）课程教学总目标

（1）通过本课程的教学，使学生掌握随机现象的统计规律性以及描述这种规律性的基本手段。

（2）培养学生具有一定的抽象思维能力和概括能力、综合运用所学知识分析问题和解决实际问题的能力。

3）课程目标与学生能力和素质培养的关系

（1）课程思政目标有利于培养学生的爱国意识、专业素养和良好的工作作风。

（2）课程教学目标有利于培养学生运用所学知识分析问题和解决实际问题的能力

6.3.2 学科基础课

学科基础课与学科发展紧密相关的基础课程，可以为后续专业基础课和专业核心课的学习打下基础。

1. 信息类专业导论

"信息类专业导论"是通信工程一年级本科学生的限选课程。课程的教学目的是系统、全面地介绍信息类学科的基本问题、核心概念及思想方法，帮助学生建立信息类学科的总体概念。本课程的课程目标是：

1）课程思政教学目标

（1）了解通信行业和通信技术的发展与现状。

（2）了解通信技术在国防科技中的应用情况，培养家国情怀。

2）课程教学总目标

（1）了解信息技术的发展历程，理解信息技术对人类文明、社会进步的推动作用。

（2）了解通信行业的特性以及相关领域的技术标准体系、产业政策和法规。

（3）了解中国通信行业的发展历史和现状。

（4）认识本专业的专业特点与责任，理解专业培养目标、培养规格和毕业要求。

（5）理解通信行业的职业道德和规范，以及遵守职业道德和规范的必要性。

3）课程目标与学生能力和素质培养的关系

（1）课程的侧重点在于勾画通信工程体系的框架，奠定通信工程知识的基础，培养计算思维能力，为今后深入学习各专业理论课程做好铺垫。

（2）通过信息技术的发展历程的学习，引导学生理解信息技术对人类文明、社会进步的推动作用。

（3）通过课程教学传导正确的职业道德规范，帮助学生树立正确的价值观，思考通信工程对于客观世界和社会的影响，认识通信工程工程师的社会责任。

2．离散数学结构

"离散数学结构"是高等学校通信工程专业的一门学科基础课程、必修课程。该课程系统地介绍了命题逻辑的基本概念、命题逻辑等值演算、命题逻辑的推理理论、一阶逻辑基本概念、一阶逻辑等值演算与推理、集合代数、二元关系、代数系统、群与环、图的基本概念、欧拉图与哈密顿图、树的知识。通过本课程的学习，学生能掌握与离散结构有关的基本概念和基本理论知识，为通信原理、计算机网络 B 等后续课程的学习，以及后续各种与离散结构有关的专题学习和理论研究奠定基础。

1）课程思政教学目标

（1）引入离散结构在实际中应用的方法和实例，凝练经典案例和学科发展历史，培养学生的团队协作、创新精神、工匠精神和家国情怀。

（2）针对某几个知识点引入实际应用，让学生真正理解和掌握离散结构的重要知识点，培养学生科研报国的责任感、使命感和求真务实的科学精神。

（3）通过课程思政教学，培养爱国、爱党，具有良好的职业道德和高度职业责任感的专业人才。

2）课程教学总目标

（1）使学生掌握命题逻辑的基本概念、命题逻辑等值演算、命题逻辑的推理理论。

（2）掌握一阶逻辑基本概念、一阶逻辑等值演算与推理；掌握集合的基本概念、集合的运算、有穷集的计数、集合恒等式、有序对与笛卡儿积、二元关系的概念、二元关系的运算、二元关系的性质、等价关系与划分的概念、偏序关系的概念；掌握二元运算及其性质、代数系统的概念、代数系统的同态与同构、群的定义及性质、子群与群的陪集分解、循环群与置换群、环与域的概念；掌握通路与回路的概念、图的连通性、图的矩阵表示。

（3）掌握欧拉图与哈密顿图的定义及其判断。

（4）掌握无向树的概念、最小生成树和最优2叉树的求法。

（5）能灵活运用数理逻辑、集合论、代数结构和图论的知识解决通信工程专业课中出现的相关问题，通过本课程的学习，为数理逻辑、集合论、代数结构和图论的进一步学习打下基础，为学习后续相关专业课程打好基础。

3. 程序设计、算法与数据结构（一）

"程序设计、算法与数据结构（一）"是计算机科学与技术、软件工程、网络工程、通信工程专业的学科基础课程，是课程群的启蒙课，也是学生进入大学后的第一门程序设计类课程，其目的是以C语言程序设计为基础，使学生熟悉C程序设计的基本语法，通过大量的编程练习，引导学生进入程序设计的殿堂，培养学生基本的数据结构和算法分析能力，为后续课程的学习打下基础。

1）课程思政教学目标

通过本课程的学习，了解我国在相关领域的发展现状，激发学生的技术强国热情。

2）课程教学总目标

（1）通过本课程的学习，使学生能运用数学、工程计算等专业知识，针对具体的实际问题，提出相应的解题算法，并编程实现。

（2）通过对实际问题求解等方式，驱动学生对实际技术问题的理解、归纳总结的能力，培养学生初步的软件工程思想，具备软件系统开发的思维能力。

3）课程目标与学生能力和素质培养的关系

（1）课程思政目标的实施有利于培养学生的爱国热情及技术强国的使命感，以及不断探索、自主学习的能力。

（2）课程教学目标的实施使学生具备将具体问题转换为计算机系统设计方案和模型的能力，驱动学生对实际技术问题的理解、归纳总结，并编程实现。

4. 程序设计、算法与数据结构（二）

"程序设计、算法与数据结构（二）"是计算机、通信工程、网络工程、软件工程专业的学科基础课程，是"面向问题求解能力培养"课程群中第二门程序设计类课程，其目标是要求学生理解和掌握面向对象程序设计（C++）基础知识和编程方法、数据结构的相关知识，能够运用面向对象程序设计的方法实现数据结构的相关算法。通过大量的编程练习，引导学生进入程序设计的殿堂，培养学生基本的数据结构和算法分析能力，为后续课程的学习打下基础。

1）课程思政教学目标

通过本课程的学习，了解我国在相关领域的发展现状，激发学生的技术强国热情。

2）课程教学总目标

（1）通过本课程的学习，使学生能运用数学、工程计算等专业知识，针对具体的实际问题，提出相应的解题算法，并使用高级编程语言实现。

（2）通过对实际问题求解等方式，驱动学生对实际技术问题的理解、归纳总结的能力，培养学生初步的软件工程思想，具备软件系统开发的思维能力。

3）课程目标与学生能力和素质培养的关系

（1）课程思政目标的实施有利于培养学生的爱国热情及技术强国的使命感，以及不断探索、自主学习的能力。

（2）课程教学目标的实施使学生具备将具体问题转换为计算机系统设计方案和模型的能力，驱动学生对实际技术问题的理解、归纳总结，并编程实现。

5. 复变函数与积分变换

"复变函数与积分变换"是高等学校理工科相关专业必修的一门学科基础课程。它是高等数学的后续课程，其主要任务是使学生掌握复变函数与积分变换中的基本理论及工程技术中的常用的数学方法，同时巩固和复习高等数学的基础知识，了解复变函数与积分变换在通信工程领域的应用，为相关的后续专业课程奠定必要的数学基础。通过课程的学习，使学生深刻认识和理解复变函数与实函数相关理论之间的联系与差别，熟悉傅里叶变换及拉普拉斯变换的思想、理论、方法及相关应用，培养学生正确的数学思想与创新精神，培养学生理论联系实际、用辩证唯物主义基本观点分析问题解决问题的能力，提高学生的抽象思维、逻辑思维以及计算能力。

通过本课程的教学，达到以下课程目标：

（1）掌握复数、级数、留数、傅里叶变换、拉普拉斯变换等数学知识，将其用于函数的分析、周期信号各次谐波的分析等。

（2）掌握复数的表示和复数的计算、泰勒展开式和洛朗展开式等复变函数基础理论，以及傅里叶变换和拉普拉斯变换的计算。

6.3.3　专业基础课程

专业基础课程一般是指电子信息类专业的学生必须掌握的共同的学习内容，能让通信专业学生对通信学科有一个初步了解，是后续进一步学习和理解专业性更强的专业核心课程的基础。

1. MATLAB 建模与仿真技术

"MATLAB 建模与仿真技术"为通信工程专业必修课程，是高等学校信息与通信工程学科通信工程专业的专业基础课程。MATLAB 是美国 MATHWORKS 推出的以数值计算和仿真为主的优秀数学软件，现已成为本科以上学历学生必须掌握的基本技能。该课程系统介绍了利用 MATLAB 软件建模与仿真的基本技术，包括 MATLAB 仿真环境、语言基础、程序设计、数据图示、数值计算、符号计算和 Simulink 仿真等工具的应用，为后续课程的学习、工程设计和科学研究打下基础。

MATLAB 可以进行矩阵运算、绘制函数和数据、实现算法、创建用户界面、连接其他编程语言的程序等，可应用于工程计算、控制设计、信号处理与通信、图像处理、信号检测等领域。因此，后续涉及通信工程实践中有关信号处理与通信的设计与应用开发的课程、专业实训、毕业实习、毕业设计等都需要用到本课程知识。教学目标为：

1）课程思政教学目标

了解 MATLAB 的发展与现状，了解 MATLAB 在国防科技中的应用情况，培养家国情怀。

2）课程教学总目标

（1）通过本课程的教学，能够使用 MATLAB 对实验方案进行编程实现，正确地获取实验数据。

（2）掌握针对工程问题中科学计算的 MATLAB 实现方法。

（3）掌握 MATLAB 的基本应用、数学计算功能及高级应用。

（4）能够运用科学计算方法及 MATLAB 软件对实际问题进行分析、简化和抽象，实现 MATLAB 在通信工程及有关学科领域的应用。

3）课程目标与学生能力和素质培养的关系

（1）MATLAB 是由美国 MATHWORKS 公司发布的主要面对科学计算、可视化以及交互式程序设计的高科技计算环境。

（2）通过本课程的学习使学生掌握 MATLAB 语言基础、MATALB 程序设计、MATLAB 绘图、MATLAB 数值计算、MATLAB 符号计算、Simulink 动态建模仿真和 MATLAB 应用的方法。

（3）掌握应用 MATLAB 进行科学运算的能力。

（4）具备简单程序设计的技能。

（5）培养学生利用 MATLAB 软件处理问题的思维方式和程序设计的基本技能，启发学生主动将 MATLAB 引入其他专业基础课和专业课。

（6）为其他专业课的学习、各种实用程序的开发、毕业设计的实施，以及未来工作岗位的实际应用打下良好的基础

2. 电路分析基础

"电路分析基础"为通信工程专业必修专业基础课程，以分析电路中的电磁现象，研究电路的基本规律、定理以及电路的分析方法为主要内容，包括直流电路、一阶动态电路和正弦稳态电路的分析。电路理论是当代电气工程与电子科学技术的重要理论基础之一，是学生进一步学习模拟电子电路、通信电子电路，进行相关专业实习的先修课程，在整个课程体系中起着承前启后的重要作用。

1）课程思政教学目标

树立学生严肃认真的科学态度和理论联系实际的工作作风。

2）课程教学总目标

使学生掌握电路的基本理论知识和基本分析方法，培养学生的科学思维能力和分析计算能力。

3）课程目标与学生能力和素质培养的关系

（1）课程思政目标有利于培养学生的专业素养和良好的工作作风。

（2）课程教学目标有利于培养学生对通信工程中涉及的电路问题进行分析和设计的能力。

3. 模拟电子电路

"模拟电子电路"为通信工程专业必修课程，是该专业学生学习有关"电"的重要工程基础类课程，主要介绍半导体器件、放大电路、集成运算放大器、信号的运算、处理及波形发生电路、直流电源的相关知识。通过本课程的学习，学生能掌握模拟电子电路的基本原理及

分析设计方法，为今后数字电路与逻辑设计、通信电子电路等后续课程的学习，以及硬件类的工程实践和理论研究奠定基础。

1）课程思政教学目标

（1）了解集成电路产业的重要性、国内外差距现状、国内优势领域。

（2）培养创新意识、家国情怀和责任意识、严肃认真的科学作风。

2）课程教学总目标

（1）通过本课程的教学，使学生掌握模拟电子电路的相关理论、分析和设计方法。

（2）培养学生的科学思维能力和理论联系实际解决问题的能力。

3）课程目标与学生能力和素质培养的关系

（1）课程思政目标有利于培养学生的爱国意识、专业素养和良好的工作作风。

（2）课程教学目标有利于培养学生应用相关理论知识进行模拟电子电路综合分析计算和设计的能力。

（3）使学生具有能够继续深入学习电子技术新技术的能力，以及将所学电子技术知识用于本专业的能力。

4. 数字电路与逻辑设计

"数字电路与逻辑设计"是通信工程专业学生必修的专业基础课程。通过本课程的学习，学生将掌握数字逻辑电路的基本原理、基本分析方法和基本设计方法，掌握数字集成电路的使用，了解可编程逻辑器件原理和数字电路 EDA 设计概念，为后续专业课程的学习打下基础。

1）课程思政教学目标

（1）了解集成电路产业的重要性、国内外差距现状、国内优势领域。

（2）培养创新意识、家国情怀和责任意识、严肃认真的科学作风。

2）课程教学总目标

（1）通过本课程的教学，使学生掌握数字电路的相关理论、分析和设计方法。

（2）培养学生的科学思维能力和理论联系实际解决问题的能力。

3）课程目标与学生能力和素质培养的关系

（1）课程思政目标有利于培养学生的爱国意识、专业素养和良好的工作作风。

（2）课程教学目标有利于培养学生对通信工程中涉及的数字电路问题进行分析和设计的能力。

5. 计算机网络

"计算机网络"为通信工程专业基础课程，它是一门综合性很强的课程，综合了计算机网络系统的基本原理及应用技术。通过本课程的学习，使学生掌握计算机网络的基本概念和工作原理，掌握 TCP/IP 原理与技术及其应用包括物理层、数据链路层、网络层、传输层和应用层的基本原理和主要协议；了解网络安全的基本原理与技术；了解无线网络和移动网络。本课程不仅为学生学习有关专业课程提供必要的基础理论知识，也为从事计算机网络相关专业技术工作、科学研究工作及管理工作打下坚实的基础。

1）课程思政教学目标

（1）通过本课程的学习，使学生充分了解计算机网络领域的发展史，重点了解我国科学家在 5G 技术上的贡献，熟悉本领域国内外企业的发展现状及世界领先的技术和产品。

（2）了解计算机网络领域相应的国家标准、法律、法规。

（3）通过课程思政教学，培养爱国、爱党、具有良好的职业道德和高度职业责任感的专业人才。

2）课程教学总目标

（1）通过本课程的学习，使学生系统地学习计算机网络体系结构理论和分层原理，TCP/IP的物理层、数据链路层、网络层、传输层和应用层的基本原理，以及主要协议的工作原理。

（2）掌握计算机网络体系结构理论和分层原理；掌握物理层的功能、复用技术及接入技术；掌握数据链路层协议的设计及以太网技术；掌握网络层编址方法、分组转发算法及路由选择算法等理论与技术；掌握进程之间通信、UDP协议、TCP协议、滑动窗口机制、拥塞控制等工作原理；掌握域名系统、WWW系统、文件传输系统及邮件系统工作原理及技术。

（3）了解网络安全的基本原理与技术；了解无线网络和移动网络；能够通过思考，融合所学的网络专业知识和数学模型，对常用网络协议的设计方案进行比较和综合。

（4）在课程项目中考虑安全及法律的影响，选择适当的解决方案，理解自己的责任。

（5）针对课程项目的关键性问题，主动查阅资料寻求解决途径，训练自主学习能力，为今后从事网络相关工作打下坚实的基础。

3）课程目标与学生能力和素质培养的关系

（1）课程思政目标的实施有利于培养学生爱国精神、职业责任感等素质以及团队合作、组织、沟通等社会能力。

（2）课程教学目标的实施有利于培养学生运用知识和数学模型比较和综合与网络相关的复杂工程问题的解决方案能力；在工程实践中，考虑工程与社会的关系，在项目中考虑安全及法律的影响，选择适当的解决方案，理解工程师应该负担的责任；针对课程项目的关键性问题，能够自主学习、查阅资料、寻求解决途径，养成终身学习的良好习惯。

6.3.4 专业核心课程

专业核心课程是根据专业人才培养要求凝练出的最重要的专业课程，是最能反映该专业水平和人才培养基本要求的课程，是对专业基础课程的提升和补充，一般是指针对通信工程专业所开设的课程，是具备一定专业知识才能学习的课程。

1. 信号与系统

"信号与系统"为高等学校信息与通信工程学科通信工程专业的一门必修专业基础课程，是进一步学习数字信号处理、通信原理、数字通信原理与技术等专业课的先修课程；属于理论性与技术性都比较强的专业基础课程；是反映事物本质的物理概念、数学知识与工程理念三结合的产物。通过本课程的教学，使学生掌握信号与系统的基本概念，线性时不变系统的基本特性，分析线性系统及信号关系的基本方法；培养学生的抽象思维能力、分析解决问题的能力和交流沟通的能力，为后续课程的学习以及从事实际工作打下良好的基础。

1）课程思政教学目标

（1）培养学生不怕困难、勇于探索的品质和求实求真的品格，以及严谨的求知作风。

（2）引导学生辩证地看待问题，培养爱国情怀和对专业的认同感，帮助学生建立大格局的三观。

2）课程教学总目标

通过本课程的教学，掌握信号与系统的概念和描述方法，及信号与系统在时域、频域、复频域和 z 域的分析方法。

3）课程目标与学生能力和素质培养的关系

（1）课程思政目标的实施有利于培养学生家国情怀和专业的认同感。

（2）课程教学目标的实施有利于培养学生对通信工程复杂问题的分析和解决的能力，以及表达沟通的能力。

2. 通信原理

"通信原理"是通信工程专业的一门专业必修课程。该课程主要从物理层面讲述信息在通信系统中的传输原理、信号在通信系统中的传输方式、通信系统的基本组成、调制解调方式、通信系统性能指标及其评估方法，是学生将来从事通信、信号与信息处理、通信网络等信息领域研究和通信系统设计与规划的理论基础。

1）课程思政教学目标

（1）运用多种教学手段和方法，引导学生去了解、体验该课程内容涉及的道德规范、价值观念、行为准则和家国情怀，激发学生的拼搏意识、进取精神和团队意识。

（2）用通信的发展历史指导学生尊重事物发展规律，用通信系统概念引导学生树立团队意识，用数字通信系统的优缺点鼓励学生善用事物的辩证法则，用分析消除码间串扰的过程引导学生掌握分析解决问题的方法。

2）课程教学总目标

（1）通过本课程的学习，使学生了解与通信相关的基本概念和专业术语。

（2）掌握通信系统的基本组成及信息传输的原理、衡量通信系统的性能指标。

（3）掌握分析模拟通信系统和数字通信系统主要的调制解调方式，使学生具备通信系统建模、分析和设计的能力，为今后从事通信系统、信号传输与信息处理的理论研究和工程实践奠定基础。

3）课程目标与学生能力和素质培养的关系

（1）课程思政目标的实施有利于培养学生团队合作意识、爱国精神、职业责任感、沟通等社会能力。

（2）课程教学目标的实施有利于培养学生正确分析通信工程复杂问题的能力、通信工程复杂系统的设计仿真和创新思维能力。

3. 数字通信原理与技术

"数字通信原理与技术"是"通信原理"的后续课程，与"通信原理"一起构成比较完整的通信原理体系，也是进一步学习"数字信号处理""移动通信"等专业课的先导课程；属于理论性与技术性都比较强的专业基础课程。本课程可使学生了解数字信号的基本概念、模拟信号与数字信号之间的转换及信道传输所需的信道编码的原理。数字通信系统有较完整的概念，掌握数字通信的基本理论和技能，可以为从事数字通信工作奠定一定的基础。

1）课程思政教学目标

（1）通过本课程的学习，使学生充分了解数字通信领域的技术演变，重点了解中国科学家和企业对数字通信所做的贡献，熟悉 4G、5G 所使用的数字通信技术。

（2）通过课程思政教学，激起了学生对通信工程专业的热爱，增强学生对毕业后从事通信行业工作的自信，培养爱国、爱党、具有良好的职业道德和高度职业责任感的专业人才。

2）课程教学总目标

（1）通过本课程的学习，使学生系统地掌握数字通信技术的基本概念和基本原理，重点掌握数字通信系统的构成、基本原理、主要性能指标的计算、分析方法、数字通信系统的基本设计方法。

（2）培养学生分析、解决数字通信系统问题的能力，为学生毕业后从后通信方面的专业技术工作打下坚实的基础。

3）课程目标与学生能力和素质培养的关系

（1）课程思政目标的实施有利于培养学生爱国精神、职业责任感，团队合作、组织、沟通等社会能力；利于培养学生对通信工程复杂问题的分析判断能力、设计仿真能力和创新思维能力。

（2）通过本课程的教学，达到以下课程目标：

课程目标 1：能够结合高等数学、线性代数等相关知识理解抽样定理、PCM 编码、信道编码以及不同编码方法的对比，包括抽样信号恢复、量化原理、各行线性无关矩阵构造线性分组码、生成多项式构造循环码、本原多项式与 m 序列生成之间的关系、正交编码原理等。

课程目标 2：理解并熟练掌握信源编码原理、信道编码原理、时分复用原理，能够根据通信要求，并具有一定的创新思维能力，能运用模拟信号数字化、信源编码、信道编码设计数字信号基带传输系统。

课程目标 3：理解并掌握通信信号传输与处理过程中各类信号编码的特点及传输系统性能的评价方法，分析不同的编解码方法对通信性能的影响，以及权衡系统可靠性和有效性指标，进行数字通信系统的需求分析，并提出相应的解决方案。

4. 电磁场与电磁波

"电磁场与电磁波"是通信工程专业必修课程，是电子信息专业本科学生的知识结构中的重要组成部分。本课程使学生系统地学习电磁场与电磁波的基本属性、描述方法、运动规律以及与物质的相互作用及其应用。要求掌握电磁场问题的基本处理方法，掌握麦克斯韦方程的应用，掌握分析、计算平面电磁波的反射、透射等问题的方法，了解电磁波的辐射的工作状态和分析方法，为学习后继课程和独立解决实际工作中的有关问题打下必要的基础。后续涉及电磁波的应用的课程，如移动通信、卫星通信、毕业实习、毕业设计等都需要用到本课程知识。

1）课程思政教学目标

（1）了解电磁波技术的发展与社会可持续发展之间的联系。

（2）了解电磁波技术在国防科技中的应用情况，培养家国情怀。

2）课程教学总目标

（1）通过本课程的教学，掌握电磁场和电磁波传播过程中基本物理量和物理规律。

（2）具备应用数学物理和电磁学理论识别和分析电磁工程问题关键环节的能力。

（3）能够针对一个复杂电磁场问题，选择一种数学模型。

（4）能够运用电磁理论知识来分析通信工程实践中有关无线通信对社会的影响，并理解应承担的责任。

3）课程目标与学生能力和素质培养的关系

（1）课程思政目标有利于培养学生家国情怀和爱国热情。

（2）课程教学目标有利于培养学生运用电磁学理论，针对通信工程复杂问题，分析、寻求和求解数学模型，并能理解通信工程实践对社会的影响。

5. 数字信号处理

"数字信号处理"是高等学校通信工程专业的学科专业必修课程。该课程系统介绍了数字信号 z 域分析技术 z 变换、数字信号连续 w 域分析技术 DTFT、数字信号离散 w 域分析技术 DFT，以及数字 IIR 滤波和 FIR 滤波器的设计方法及实现结构。通过本课程学习，学生能够掌握数字信号处理的基本原理和技术，为学习后续专业课程和从事数字信号处理算法研究及其工程实现技术打好基础。同时，后续通信工程专业"信号处理课群实习"、毕业设计等都要用到本课程知识。

1）课程思政教学目标

通过学习数字信号处理技术对国家民众生产生活的影响，培养学生的爱国意识和对新技术的研究探索精神。

2）课程教学总目标

使学生掌握数字信号处理的基本分析方法和分析工具，为从事通信、信息或信号处理等方面的研究工作打下基础。

3）课程目标与学生能力和素质培养的关系

（1）课程思政目标将科学研究精神与爱国主义有机融合，有利于培养德才兼备的通信专业人才。

（2）课程教学目标使学生掌握数字信号处理的分析和研究方法，培养学生独立分析问题与解决问题的能力，提高科学素质。

6. 光纤通信原理

"光纤通信原理"是一门必修主干专业课程，从学科性质上看，它是一门综合性很强的课程，综合了光纤通信的系统原理及应用。光纤通信作为现代通信的主要传输手段，在现代通信网中起着重要作用。通过本课程的学习，使学生掌握光纤的传输理论、光源和光检测器的工作原理及特性、光纤放大器的工作原理及结构、光纤通信系统的组成及各部分的作用。本课程不仅为学生学习有关专业课程提供必要的基础理论知识，也为从事光纤通信领域相关专业技术工作、科学研究工作及管理工作打下坚实的基础。

1）课程思政教学目标

（1）通过本课程的学习，使学生充分了解光纤通信领域的科学发展史，重点了解光纤通信领域中国科学家的贡献，熟悉本领域国内外企业的发展现状及领先世界的技术和产品。

（2）了解光纤通信领域相应的国家标准、法律法规。

（3）学会一定的沟通、组织、团队合作的社会能力。

（4）通过课程思政教学，培养爱国、爱党、具有良好的职业道德和高度职业责任感的专业人才。

2）课程教学总目标

（1）通过本课程的学习，使学生系统地学习光纤通信系统的传输理论、原理及数学模型。

（2）掌握光纤的结构、半导体激光器及光接收机的组成和工作原理，掌握光放大器的工作原理及特性，掌握光纤通信系统和通信网的组成，掌握光纤通信系统的设计方法。

（3）了解光纤通信的新技术，为今后从事光纤通信领域工作打下坚实的基础。

3）课程目标与学生能力和素质培养的关系

（1）课程思政目标的实施有利于培养学生爱国精神、职业责任感，团队合作、组织、沟通等社会能力。

（2）课程教学目标的实施有利于培养学生对通信工程复杂问题的分析判断能力、设计仿真能力和创新思维能力。

7. 移动通信

"移动通信"为通信工程专业必修的专业核心课程。本课程为高等学校信息与通信工程学科通信工程专业的学科专业课程。该课程介绍了移动通信的基本概念、基本原理、关键技术和典型系统等。涉及的主要内容包括：移动通信调制与解调技术、无线移动信道特性、无线信号的传播、信号衰落以及接收端对衰落信号的处理、典型移动通信系统与标准等。

1）课程思政教学目标

（1）通过课程学习，使学生了解我国移动通信的发展历史及通信产业给我国经济建设做出巨大的贡献，激发学生的爱国热情，使学生具备使命感和荣誉感。

（2）通过将新一代移动通信的理论技术与标准化相结合，使学生树立学以致用、求真务实的科学精神。

2）课程教学总目标

（1）通过介绍移动通信系统发展、通信标准制定及移动通信系统规划设计原理，使学生掌握有关方面的基本概念、基本理论、基本方法和基本技术。

（2）向学生传授相关知识和问题的求解方法，培养学生的系统设计能力和对前沿科学问题的兴趣。

3）课程目标与学生能力和素质培养的关系

（1）课程思政目标有利于培养学生爱国精神、职业责任感和求真务实的精神。

（2）课程教学目标有利于培养学生对通信工程中涉及的信号传输问题进行分析和设计的能力。

通信工程专业就业方向

7.1 相关通信行业

7.1.1 国内外行业发展形势

5G 已日益成为赢得国家长期竞争优势的战略制高点，世界各国纷纷加快出台多项鼓励政策和激励举措，抢筑 5G 的发展优势。当前，在全球范围内，5G 正处于高速发展过程中，众多运营商均已宣布 5G 商用。根据了全球移动供应商协会（Global mobile Suppliers Association，GSA）的统计，截至 2020 年 9 月中旬，全球共有 129 个国家/地区的 397 家运营商对 5G 网络进行了投资，124 家运营商已经展开 5G 网络的建设，其中来自 44 个国家/地区的 101 家运营商已经推出了符合 3GPP 标准的 5G 服务[94 家运营商推出了 5G 移动服务，37 家运营商推出了 5G 固定无线接入（Fixed Wireless Access，FWA）或家庭宽带服务]。

尽管众多运营商开展了 5G 网络的投资与商用，但在全球范围内 5G 的发展极不均衡。根据我国工信部在 2020 年 11 月 23 日披露的数据，我国 5G 基站达 70 万个，全球占比 7 成，连接超过 1.8 亿个终端。除中国外，全球范围内，仅韩国发展 1 000 万左右 5G 用户，建设超过 12 万个 5G 基站；美国发展 500～600 万 5G 用户。

由于基站建设尚有待提升，在全球范围内，5G 网络与 4G 网络相比，尚难体现出优势。根据 OpenSignal 2020 年 8 月份对 5G 下载速率的测试（见图 7-1），速率最高的是美国威瑞森电信（Verizon）的 506.1 Mb/s，最低的是美国电信运营商 T-Mobile 的 47.0 Mb/s。难以体现 5G 网络的优势。另外，根据 SpeedTest 同期测试，中国移动为 318.23 Mb/s、中国联通为 180.94 Mb/s、中国电信为 213.74 Mb/s，体现了中国 5G 网络的建设成绩。

全球主要国家和地区均出台了各自的 5G 扶持政策，各运营商亦开始在 5G 网络方面进行投资。

1. 中国：全球领先，大部分用户和基站位于中国

根据 IPLytics 在 2020 年 1 月发布的专利分析报告，全球 5G 核心专利有 34% 被中国企业掌握，位列全球首位。在产业实践上，中国 5G 基础设施和用户数全面增长，70 余万基站与超过 2 亿的终端连接遥遥领先于世界其他国家。根据光明网报道，截至 2021 年 11 月，我国

累计建成开通 5G 基站超过 139 万个，虚拟专网、混合专网超过 2 300 个，千兆光网建设已覆盖 2.4 亿户家庭，近五成的 5G 应用实现了商业落地。

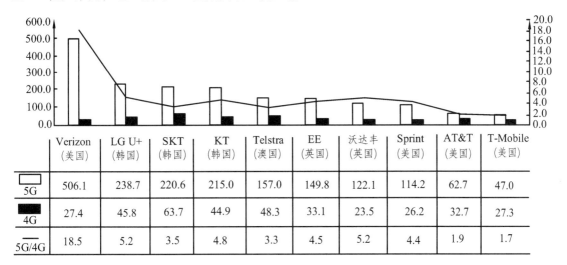

	Verizon （美国）	LG U+ （韩国）	SKT （韩国）	KT （韩国）	Telstra （澳国）	EE （英国）	沃达丰 （英国）	Sprint （美国）	AT&T （美国）	T-Mobile （美国）
5G	506.1	238.7	220.6	215.0	157.0	149.8	122.1	114.2	62.7	47.0
4G	27.4	45.8	63.7	44.9	48.3	33.1	23.5	26.2	32.7	27.3
5G/4G	18.5	5.2	3.5	4.8	3.3	4.5	5.2	4.4	1.9	1.7

图 7-1　全球各运营商 5G 和 4G 网络的下载速率和差距对比（Opensignal）

2. 美国：毫米波领域率先实现规模商用

从产业实践上来看，美国尚未公布基站数和用户数等指标，但 5G 网络主要覆盖少数城市，5G 用户数约数百万（美国媒体估算）。其特色是全球范围内率先实现毫米波频率组网，其中 Verizon 已经商用，AT&T 计划实施，这与美国政府释放更多毫米波频段用于 5G 网络相关。

3. 日本：发展落后于预期计划

日本计划从 5G 时代开始，构建移动通信领域长期的国家优势。为此，2018 年发布了"Beyond 5G"战略，计划在 2023 年达到 21 万基站的规模，并且总共投入 110 MHz 的频段用于 5G 网络实施（其中 30 MHz 来自重耕，80 MHz 来自新增）；在无人驾驶、无线输电等前瞻性技术上加大研发；2030 年前，在全球率先实现 6G 商用，并获得全球基础设施 30%份额。

目前，日本四家移动运营商均实现 5G 商用，受新冠疫情以及由此导致的东京奥运会延期等因素影响，日本 5G 发展乏力，截至 2020 年 10 月，基站总数为 3～4 万，用户总数在 500 万左右。

4. 韩国：全球 5G 商用样板化地区

韩国 5G 商用后，韩国科学技术信息通信部发布《实现创新增长 5G+战略》，旨在将 5G 全面融入韩国社会经济，使韩国成为引领全球 5G 新产业、领先实现第四次工业革命的国家。目前，韩国的 5G 用户数超过 1 000 万，5G 基站 12 万（相当于 4G 基站的 1/7），根据 2020 年 10 月份的统计，约有 56 万用户重返 4G，重要原因是 5G 网速虽实现了 4 倍提升，但缺乏匹配的内容和应用，而且套餐价格比 4G 高，网络覆盖不完善，众多地方无法使用。韩国前期的运营经验也给其他国家运营商提供了借鉴。

5. 欧盟：众多国家初步开展商用

欧洲运营商众多，且都重视 5G 的发展，但截至 2020 年 10 月末，全欧洲范围 5G 基站总数仅为 5 万左右，这一方面与欧洲各国运营商相互竞争不足有关；另一方面与 20 年前，3G 频谱天价拍卖，导致运营商元气大伤有密切关联。截至 2020 年末，德国电信 5G 服务已覆盖全国 550 万人口，5G 基站达 4.5 万座，已在德国的 4 700 个城镇部署了 5G 网络；至 2021 年年底已为德国 80% 的人口提供 5G 服务；到 2025 年底，将覆盖至少 99% 的德国人口和 90% 的国土面积。2020 年 9 月 29 日法国完成 5G 频谱拍卖，由于疫情影响，不再要求各运营商（共 4 家）在 2020 年底前完成部分城市的网络部署，但是要在 2022 年底之前，确保覆盖率达到 75%。

2018 年 5 月，通过频谱拍卖，沃达丰、Orange 和西班牙电信获得经营资质。在 2019 年 6 月（沃达丰）、2020 年 9 月（Orange 和西班牙电信）分别开展商用。以西班牙电信为例，至 2020 年末，5G 服务覆盖人口已达 76%，并且计划在 2025 年底前，完成 3G 网络关闭及频率重用工作，覆盖率达到 85%。

7.1.2 5G 产业分析

5G 作为新一代通信技术，以海量连接、超大带宽及超低时延技术特征为代表，是构筑现代信息社会的重要信息基础设施。随着 2019 年 5G 在中国正式商用，基站、光传输网络等 5G 基础设施的部署正在如火如荼地开展。同时，5G 也在积极与各行业融合构建产业新生态。2020 年 12 月，工信部向中国移动、中国电信、中国联通等三大运营商颁发 5G 中低频段频率使用许可证，实验频率正式"转正"进一步坚定了中国 5G 产业发展信心。

5G 产业结构主要包括接入网、传输网、核心网、电信运营商、网络配套服务商、5G 应用生态及产业服务 7 个主要板块。根据各板块中主要市场参与者提供的产品和服务，又下分为各类子板块。具体如表 7-1 所示。

表 7-1　我国 5G 产业结构划分表

板块	介绍
接入网板块	主要包括基站主设备、基站核心部件及专网解决方案子板块
传输网板块	主要包括光通信设备、光纤光缆及光器件子模块
核心网板块	主要包括 SDN/NFV 虚拟化平台及相关设备子板块
电信运营商板块	主要包括中国移动、中国联通、中国电信及中国广电
网络配套服务板块	主要包括网络规划设计、网络工程优化及网络运营支持等子板块
5G 应用生态板块	主要包括手机终端电子设备、车联网、VR/AR、智慧工业、超高清视频/直播、智慧电力、智慧医疗等子板块
5G 产业服务板块	主要包括决策与市场服务、联盟与协会两个子板块

目前，市场上我们熟知的一些 5G 上市公司主要有：中国联通，大唐电信，顺网科技，中兴通讯，烽火通信，紫光国微，长江通信，信维通信，梦网科技等几十家，其中梦网科技是业内第一个上线 5G 消息商用运营的公司。其他 5G 相关企业如表 7-2 所示。

表 7-2　5G 行业相关企业汇总一览表

类别	企业名称
网络规划	宜春世纪、富春通信、国脉科技、杰赛科技、中国通信、中通国脉、亿阳通信、世纪鼎利、三维通信、海格通信
核心网 BBU、RRU	华为、中兴、爱立信、新诺基亚
芯片	海思、中兴、MTK、大唐电信、中兴微电子、晨讯、台积电、日月光、英特尔、联发科技
光器件及模块	中际装备（苏州旭创）、光迅科技、天孚通信、昂纳科技、新易盛、博创科技、科信技术、太辰光、日海通讯
光纤光缆	武汉长飞、享通光电、烽火通信、中天科技、富通集团、特发信息、通鼎互联
光通信设备	华为、中兴通讯、烽火通信、光讯科技、新易盛、通鼎互联、中际旭创、华脉、康普、华工科技
滤波器	东山精密、长电科技、武汉凡谷、大富科技、通宇通讯、春兴精工、麦捷科技、世嘉科技、金信诺、新天科技
高频 PCB	鹏鼎控股、深南电路、生益科技、沪电股份、东山精密、大族激光、景旺电子、兴森科技、胜宏科技、依顿电子、世运电路、超声电子、金安国纪、华正新材、丹邦科技、博敏电子、中京电子、超华科技、广东骏亚
连接器	信维通信、硕贝德、麦捷微电子、长盈精密、大富科技、顺络电子、唯捷创芯、飞蝶、慧智微电子
天线	大富科技、数知科技、通宇通讯、春兴精工、京信通信、硕贝德、盛路通信、立讯精密、华为、信维通信、东山精密、凤华高科、歌尔股份、武汉凡谷、飞荣达
宏基站	爱立信、华为、大唐移动、中兴通讯
小基站	华为、新华三、瑞斯康达、三维通信、天邑股份、星网锐捷、中兴通讯、紫光股份、京信通信、硕贝德、日海智能、宣通世纪、超讯通信、爱立信、诺基亚、邦讯技术
基站配套设备	动力源、依米康、中恒电气、英维克
主设备商	华为、中兴通讯、紫光股份、深南电路、星网锐捷、烽火通信、信维通讯、大唐电信、科信股份、沃特股份、爱立信、诺基亚
SDN/NFV	华为、中兴通讯、爱立信、紫光股份、英特斯、烽火通偿、星网锐捷、泰信通、浪潮、云杉网络
系统集成	华为、微软、三元达、中兴通讯、三维通信、烽火通讯、紫光股份、星网锐捷
网络优化运维	海格通信、国脉科技、三维通信、世纪象利、华星创业、三元达、宣通世纪、超讯通信、邦讯技术、中富通
智能卡	澄天伟业、东信和平、恒宝股份、天喻信息
功率放大器	歌尔股份、苏州能讯、三安光电、卓胜微
专用解决方案	佰才邦、京信通信、新华三
5G 运营商	中国移动、中国联通、中国电信、中国广电、鹏博士、中华电信、亚太电信

5G 作为新基建的首选，被赋予应对疫情带来经济下行压力和为经济高质量可持续发展提供新引擎的重任。中国工程院院士邬贺铨指出，5G 从标准发布到大规模建网时间间隔比前几代移动通信都短，技术、运维、产品、市场都面临成熟性的压力。5G 还带来了新的安全挑战，新基建对中国的 5G 不仅是建设工程，也是技术创新的延续，这是对中国 5G 引领的真正考验。

7.1.3 就业方向

通信工程主要是面向通信及电子信息行业而设置的专业，相关企业非常多，具有良好的就业前景和广阔的职业发展空间。以下将从通信设备类、通信技术类、通信业务类以及增值业务类几个方面，对通信工程的就业岗位进行介绍。

7.1.3.1 通信设备类

1. 通信技术支持工程师

通信技术支持工程师负责服务器、交换机、路由器等产品的工程督导、设备调试、日常维护、技术支持、项目交付等工作；负责参与多种形式的客户交流活动，负责技术资料撰写与宣讲，客户问题与需求收集。通信技术支持工程师需要熟悉服务器工作原理，熟悉 Linux 等操作系统，要求数通基础知识，熟悉计算机原理和基础通信知识。

2. 硬件工程师

硬件工程师负责研究、设计、建构和测试各种计算机硬件及其相关设备；根据硬件产品所要执行的功能把逻辑运算程式写入计算机芯片等设备；根据逻辑设计说明书，设计详细的原理图和 PCB 图；编写调试程序，测试或协助测试开发硬件设备，确保其按设计要求正常运行；维护管理或协助管理所开发的硬件。硬件工程师需要掌握 C/C++编程、数据结构和算法、操作系统、数据库等；深入掌握 Linux 系统、ARM 体系架构等。

7.1.3.2 通信技术类

1. 电信交换工程师

电信交换工程师负责数据通信网络的建设与搭建；负责交换机设备系统的使用服务；跟踪分析并优化各项指标，准确分析与排除各种复杂故障；掌握各系统的运营维护指标与验收标准，对网络进行管理；能够对交换网的规划设计、交换设备改造等提出改进措施和解决方案，并能提供技术支持。电信交换工程师应该掌握电话交换网、信令网、智能网、语音服务系统的原理和技术特点，熟悉交换网络的硬件和软件结构；熟悉软交换架构，具有较强的网络和协议方面的问题分析和解决能力；掌握 Linux 系统、数据库技术。

2. 光纤工程师

光纤工程师负责光纤产品开发，拟制连接器、适配器、光缆等相关光纤产品的图纸和物料清单；对销售、采购、质量及生产等内部客户提供有关光纤产品的技术支持；为光纤通信系统的维护提供技术支持。光纤工程师应该掌握光纤通信产品设计或技术管理知识，熟悉光纤连接器等制造工艺的国际、国内标准以及测试技术规范标准；掌握电子、光纤通信基本原理，熟悉光纤产品开发流程。

3. 射频工程师

射频工程师负责终端产品硬件射频部分设计开发，并对产品的实现过程进行跟踪确认；负责射频电路、功放、天线、滤波器等射频领域技术的研究、分析、仿真和开发工作；负责射频领域硬件测试、维护工作；负责射频链路和射频系统的设计、分析和仿真。射频工程师应该掌握电路系统分析、电路原理设计等知识，熟悉器件选型与评估，具有软件仿真能力、原理图绘制能力、调试分析测试能力。

4. 无线通信工程师

无线通信工程师负责移动通信设备的安装、调试工作；负责移动通信设备的技术支持和故障设备的维修、维护工作；负责语音交换机、智能网平台的维护工作；负责指导监控、进行业务开通测试。无线通信工程师应该掌握通信原理、无线通信知识，熟悉 LTE/5G 基本原理，熟悉无线网络相关行业设计标准和规范，熟悉 Linux 命令和操作，熟练使用无线网络规划优化工具。

7.1.3.3 通信业务类

1. 通信协议软件工程师

通信协议软件工程师负责终端网络、云计算高性能网络或物联网软件栈的架构设计/算法创新、开发与优化工作；负责辅助关键技术点的研究与突破，新技术的孵化，确保产品的交付和竞争力。通信协议软件工程师应具有较好的 Linux、C/C++等语言的开发能力，掌握基础的数据结构原理、软件工程方法等知识基础，熟悉 HTTP、TCP/IP、MPTCP、QUIC 等网络/传输层协议。

2. 通信软件工程师

通信软件工程师负责产品软件，关键技术的开发与验证；主持或独立完成子系统或关键竞争特性的软件需求分析、核心代码软件设计开发；完成多个模块/组件的软件需求分析、软件设计、代码编写、测试验证等工作。通信软件工程师应该掌握通信、电子、计算机、自动化等相关专业知识，掌握无线通信系统相关知识，不限于 5G、LTE、UMTS、GSM 等。

7.1.3.4 增值业务类软件开发与维护

1. 增值产品开发工程师

增值产品开发工程师负责通信增值产品开发及服务，主要包括短信息、彩信彩铃、WAP等业务。增值产品开发工程师应该掌握增值技术平台的开发（SMS/WAP/MMS/WEB 等）以及运营管理的技术支撑、实现和维护；熟悉 J2EE 体系的技术应用架构；掌握一定的 JAVA 应用开发能力；熟悉 XML、XHTML、JavaScript 等相关知识。

2. 游戏开发工程师

游戏开发工程师负责配合主程序完成游戏架构及各大功能的设计、开发、调试和其他技术支持；负责游戏开发工具和运营维护工具的设计与开发；完成游戏服务器端模块代码及相关文档的拟制；促进游戏的改进创新，管理维护游戏平台的制作与运行。游戏开发工程师应该熟悉 SQL 数据库知识，能独立完成各种复杂的查询；熟悉 Java、Python 等编程语言；熟悉 HTTP、Servlet、Json、XML；具有良好的面向对象设计能力，了解设计模式，了解游戏系统架构、数据结构和游戏引擎。

很多工作所需要的专业知识需要我们投入精力去自学，在大学先打好基础，在以后的实际工作中再进一步磨炼。通信工程仍然是极具发展潜力的专业，在新的技术"革命"到来之际，通信行业面临着机遇和挑战的双重考验。作为学生，我们要认清行业发展趋势，及时调整策略，在完善专业知识的同时，加强自身的能力，以满足目前的社会需求。

7.2 就业形势分析

本节以 5G 相关行业为例分析行业就业形势。国内某招聘平台发布了《2020 年 5G 人才趋势观察》。报告显示，2020 年二季度，5G 相关岗位的人才需求同比增长 3.4%，环比增长 39.8%，整体呈现向好态势。

国家大力推进新型基础设施建设，推动 5G 基站网络建设和关键技术开发，同时，以智慧交通、智慧医疗、智能家居、智慧教育等为代表的商业应用场景也在加快落地。

据数据显示，2019 年初至 2020 年 2 月，国内 5G 人才平均薪资约为 13 066 元。其中，5G 架构师、5G 物理层研发工程师等高级技术岗位，月薪可达三四万元甚至更高。从整体来看，5G 相关人才的平均薪资和人才需求仍存在较大的增长空间（见图 7-2）。

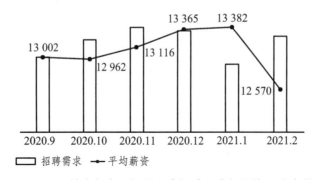

图 7-2　5G 技术与应用相关人才招聘需求与平均工资走势

报告显示，2020 年第二季度环比需求涨幅最大的 5G 技术岗位集中在基础研发层。其中，核心网工程师环比需求涨幅最大，达到 61.5%。5G 领域对专业技术和专业背景有较高要求，从事相关工作的人才普遍拥有计算机和电子通信类的学历背景（见图 7-3）。

目前，5G 技术研发、产品应用和 5G 解决方案等重要领域，仍存在巨大的人才缺口，具有技术研发和商用解决方案复合背景的人才尤为抢手（见图 7-4）。

深圳率先迈入 5G 时代，成为全球首个实现 5G 独立组网全覆盖的城市，全国各个城市也展开了冲刺。从 2020 年第二季度各个城市对 5G 人才需求的情况来看，北京、深圳、上海对 5G 相关岗位的需求最为旺盛，杭州紧随其后跃升第四，人才需求最集中的前十大城市占据总需求的 67.5%。

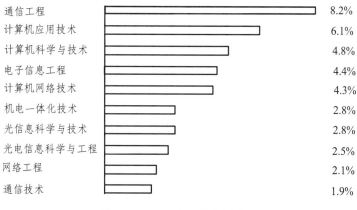

图 7-3 5G人才专业背景分布

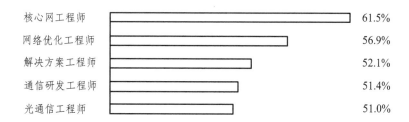

图 7-4 2020年二季度环比需求增幅最大的5G技术岗位

全国各省市的政策支持往往决定着5G人才的流向。随着2018年第一版5G标准锁定，全球运营商已经开始快马加鞭部署5G，地方政府也纷纷出台新政策抢占5G红利。

2018年8月1日，海南发布《海南省信息基础设施水平巩固提升三年专项行动方案（2018—2020年）》；8月7日，浙江出台《关于推进5G网络规模试验和应用示范的指导意见》；广东省印发《广东省信息基础设施三年行动计划（2018—2020）》；8月24日，吉林省印发《关于推动第五代移动通信网络建设的实施意见》。而长三角地区选择"抱团"联合推进5G网络建设，多地政府已与运营商们签署了《5G先试先用推动长三角数字经济率先发展战略合作框架协议》。

中国联通选择了16个城市开展5G试验，并进行业务应用和典型示范，2019年实现5G预商用，2020年正式商用。中国联通在国内布局的16座5G试点城市分别是北京、雄安、天津、沈阳、青岛、南京、上海、杭州、福州、深圳、广州、郑州、成都、重庆、武汉、贵阳，其中北京为本次5G试验的重点城市。

中国移动则采取"5+12"试点，其中杭州、上海、广州、苏州、武汉将作为首批5G试点城市，在北京、重庆等12个城市进行5G业务应用示范。

中国电信的5G试点城市为"6+6"，分别为雄安、深圳、上海、苏州、成都、兰州6个地区。此外，根据国家相关部委要求，中国电信继续扩大试点范围，又增设了6个城市。

7.2.1 新兴就业岗位

以下几种新型职业所产生的背景和市场需求，一定程度上反映了当前的就业趋势。

1. 大数据工程技术人员

大数据产业指以数据生产、采集、存储、加工、分析、服务为主的相关经济活动，包括数据资源建设，大数据软硬件产品的开发、销售和租赁活动，以及相关信息技术服务。当前，智慧医疗、智慧城市、精准扶贫以及其他相关高新技术产业都离不开大数据的支撑，大数据技术在我国得到了较为广泛的应用。

2. 物联网安装调试员

作为互联网的延伸与拓展，物联网（Internet of Things，IoT）从开始的不被人理解到今天的广泛认可，经历了从萌芽到成熟的不同阶段。物联网旨在构建"物物相连的互联网"，将分离的物理世界和信息空间有效互联，进行信息交换和通信，将分离的物理世界和信息空间有效互连，构建了一个涵盖人与物的网络信息系统，从而使智慧的设施与产品进入人们的生产生活之中。物联网代表了未来网络的发展趋势与方向，是现代信息技术发展到一定阶段后出现的一种聚合性应用与技术提升。

随着工业物联网、智能家居、智慧城市等物联网产业的兴起，需要大量具备 射频识别（Radio Frequency Identification，RFID）、嵌入式、网络、传感技术知识，能够完成物联网产品的检查与维修、设备及附件的部署与组装调试、网络的检测与连接、配置数据参数以及网络环境的运行维护等工作的技术型和操作型人才。因此，为了能够更好地运用物联网产品为生产生活服务，熟悉物联网相关技术的操作人员至关重要，也是物联网产业发展的中坚力量。

3. 云计算工程技术人员

云计算是分布式计算的一种，指的是通过网络"云"将巨大的数据计算处理程序分解成无数个小程序，然后通过多部服务器组成的系统处理分析这些小程序得到的结果并返回给用户。随着与云技术相关技术的发展，云服务已经不单单是一种分布式计算，而是分布式计算、效用计算、负载均衡、并行计算、网络存储、热备份冗杂和虚拟化等计算机技术混合演进并跃升的结果，而且逐渐地将大数据技术、人工智能技术等技术融入云服务中，其功能越来越强大。在技术和价格双效推动下，全球云计算市场持续增长。

4. 数字化管理师

数字经济时代，企业和组织的管理理念、办公方式发生了巨大变革。传统的运营企业原来是以内部管理为中心，现在要演变到以客户为中心，转型是必须的。然而，数字化经济的发展离不开数字产业化的推动，要想实现数字产业化，具备数字化管理能力的人才不可或缺。由此，新职业——数字化管理师正式诞生，他承担着推动要素数字化、过程数字化、产品数字化的重要职能，推动企业从投入到产出的全产业链、全价值链的数字化转型，使企业变得更高效并实现业务、营收增长。

5. 智能制造工程技术人员

在新一轮科技革命和产业变革中，智能制造已成为世界各国抢占发展机遇的主攻方向。

根据国家统计局、工业和信息化部的统计，2010 年以来我国制造业产值规模占全球的比重为 19%～21%，2018 年我国制造业增加值为 26.5 万亿元，占全球的 28%，排名第一。其中，2012 年以来我国智能制造行业产值不断增长，2018 年智能制造装备行业的产值规模约为 17 480.1 亿元。尽管我国制造业增加值在全世界的占比在不断加大，但与发达国家相比，制造业类型集中于中低端技术密集型。而在高端芯片、电子制造等高端技术领域，我国的自给率严重不足，从事制造业智能化所需的软硬件开发与服务人才严重缺失。由此，新职业——智能制造工程技术人员应运而生，他承担着推动中国高端密集型制造业发展、创造全新制造模式的重要职能，助力中国占领全球制造业竞争的战略制高点。

6. 无人机装调检修工

随着科技的发展，无人机的应用范畴不断拓宽，无人机也开始商用化，从最初的军用到现在的民用，在消费、植保、电力、安防、测绘等行业日渐成熟，对从事无人机装配、调试及售后维修服务的人员将长期保持需求增长。

当前，国内的民用无人机市场还属于蓝海，据工业和信息化部相关数据预测，到 2025 年，我国民用无人机产值将达到 1 800 亿元。在无人机行业的市场需求下，无人机装调检修工职业应运而生。2020 年 2 月 25 日，人力资源社会保障部会同市场监管总局、国家统计局联合发布 16 个新职业信息，"无人机装调检修工"正式成为新职业纳入国家职业分类大典目录。新职业的诞生，让无人机的操作行为更加专业化、合法化、规范化，为产业的快速发展提供了专业技能支撑。同时，无人机的标准体系日趋完善，检测认证、技能培训等相关专业服务机构数量不断增加，产业体系更加健全，市场规模进一步提升，极大减少了因无人机产业发展而带来的社会公共安全问题，保障了无人机行业健康、稳定、有序地发展，同时给社会大众提供了一个新的就业方向。

7.2.2 未来形势

随着通信技术与各种新技术的深度融合，涉及的领域越来越广泛，如电信、网络、家电、金融、医疗、航空、工业等。从通信的传统领域来看，我国通信基础设施包括光纤、卫星、程控交换、移动通信、数据通信、互联网等。信息通信已经成为国民经济增长的支柱和先导产业。1995—2003 年，固定电话用户 8 年增长了 6 倍，2004 年达到 2.85 亿；移动电话用户 8 年间就增长了 74 倍，2004 年达到 2.96 亿。到了 2013 年一季度移动互联网用户总数达到了 8.03 亿。从数字上来看，行业增长的形势不得不用"迅猛"二字来形容。计算机、互联网、多媒体的飞速发展和广泛应用极大地推动了通信专业的发展。3G 技术的发展让人们的通信手段变得更加丰富多彩。就在几年前，人们的手机功能还停留在短信和通话上，如今上网、游戏、微博、微信、手机视频等众多通信手段已经把人们的手机变成了个人手持终端，4G 的投入使用乃至 5G 的发展也正使现代通信经历一场"革命"。大数据、无人驾驶、云计算、物联网正是依托于通信技术得到发展，通信人迎来了更广阔的发展天地。

7.3 继续深造

通信工程属于电子信息类子专业，同时也是其中一个基础学科。该学科关注的是通信过程中的信息传输和信号处理的原理和应用。是一个基础知识面宽、应用领域广阔的综合性专业。涉及无线通信、多媒体和图像处理、电磁场与微波、医用 X 线数字成像、阵列信号处理和相空间波传播与成像，以及卫星移动视频等众多高技术领域。培养知识面非常广泛，不仅对数学、物理、电子技术、计算机、信息传输、信息采集和信息处理等基础知识有很高的要求，而且要求学生具备信号检测与估计、信号分析与处理、系统分析与设计等方面的专业知识和技能，使学生具有从事本学科领域科学研究的能力。

该专业研究生按照培养目标和培养方式，可分为学术型硕士（以下简称"学硕"）和专业学位型硕士（以下简称"专硕"）两种，二者处于同一层次，在培养目标上有明显差异。学术型硕士学位按学科设立，以学术研究为导向，偏重理论和研究，培养大学教师和科研机构的研究人员；而专业硕士学位以专业实践为导向，重视职业实践和应用，培养在专业和专门技术上受到正规的、高水平训练的高层次人才。

7.3.1 通信工程专业学术型硕士

对于本科学习通信工程专业的学生，如果报考通信学硕方向的研究生，可以有四个选择方向，这四个方向涵盖了通信的主要研究领域。一级学科"信息与通信工程"下面的"通信与信息系统""信号与信息处理"两个二级学科方向；一级学科"电子科学与技术"下面的"电路与系统""电磁场与微波技术"两个二级学科方向。

1. 通信与信息系统

本学科所研究的主要对象是以信息获取、信息传输与交换、信息网络、信息处理及信息控制等为主体的各类通信与信息系统。培养具备通信技术、通信系统和通信网等方面的知识，能在通信领域中从事研究、设计、制造、运营及在国民经济各部门和国防工业中从事开发、应用通信技术与设备的高级工程技术人才。

2. 信号与信息处理

本学科是以研究信号与信息的处理为主体，包含信息获取、变换、存储、传输、交换、应用等环节中的信号与信息的处理，是信息科学的重要组成部分。其主要理论和方法广泛应用于信息科学的各个领域。

3. 电路与系统

本学科研究电路与系统的理论、分析、测试、设计和物理实现等，它是信息与通信工程和电子科学与技术这两个学科之间的桥梁，又是信号与信息处理、通信、控制、计算机乃至电力、电子等诸方面研究和开发的理论与技术基础。

4. 电磁场与微波技术

电磁场与微波技术专业主要从事电磁场理论、微波光波技术及其工程应用的研究，包括电磁场理论与应用、光波导理论与技术、微波毫米波技术与系统、微波毫米波集成技术、光波技术及其应用等几个主要研究方向。

7.3.2 通信工程专业学位型硕士

如果报考通信专硕方向的研究生，一般可选择电子信息方向。该方向培养具备电子信息科学与技术的基本理论和基本知识，受到严格的科学实验训练和科学研究初步训练，能在电子信息科学与技术、计算机科学与技术及相关领域和行政部门从事科学研究、教学、科技开发、产品设计、生产技术或管理工作的电子信息科学与技术高级专门人才。

具体的研究方向与研究生导师所侧重的研究方向有着密切关系，所以在选好大方向也就是专业后，选择自己想要研究的具体方向也就是导师，也是相当重要的。

通信工程考研的考试科目为英语、数学、政治和专业课程。专业课程是所报考的学校自己制定的。各项报考要求和考试科目可以在各高校研究生招生网发布的招生简章中找到。

除了各大高校的研究生招生网，我们还可以登录中国研究生招生信息网了解考研相关信息。中国研究生招生信息网是隶属于教育部的以考研为主题的官方网站，是全国硕士研究生招生报名和调剂指定网站，主要提供研究生网上报名及调剂、专业目录查询、在线咨询、院校信息、报考指南和考试辅导等多方面的服务和信息指导。

第8章

通信学生职业养成

8.1 把握黄金四年

大学生活的四年时间转瞬即逝。这四年的学习在很大程度上影响着未来工作的选择。因此，切实地规划好自己的大学生活，十分紧迫而必要。如何把握好大学时期黄金四年呢？一般来讲，大学生涯规划是谋求在大学生活中取得更大成功的一种有效管理活动。

四年大学生活建立在科学规划大学生活的基础和目标之上，学生需要确立合乎实际的目标规划，有了正确的路径和方法，才能够坚定不移地走自己的路，大学的黄金四年便没有白费。

8.1.1 学习目标的建立

学习是青年学生在大学里的主要任务，在经历新生时期的兴奋惊奇之后，需要针对不同专业，向学科专家、老师了解专业学科的设置及其特点，深刻认识学科内容，学习本专业的方法，合理规划学习目标，把心思凝聚到学习上来。

学生要根据自身情况来确定大学期间奋斗目标，制订行动计划和内容。根据时间可大致分为以下几个时期：

一年级为适应期，要尽快了解本专业，特别是自己未来想从事的或自己所学专业对口的职业，提高人际沟通能力。具体活动可包括：多和师哥师姐（尤其是大四的毕业生）进行交流，询问本专业的就业情况，确定自己的努力方向。大一学习任务不重，要多参加学校活动，增加交流技巧，学习计算机和英语知识，争取可以通过计算机和网络辅助自己的学习，为获得奖学金、双学位做好准备。还要多利用学生手册，了解学校相关规定。

二年级为确定期，处于这一时期的大学生对大学的生活已经有了初步的认识和自己的想法。这一时期应以提高自身的基本素质为主，通过参加学生会或社团等组织，锻炼自己的各种能力，检验自身的知识技能。同时还可以开始尝试兼职、参加社会实践活动。最好能在课余时间从事与自己未来职业或本专业有关的工作，提高自己的责任感、主动性和受挫能力，增强英语口语能力，增强计算机应用能力。争取通过英语和计算机的相关证书考试，并开始有选择地辅修其他专业的知识充实自己。

三年级为冲刺期，这一年是大学生涯关键的一年，因为临近毕业，学生应考虑清楚未来是继续深造还是就业。如果选择就业，就要多参加和专业有关的暑期工作，和同学交流求职工作心得体会，学习写简历、求职信，了解搜集工作信息的渠道，并积极尝试。如果决定考研，就要抓紧时间做考研准备，如考哪些学校，需要复习哪些书籍等。在写专业学术文章时，可大胆提出自己的见解，锻炼自己的独立解决问题的能力和创造性。

四年级为毕业期，大部分学生的目标应该锁定在择业上。应积极利用学校、亲友、网络寻找一切有用的就业信息，了解用人单位基本信息，强化求职技巧，进行模拟面试等训练，抓住机会，寻求一份满意的工作。

8.1.2 课外能力的加强

在大学中，我们不需要有把教室坐穿的精神。大学的生活由社团、图书馆、系列讲座等构成，我们可以走得更远，以其他更新颖的方式锻炼自己的能力并实现自己的价值。

在无涯的学海中泛舟了多年，我们都已知晓读书的重要性，但是，如何享受读书带来的快乐，这的确是很多人难以回答的问题。当我们拿到一本书后该如何去读？有的人给出了"厚薄法"，但作为工科生，我们的学习任务往往是有期限的，可能还没等"由薄到厚"就早已"火烧眉毛"。有的学生在读书时十分尽心，遇到不熟悉的概念就去查资料，如果资料里也存在陌生的概念，就再进一步查找，减慢了解决问题的速度。读书要学会用不同的方法，遇到晦涩难懂的书籍，可以先置之不理，选择浅显易懂的书籍逐层深入，待时机成熟则疑窦自解。有的书籍看似无用，令人昏昏欲睡，你不妨先照单收下，等待时机出现点石成金。好的书籍能使你终身受益，值得反复阅读，伴随阅历增加，你将在反复的重读中感受到不一样的体会。

精彩卓绝的讲座在大学里是一种千金难买的资源。能够在讲座上进行演讲的嘉宾都是各行各业的翘楚，只凭这一点就有了不妨一听的理由。大学的讲座包括学术型和通识型两种，其中学术型讲座出现的频率最高，国内外的专家与学者将自己的积累带来与听众分享，包括突破的理论、革新的技术与创新的发明等，形式上也不拘一格，可以是具体的专题，也可以是系统的综述。对于低年级学生而言，学术型讲座可能比较深奥、专业的内容很难完全理解。遇此情况，首先要放平心态，能听多少是多少，力求将关键字记录下来，使日后的整理有据可依；其次要学会适当放弃，不要过分纠结于某一个生涩的问题而既丢了西瓜也没捡到芝麻；此外，还要学会提问，相对于单方面地听，好的问题无疑能让沟通更完整。另外，通识型的讲座也异常精彩，可以怡情养性、拓宽思维、提升素养、树立正确的价值观。

8.1.3 参加竞赛

在大学里参加相应的比赛是一个提升自身专业能力，将自己所学知识应用起来的绝佳机会。通信相关专业的学生可参加的比赛众多，如全国大学生电子设计竞赛、ACM国际大学生程序设计竞赛、全国大学生机械创新设计大赛、全国大学生机器人大赛等，可以根据自身情况选择喜欢或者擅长的项目参赛。

8.1.4 考取相应的证书

通信行业并不像律师、金融业，它没有明确规定的国家级准入证。对于通信行业来说，企业颁发的证书在市场上的认可度要远远大于国家颁发的证书。在大学可以参加"全国通信专业技术人员职业水平考试"，它不仅是职业资格考试，也是职称资格考试，取得初级水平证书，可聘任技术员或助理工程师职务；取得中级水平证书，可聘任工程师职务。还有"全国计算机技术与软件专业技术资格（水平）考试"，简称"国家软考"，也与通信专业相关。对于企业颁发的证书，有通信行业名气最大的思科 CISCO 认证、认证体系中的后起之秀华为认证，以及中兴认证等。

8.2 正确审视自己

性格是决定职业规划的重要因素。每个人的性格都有不同之处，内向的人，不适合做销售；急躁的人，不适合做财务。你觉得，以自己的性格适合做什么职业呢？

常见的职业性格类型如图 8-1 所示。

图 8-1 常见职业性格类型

对于一个公司来说，岗位主要分为以下几种（通信行业公司也不例外）：研发岗位、售后岗位、售前岗位、营销岗位、职能岗位（见图 8-2）。

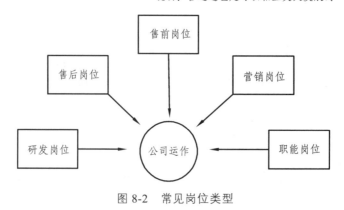

图 8-2 常见岗位类型

大学生入职通信行业公司，通常在这几类职位中进行选择。一般来说，如果一直从事某个类型的岗位，其职业发展路线通常如图8-3所示。

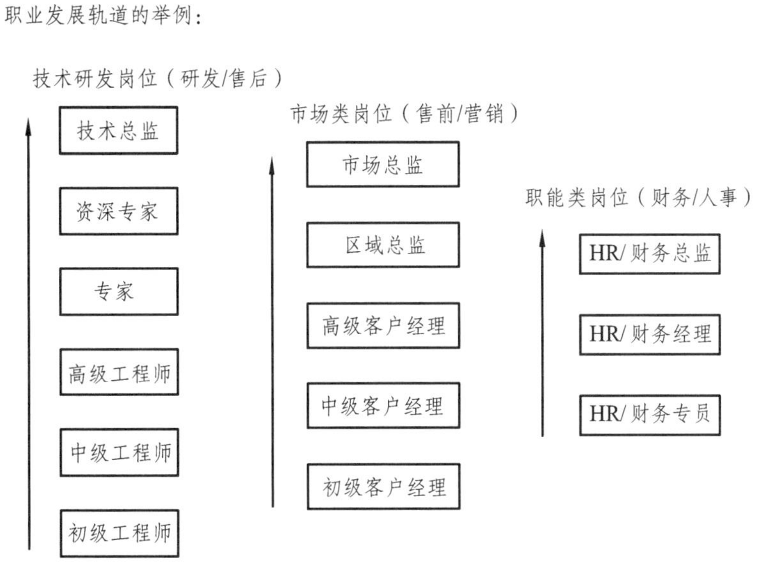

职业发展轨道的举例：

技术研发岗位（研发/售后）

图 8-3　各类岗位的职业发展路线

以通信设备商为例，公司的运作流程大致是：由产品线的产品规划部门负责规划设计，研发部门进行研发，测试部门进行测试，市场部门和各片区各级代表处进行市场推广和销售，签单之后，技术支持部门配合代表处进行项目工程交付。

1. 关于研发

做研发工作，需要整天和软件代码或硬件设备打交道，确实容易感到枯燥，需要很大的耐心。研发的倒金字塔现象比较严重，上升通道越来越狭窄，能走到塔尖的都是技术天赋很高，站在风口浪尖的领袖级技术人才。

2. 关于工程交付

通信行业的售后和一般消费产品的售后不一样。消费产品的售后，就是处理故障或维修设备。而通信项目的售后需要参与到售中阶段，包括项目启动、执行、验收和维保等多个环节。通信行业的售后，一般叫工程交付、工程服务。

做项目和工程是非常锻炼人的。做工程既可以积累技术能力，又可以积累工程经验，而且和行业各方面（后方研发、市场、现场客户、办事处、分包商等）都有打交道，成长非常快。

3. 关于市场（销售）

市场部门和产品规划部门一般负责产品的规划（结合预研部门的意见，结合一线用户的需求）、市场的布局、营销策略的推广，以及项目的整个管理。这是比较核心的部门，如果能从事这方面的工作当然是不错的选择。一般市场部招聘要求较高，尤其是校招。

每个人自身的情况存在差异，每个职位也都有各自的优势与劣势，清楚地认识自我，根据自己的优势，选择合适的职位，心中的成功必将到来。

8.3 培养良好素质

信息技术作为新兴专业，人才培养的目标和培养规格与其他专业不同，这必然要对信息学科人才素质提出不同的要求。在大学生中开展素质教育，培养大批德、智、体全面发展，有较高综合素质，适应社会竞争的优秀人才，是现代社会经济和科技文化发展对高等教育提出的客观要求。新时期工科院校大学生的素质应突出实用型特色，按应用性原则来培养工科大学生的综合素质，使学生成为实践能力强、具有创新意识和奉献精神的高等复合型工程技术人才。工科大学生的素质要求主要包括以下几个方面。

1. 思想素质

新时期，在工业的复杂环境中，工程技术人员不但要对公众和自然负有伦理义务，而且要对单位客户和工程专业负有伦理义务。复杂多样的、有时互相矛盾的伦理要求很容易引发一系列伦理问题，如利益冲突、对公众健康和安全的责任、贸易秘密和专利信息、环境污染和防治等。这就要求工科大学生在思想素质方面要做到：热爱祖国，拥护党的基本路线，具有崇高的理想，努力学习马列主义，逐步树立科学的世界观、方法论，养成科学的思维方法和实事求是的思想作风；具有勤劳敬业、乐于奉献、自强不息、求实创新的精神；努力学习新知识，投身改革，树立与改革开放、社会主义市场经济体制和社会全面和谐进步相适应的开拓进取、讲求实效、公平竞争、团结协作、艰苦奋斗、自力更生的观念；自觉地遵纪守法，具有良好的职业道德品质和工程伦理修养。

2. 人文素质

人文素质是指由知识、能力、观念、情感、意志等多种因素综合而成的一个人的内在品质，表现为一个人的人格、气质、修养。中国自古有重视人文教育的传统，《易经》中有"观乎天文，以察时变；观乎人文，以化成天下。"这里的"化"是教化，即教育的意思。那些优秀的，能够升华人的精神、提高人的价值的文化需要通过人文素质教育以知识传授、环境熏陶以及自身实践的方式使其内化为学生的人格、气质、修养，成为一个人相对稳定的内在品质。

工科大学生应当具有宽厚的文化基础知识，要着重加强人文社会科学的学习，使人文精神与科学精神相统一。人文社会科学不同于自然科学的一个重要特点是：它既是一个知识体系，又是一个价值体系。人文社会科学研究的对象是精神世界和文化世界，是意义世界和价值世界。人文社会科学教育不仅是传播知识的教育，而且是传播和引导一定社会价值观念的教育。通过人文社会科学课程的学习，能使工科大学生在生活和工作中正确评价和认识世界，帮助他们作为受过良好教育的公民用自己的职业行为为社会做出积极的贡献，为他们洞察世界、评价人生提供一个基本的框架。

工科大学生在人文素质方面的具体要求是：掌握一定的文学、历史、哲学、语言、艺术的基本知识及社会科学常识；熟悉中外历史和文化发展的基本脉络，了解中外近现代史上的重大事件及主要的杰出人物，了解体现中外优秀文化传统的名著或典籍；学习美学概论、音乐鉴赏、美术鉴赏、诗歌鉴赏、书法等艺术类课程，培养健康、高雅的审美情趣和正确的审美观点；努力学习中外语言文化，熟练掌握汉语和一门外语，具有准确、精练和丰富的语言表达能力；学习人类的历史经验和文化的过去与现在，包括个人行为、社会和政治结构、普遍价值观、人际关系和伦理思想。

3. 科技素质

在高等教育的研究与实践中，提起科技素质的教育，一般认为对于工科大学生而言是不成问题的，而实际上情况却恰恰相反。因为在工科教育中，往往是把每一个学科作为一套概念体系，一种研究活动的过程、方法、技术和结果来讲授，而不是把科学作为一种专业体系来传播。科学作为一种专业体系，其内容是十分丰富的，一般来讲包括三方面的内容：科学是一种知识体系，科学是一种研究活动，科学是具有社会功能的。

科技素质是工程技术人才认识自然、改造自然的重要基础。因此，要使学生热爱科学，尊重科学，树立"科技是第一生产力"的观念，自觉地遵守科学规律去认识世界、改造自然；努力学习自然科学理论，掌握必要的现代科学技术；要教育引导学生自觉掌握广泛的科学基础知识，淡化理论的推导，突出实际应用。工科大学生在科技素质方面的具体要求是：掌握工科教学阶段应具备的自然科学基础理论，掌握与工程应用密切相关的科学实验方法与技能，了解新兴学科发展的基本知识及其在工程应用上的前景。

4. 工程素质

当前高等教育国际化的趋势日益明显，我国加入世界贸易组织（World Trade Organization，WTO）后，高等教育面向国际开放和改革必将进一步加宽、加深和加快。高等工程人才的国际流动将大幅度增加，高等工程人才资格的国际互认也将日益迫切。高等工程人才培养目标、教学内容、教学管理制度、教学评价标准和评价方案等，都有一个国际共识的问题，就是要强化工程教育，加强工程能力的培养。美国近十年来提出了"回归工程""重构工程教育""建立大工程观和工程集成教育"的口号；日本明确提出工科大学四年的课程体系的核心是"工程"；英国、荷兰、丹麦等国提出以设计课题或工程问题为中心，将"设计教育"贯穿于学习全过程的思想。

工程素质是学生的综合素质在现实工程能力教学环节中表现出来的实际素养和潜质，其概念具有丰富的内涵。作为工科大学生，应该具有较强的动手能力、独立分析和解决问题的能力，加强工程训练，养成工程意识。应当将理论与实践相结合，才会产生创新的思想，才能提出符合客观规律的具有创新特点的工程和技术方案，才能以开拓的思维去解决工程中的实际问题。因此，工程素质的培养是工科大学生成长过程的一个极为重要的方面。工科人才培养要着力于使学生树立现代工程观念，努力学习工程基础知识，养成较强的工程实践能力，具备一定的工程创新能力和工程管理能力。工科大学生在工程素质方面的具体要求是：具有宽厚扎实的专业知识及相关工程知识，特别是工程技术应用知识；掌握专业所需的实践技能和应用现代科技成果的能力；具有从事技术革新、技术改造、新产品开发等方面的能力；了解现代企业制度以及现代经营管理的基本知识，具有一定的组织管理能力。

5. 心理素质

心理素质是一个人生活、学习、工作的物质基础，是事业成功之本。只有具备健全的心智，才能从容不迫地迎接未来社会的挑战。健康良好的心理素质是工程技术人才实现社会价值和人生价值的基础。

在现阶段，心理素质除了包括传统的情商（Emotional Quotient，EQ）、智商（Intelligence

Quotient，IQ）以外，还包括一个新概念：逆商（Adversity Quotient，AQ）。大量资料显示，在充满逆境的当今世界，大学生创业成功与否，不仅取决于其是否有强烈的创业意识、熟练的专业技能和卓越的管理才华，而且在更大程度上取决于其面对挫折、摆脱困境和超越困难的能力。

逆商是可以培养的，并且最好是从小培养，所以许多教育机构都在提倡挫折教育。在逆商的测验中，一般考察以下四个关键因素：控制（Control）、归属（Ownership）、延伸（Reach）和忍耐（Endurance），简称为CORE。控制是指自己对逆境有多大的控制能力；归属是指逆境发生的原因和愿意承担责任、改善后果的情况；延伸是对问题影响工作生活其他方面的评估；忍耐是指认识到问题的持久性以及它对个人的影响会持续多久。

综观当代大学生的自身特点，一方面，从入学起，大学生就承受着较大的思想压力，如学业上的压力、未来就业的不确定、环境的不适应等；另一方面，大学生正值青春年少，缺乏人生经验，抗挫折能力与调控能力较差，面对困境与重压，容易沉陷在消极的泥潭而不能自拔。例如：一些大学生不能承受学习成绩下降、失恋等带来的身心压力，导致焦虑、失眠、抑郁、恐惧等。身心的失衡不仅影响一个智能的发挥，还会使其潜能的挖掘、综合能力的培养、人格的完备受到抑制。因此，高校积极开展大学生逆商培养的教育活动，促使学生在逆境面前形成良好的思维方式、良好的行为反应方式、周全的应变能力。

对大学生进行逆商培养，首先要以当代大学生的兴趣、需求、性格及气质特点为切入点，科学设置逆商培养的课程。通过课程的安排，使大学生明晓、掌握培养逆商的知识要点、方法和技巧，如：何为逆商？逆商在学习、生活及工作中的意义？如何辩证地看待困境与失败？如何调整心态，使自己越挫越勇？如何使自己的良好反应方式成为习惯性行为？

其次，要以提高当代大学生的逆商为落脚点，引入情境教育。在施教过程中，要以学生为本，把握其个性倾向与心理特征，熟知其兴趣与需求。教师的职能应从知识传授转变为价值引导，使学生在兴趣、需求中，在欣赏、评判中，完成有关知识、品质和能力的建构。教师还应根据学生的兴趣、需求、气质与性格特点，结合逆商培养的内容和目标，选择与建立逆商培养的"欣赏视角"，将如何面对困难、摆脱困难、超越困难设置成能撞击学生心灵的生活化情境，使学生在"情境"的欣赏与评判中，完成有关优良意志品质的建构、升华和积淀。另外，可通过让学生写逆境行为反应日记，了解学生面对逆境、面对挫折时的心理过程、行为措施。然后依据个学生的个性特点、遭遇的具体情况给予个例指导，提高学生对逆境的觉察能力、控制能力。促使学生视困难为历练，学会分析困难的关键、选择解决困难的最佳方案。

通过心理素质的培养，大学生应具有自尊、自信、自律、自强、自爱的优良品质，形成健康的人格。了解良好的个性心理的形成机制，掌握自我心理调适的方法与技能；培养正确处理人际关系的能力，能够作为群体的成员参与活动，为他人服务，善于协商。

6. 身体素质

身体素质是人体活动的一种能力，指人们在运动、劳动和生活中所表现出来的力量、速度、耐力、灵敏及柔韧等人体机能能力。身体素质是大学生综合素质的重要组成部分，良好的身体素质不仅是顺利完成学业和适应社会需要的重要保障，而且是整个体质素质的基础。人的身体是一个整体，身体素质正是着眼于提高人的综合心智和体能素质水平的。提高身体素质不仅可以培养人们的竞争意识，提高合作精神和坚强意志，还可以掌握人体生理变化规律，有利于人们更了解自身。作为一名工科大学生，在日后的工程实践中必须拥有健康的体魄。在身体素质方面应做到：具有一定的体育卫生知识，掌握科学锻炼身体的基本技能，养成良好的生活、行为习惯和方式，培养健康的体格，以胜任今后从事较大强度的工程技术工作。

参考文献

[1] 朱敏玲，李宁. 智能家居发展现状及未来浅析[J]. 电视技术，2015，39（4）.

[2] 孙艳. 起居室及卧室的智能家居设计研究[J]. 老字号品牌营销. 2021（9）.

[3] 茅天阳，赵亮. 智能家居通信技术研究综述[J]. 物联网技术，2017，7（2）：63-65+69.

[4] 耿启龙. 不同无线通信技术在智能家居中的运用[J]. 电子技术与软件工程，2021（3）：20-21.

[5] 祁圣君，井立，王亚龙. 无人机系统及发展趋势综述[J]. 飞航导弹，2018（4）：17-21.

[6] 金伟，葛宏立，杜华强，等. 无人机遥感发展与应用概况[J]. 遥感信息，2009（1）：88-92.

[7] 晏磊，廖小罕，周成虎，等. 中国无人机遥感技术突破与产业发展综述[J]. 地球信息科学学报，2019，21（4）：476-495.

[8] 韩光松，侯博，李萍. 无人自主系统在海战场的运用[J]. 飞航导弹，2020（11）：84-89.

[9] 金晓斌，许大琴，徐坚. UUV 通信技术应用与发展分析[J]. 舰船电子工程，2015，35（12）：4-6+10.

[10] 张伟，王乃新，魏世琳，等. 水下无人潜航器集群发展现状及关键技术综述[J]. 哈尔滨工程大学学报，2020，41（02）：289-297.

[11] 康乐. 人工智能视角下的无人驾驶技术分析与展望[J]. 农机使用与维修，2021（5）：37-38.

[12] 韩嘉，叶青，王倩. 基于物联网技术的智能远程医疗系统构建[J]. 中国医疗设备，2014，29（6）：68-70+152.

[13] 顿文涛，卢高飞，左秀生，等. 无线传感器网络在远程医疗监护系统中的应用[J]. 农业网络信息，2014（2）：43-46.

[14] 苏兴鲁. 远程医疗会诊系统的分析与应用[J]. 电子技术与软件工程，2015（11）：92.

[15] 刘金鑫，靳泽宇，李雯雯，等. 5G 远程医疗的探索与实践[J]. 电信工程技术与标准化，2019，32（6）：83-86.

[16] 张志彬. 远程医疗的应用及发展现状研究[J]. 医疗装备，2008（12）：4-6.

[17] 倪自强，王田苗，刘达. 医疗机器人技术发展综述[J]. 机械工程学报，2015，51（13）：45-52.

[18] 王忠静，王光谦，王建华，等. 基于水联网及智慧水利提高水资源效能[J]. 水利水电技术，2013，44（1）：1-6.

[19] 王超锋，安根凤，袁春丽. 智慧水利的发展和关键技术研究[J]. 河南水利与南水北调，2015（14）：98-100.

[20] 马旺，江力，李姝倩. 浅论"互联网+"智慧水利的研究与应用[J]. 通讯世界，2018（10）：

274-275.

[21] 石际. 电力通信及其在智能电网中的应用[J]. 数字技术与应用，2012（6）：50-51.

[22] 李博，高志远，曹阳. 智能电网支撑智慧城市关键技术[J]. 中国电力，2015，48（11）：
123-130.

[23] 刘林，祁兵，李彬，等. 面向电力物联网新业务的电力通信网需求及发展趋势[J]. 电网
技术，2020，44（8）：3114-3130.

[24] 崔伦，孙潇，王明达. 智慧燃气及其发展方向探析[J]. 化工管理，2018（16）：57-58.

[25] 赵悦春. 燃气行业的未来：互联网+智慧燃气[J]. 中国建设信息化，2018（16）：66-67.

[26] 郭铭. 移动通信简史：从 1G 到 5G[M]. 北京：北京邮电大学出版社，2020.

[27] 何丰. 通信电子电路[M]. 北京：人民邮电出版社，2003.

[28] 李伟章. 现代通信网概论[M]. 北京：人民邮电出版社，2003.

[29] 郝俊慧. 通信十年[M]. 上海：上海交通大学出版社，2017.

[30] 魏崇毓，邵敏. 通信技术概论[M]. 西安：西安电子科技大学出版社，2020.

[31] 张冬. 大话存储[M]. 北京：清华大学出版社，2015.

[32] 王廷尧. 中微子通信技术与应用展望[M]. 北京：国防工业出版社，2012.

[33] 张文卓，Sheldon 科学漫画工作室. 大话量子通信[M]. 北京：人民邮电出版社，2020.

[34] 王廷尧. 量子通信技术与应用远景展望[M]. 北京：国防工业出版社，2013.

[35] 严益强. 量子通信进展综述[J]. 广东通信技术，2017，37（12）：2-4+9.

[36] 姚光韬，周琴. 量子保密通信技术及应用研究综述[J]. 通信与信息技术，2020（1）：
54-56+59.

[37] 龙桂鲁，牛鹏皓. 量子通信：能发现窃听的通信[N]. 北京科技报，2020-11-02（12）.

[38] 赵勇. 量子通信技术助力"新基建"信息安全[J]. 中国信息安全，2020（7）：33-35.

[39] 龙桂鲁，潘栋. 量子直接通信研究进展[J]. 信息通信技术与政策，2021，47（7）：1-7.

[40] 容静宝，陆钰莹. 浅析量子通信技术实现及应用展望[J]. 广东通信技术，2017，37（7）：
55-58.

[41] 胡杨. 我国构建全球首个量子通信网[J]. 科学，2021，73（1）：62.

[42] 顾正强，彭浩，吴援明. 无线体域网中的人体通信关键技术研究[J]. 通信技术，2017，
50（9）：1968-1975.

[43] 宋勇，郝群，张凯. 人体通信技术及军事应用[J]. 国防科技，2013，34（6）：24-27+36.

[44] 康桂英. 人体通信技术发展研究综述[J]. 信息记录材料，2020，21（3）：18-19.

[45] 汪啸尘，张广浩，霍小林. 人体通信技术研究进展[J]. 中国生物医学工程学报，2015，
34（3）：345-353.

[46] 张平，等. 6G 需求与愿景[M]. 北京：人民邮电出版社，2021.

[47] 吴勇毅. 6G：未来国之重器全球抢占的战略制高点[J]. 通信世界，2019（31）：39-40.

[48] 赛迪智库无线管理研究所. 6G 概念及愿景白皮书[N]. 中国计算机报，2020-05-11（8）.

[49] 方敏，段向阳，胡留军. 6G 技术挑战、创新与展望[J]. 中兴通讯技术，2020，26（3）：
61-70.

[50] 陈丹，郭先会. 6G 研究进展及关键技术浅析[J]. 山西电子技术，2021（4）：56-58.

[51] 陈亮，余少华. 6G 移动通信关键技术趋势初探（特邀）[J]. 光通信研究，2019（5）：1-8+51.

[52] 赵亚军，郁光辉，徐汉青. 6G 移动通信网络：愿景、挑战与关键技术[J]. 中国科学：信息科学，2019，49（08）：963-987.

[53] 蔡亚芬，胡博然，郭延东. 6G 展望：愿景需求、应用场景及关键技术[J]. 数字通信世界，2020（9）：53-55.

[54] 周钰哲，孙美玉，滕学强. 全球 6G 研发进展与发展展望[N]. 中国计算机报，2021-07-19（8）.

[55] 袁一雪. 可见光通信：隐身于光波中的密码[N]. 中国科学报，2021-09-09（3）.

[56] 张经纬，焦爽. 可见光在通信技术中的应用研究[J]. 光源与照明，2020（12）：12-14.

[57] 石瀚洋. 人眼不可感知的可见光通信关键技术研究[D]. 长春：吉林大学，2020.

[58] 杜建新. 移动通信与可见光通信技术的融合[J]. 电子世界，2021（4）：6-7.

[59] 王天枢，林鹏，董芳，等. 空间激光通信技术发展现状及展望[J]. 中国工程科学，2020，22（3）：92-99.

[60] 高铎瑞，李天伦，孙悦，等. 空间激光通信最新进展与发展趋势[J]. 中国光学，2018，11（6）：901-913.

[61] 姜会林，付强，赵义武，等. 空间信息网络与激光通信发展现状及趋势[J]. 物联网学报，2019，3（2）：1-8.

[62] 蔡杏山. 电子元器件一本通[M]. 北京：人民邮电出版社，2020.

[63] 吴友宇. 模拟电子电路[M]. 北京：科学出版社，2014.

[64] 杨文霞，等. 数字逻辑电路[M]. 天津：南开大学出版社，2014.

[65] 钱晓捷，等. 嵌入式系统导论[M]. 北京：电子工业出版社，2017.

[66] 王兴亮，等. 通信系统概论[M]. 西安：西安电子科技大学出版社，2008.

[67] 魏崇毓，等. 通信技术概论[M]. 西安：西安电子科技大学出版社，2020.

[68] 罗晶心，郭承军. 北斗卫星导航系统现状及通信中的应用[A]. 中国卫星导航系统管理办公室学术交流中心. 第十一届中国卫星导航年会论文集——S01 卫星导航行业应用[C]. 中国卫星导航系统管理办公室学术交流中心：中科北斗汇（北京）科技有限公司，2020：5.

[69] 吕雅婧，滕玲，邢亚，等. 北斗卫星导航系统在电力行业的应用现状[J]. 电力信息与通信技术，2019，17（8）：70-74.

[70] 李玫，唐裕峰，张新菊. 基于北斗卫星导航系统的海上指挥与搜救系统[A]. 中国卫星导航系统管理办公室学术交流中心. 第十二届中国卫星导航年会论文集——S01 卫星导航行业应用[C]. 中国卫星导航系统管理办公室学术交流中心：中国卫星导航学术年会组委会，2021：6.

[71] 何运成. 北斗系统在我国民航领域应用现状及发展前景[J]. 卫星应用，2019（9）：19-24.

附录 通信工程专业课程体系示例

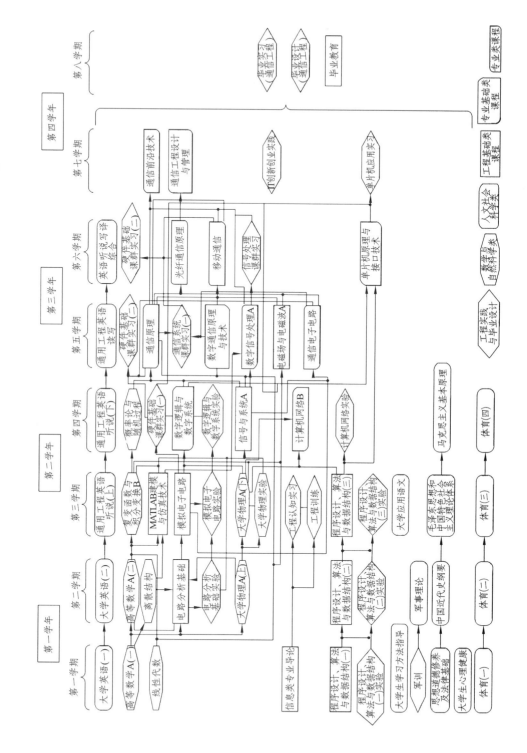